工程紊流数值模拟方法及应用

王玲玲　朱　海　编著

U0230465

科学出版社

北　京

内 容 简 介

本书集作者二十多年教学与科研过程中工程紊流数值模拟方法与应用的研究成果,较为系统地介绍了 Navier-Stokes 方程数值计算方法和紊流模型知识。本书对描述水流和输运现象的通用微分方程的构建及其物理含义、紊流模型理论的发展历史和目前常用的各类模型、有限体积数值方法的基本原理、网格生成技术及 SIMPLE 计算程式进行了系统总结和阐述,由浅入深地介绍了热传导方程、对流-扩散方程以及 Navier-Stokes 方程的数值求解方法,并结合实例介绍了直接数值模拟、大涡模拟和雷诺时均模型在工程紊流模拟中的应用。本书内容完整、严谨,具有重要的学术和工程应用价值。

本书可作为水利、水运、水电、环境工程等专业的研究生教材,也可供从事相关行业的科技工作者参考使用。

图书在版编目(CIP)数据

工程紊流数值模拟方法及应用/王玲玲,朱海编著.—北京:科学出版社,2019.3

ISBN 978-7-03-052911-4

Ⅰ.①工… Ⅱ.①王… ②朱… Ⅲ.①水利工程-水流模拟-研究 Ⅳ.①TV135

中国版本图书馆 CIP 数据核字(2017)第 116848 号

责任编辑:周 炜 罗 娟/ 责任校对:郭瑞芝
责任印制:吴兆东 / 封面设计:陈 敬

科学出版社 出版
北京东黄城根北街 16 号
邮政编码:100717
http://www.sciencep.com

北京厚诚则铭印刷科技有限公司 印刷
科学出版社发行 各地新华书店经销
*

2019 年 3 月第 一 版 开本:720×1000 B5
2022 年 4 月第三次印刷 印张:14
字数:282 000

定价:**98.00 元**
(如有印装质量问题,我社负责调换)

前　言

目前数值模拟方法已成为解决各类工程流体问题最主要的技术手段。数值模拟理论与方法发展迅速,商用流体计算软件也已经普及,工程技术人员及在校研究生都可以借助商用软件对复杂的工程流体及其传热传质问题进行数值试验。学习并掌握工程流体数值计算基本理论与方法,可帮助研究者有针对性地选择计算模型、分析计算结果、提高数值试验精度,在借助商用软件解决工程实际问题时做到"知其然",也"知其所以然"。因此流体数值模拟技术是相关行业工程技术人员及研究生必须学习的方法。

流体数值计算方法纷繁多样,如有限差分法、有限单元法、有限体积法、边界元法、谱方法以及近年来出现的粒子类方法等。在紊流模型的选择上,除雷诺时均模型外,大涡模拟模型、直接数值模拟及多种混合模型也已逐步应用于解决工程实际问题。作者自1993年起为研究生讲授计算水力学及紊流模型课程,深感在各类复杂计算方法大量涌现的今天,广大工程技术人员及在校研究生需要一本清晰阐述数值计算物理含义、基本概念及基础理论与方法的入门性书籍,同时也需要了解快速发展的新的数值计算方法。因此,本书既包括目前常用的各类紊流模型,也包括数值离散方法,并着重介绍了在工程紊流模拟及商用软件中应用最为广泛的有限体积法;在数值方法的介绍中重点强调其基本的物理含义,以及不同网格系统下工程紊流的求解方法;最后结合作者的科研成果,介绍了运用直接数值模拟、大涡模拟及雷诺时均模型方法解决实际问题的应用实例,形成了本书数值计算基础理论、方法与工程应用相结合的结构体系。

本书共9章,第1章为绪论,第2章描述流动问题的控制方程,第3章介绍紊流模型及常用的边界条件,第4章为离散方法与加权余量法,第5章~第7章分别介绍结构化网格系统下的热传导方程、对流-扩散方程及Navier-Stokes方程的有限体积解法,第8章为非结构化网格系统下的通用输运方程有限体积解法,第9章分别以温度异重流的雷诺时均方程数值模拟、波流环境下热浮力射流的大涡模拟、槽道异重流直接数值模拟三个应用实例,介绍三种层次的流动模拟方法,并通过算例,介绍分步法、浸没边界方法、多重σ网格离散等数值计算技术。

本书的研究工作得到了国家自然科学基金面上项目(51879086、51479058)、国家自然科学青年基金项目(51609068)的支持,在此表示衷心感谢。

限于作者水平,书中难免存在不妥之处,敬请读者批评指正。

目　　录

第1章 绪 论

1.1 工程紊流数值模拟的意义和方法

在水利水电、水生态环境及水资源利用等领域,广泛存在着各类水流及其输运问题,其流动空间可大至流域或区域尺度,小至管道、墩柱或排污口近区,空间尺度差异巨大,水动力特征变量大部分具有非恒定性、三维性及随机性,该类流动几乎都属于工程紊流的范畴。工程紊流数值模拟技术已成为解决工程流动问题的主要方法。

本书主要研究工程领域中各种类型的水流现象和伴随着水体流动而发生的热输运和物质输运。为了兴利除害,作为水资源综合利用的第一步,必须探明河流系统中水流运动规律和伴随水流发生的热输运及物质输运规律,进一步模拟和预测水利枢纽、水工建筑物等各种工程措施的实施对河道水流运动、泥沙运动、水质分布等规律的影响,为选择最优的工程方案提供技术支持。为了建设海港、跨海桥梁、隧道或海堤工程等,必须模拟和预测潮汐、波浪的运动规律和海岸演变规律,研究工程建设后泥沙冲淤特性的变化及其对工程安全运行的影响。为了改善水质、防治水污染,必须预测河流、湖泊中的水流规律和污染物的输移规律,以及水利工程调控对水动力和水环境的影响。依据模拟和预测的结果,工程设计人员才能从大量可能的方案中选择最优设计方案;工程管理人员才能安全、有效地运行水工建筑物和水力设备。准确地模拟和预测水流及输运现象还可以帮助我们预警预报乃至控制洪涝、气象、地质等灾害,实现减灾防灾、水资源综合利用等目标。

流动模拟和预测的本质是在给定的定解条件下求出控制物理过程的若干变量在空间的分布和随时间的演变。对于水流和输运问题最重要的变量有流速、压强、温度、浓度及其他相关紊动量等。工程紊流模拟和预测的方法基本上可分为两大类:物理模型试验和数值模拟计算。物理模型试验以其所见即所得的“真实感”,成为流动模拟的主要方法之一。但物理模型试验研究也存在一些难以克服的困难:①对于复杂的水流和输运现象,模型相似律问题尚未完全解决,如泥沙的输运、高速水流的脉动和掺气等,因而模型试验的测量结果难以“放大”到原型;②测量仪器的量测精度限制,以及仪器对局部流场、温度场、浓度场的干扰等,使测量结果具有相当的误差。目前实验室常用的粒子图像测速仪等设备利用激光技术可以实现无接触测量,但由于其测量范围小,难以进行大范围三维测量,同时测量仪器价格昂贵,维护维修困难,使粒子图像测速仪等先进的设备在解决工程流动问题时受到较大的限制。

目前,数值计算方法发展迅速,采用数值模拟方法既可以获得大区域的流动细节,也可以获得小范围的精细紊动结构,因此逐渐成为解决工程实际流动问题和进行科学研究的最有力手段。图 1.1 所示为采用大涡模拟方法获得的密度分层流环境中直立圆柱周围非恒定速度矢量场及涡量场,图中显示出柱体迎流面区域流场结构的显著差异,据此可比较单柱与双柱的受力特征和双柱间距的变化对流场的影响,进一步获得各类流动环境中柱体的受力规律。图 1.2 所示为采用直

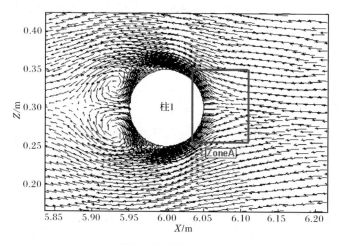

(a) 单柱流速矢量场(单位:m/s)

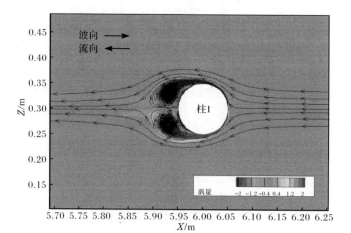

(b) 单柱涡量场(单位:1/s)

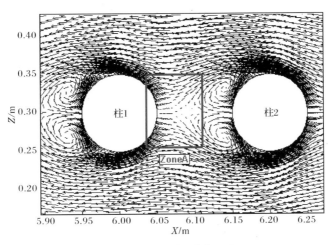

(c) 双柱流速矢量场(单位:m/s)

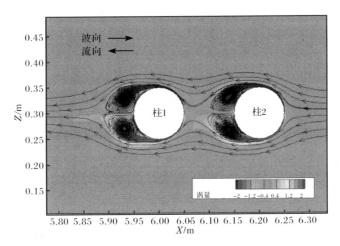

(d) 双柱涡量场(单位:1/s)

图 1.1 分层流环境中直立圆柱周围非恒定速度矢量场和涡量场

接数值模拟方法得到的内孤立波与不规则地形相互作用所致近边界波破碎所产生的强紊动流场,可用于研究内孤立波的传输、混合及造床特性。图 1.3 所示为波浪作用下热浮力射流(温排放)所形成的非恒定流速及温度场,进一步可分析出热浮力射流与环境流体的掺混、卷吸特性及其影响范围、影响程度,为工程温排放的环境影响评估提供依据。这 3 种情况都是模拟和预测工程紊流及其传热传质现象的典型实例。

水流和输运现象的运动规律通常由一组微分方程描述。在计算机广泛使用之前,人们采用数学方法求解这些微分方程,只能对少量的实际问题得出严密、精

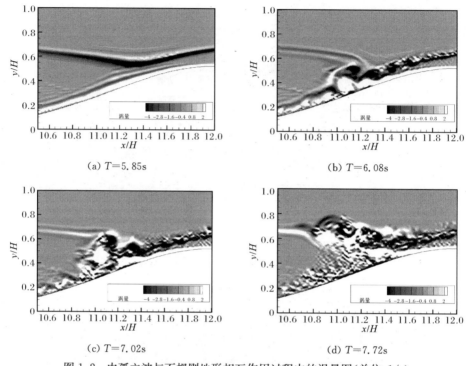

(a) $T=5.85$s (b) $T=6.08$s

(c) $T=7.02$s (d) $T=7.72$s

图 1.2　内孤立波与不规则地形相互作用过程中的涡量图(单位:1/s)

H 为槽道水深

确的理论解,这些解往往含有无穷级数、特殊函数、本征值的超越方程,求值极为困难。随着数值计算技术的飞速发展,计算流体力学方法已足以求解绝大多数工程水流和输运现象的数学模型,因而被广泛应用于解决工程实际问题。与物理模型试验相比,数值模拟计算优势显著:费用低、速度快、信息量大且全面、模拟能力强。数值模拟方法只需改变模型计算中的参数就可以很容易地模拟高温、高压、低温、低压、超重、失重等特殊的物理状态。还有一些理想化的物理问题在物理模型试验中无法真正实现,只有在数值模拟计算中才能实现,纯二维水流就是一个最典型的例子。

　　在图形图像、地理信息技术的支持下,数值模拟也实现了所见即所得。与地理信息相结合,数值模拟成果可以在 Google 地球和工程模型上动态展示。图 1.4 所示为在 Google 地球上展示的 157km 长的淮河入江水道沿程水位的空间分布;图 1.5 所示为南京市秦淮河入江口三汊河双孔护镜门闸闸顶泄流过程中的瞬时流动形态,可以清晰地展示闸顶泄流洪水波向下游推进的过程,直观、逼真、三维性强。当然,数值计算也有其缺点和局限性:数值计算的基础是描述水流和输运现象的数学模型,计算结果的合理性与精度,既取决于计算方法,也取决于数学模

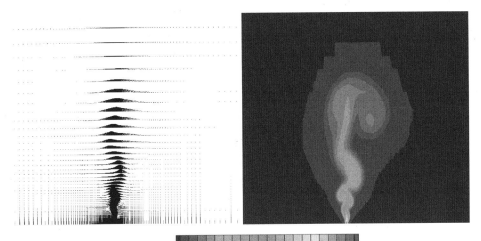

(a) $t = 9.60\text{s}$

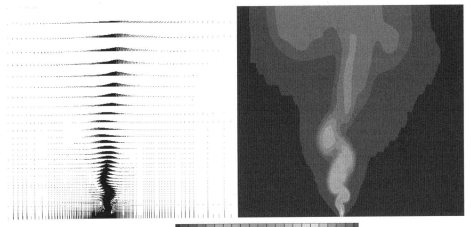

(b) $t = 17.28\text{s}$

图 1.3　波浪作用下热浮力射流形成的非恒定速度场及温度场

型本身。如果数学模型的描述不够精确、甚至不恰当,最先进的计算技术也会得出毫无价值的结果。例如,采用势流模型无法得出消力戽下游的旋滚;采用标准 k-ε 紊流模型无法得出第二类二次流;采用 Saint-Venant 方程无法得出污染物在近区的对流与扩散过程等。

在数值计算技术发展过程中,计算方法起着关键的作用。自 19 世纪 40 年代 Kolmogorov 和 Prandtl 奠定了紊流模型基础后,在快速发展的计算机软、硬件技

图 1.4　淮河入江水道沿程水位的空间分布

(a)

(b)

图 1.5　秦淮河三汊河闸泄洪流态动态过程

术的支持下,各类紊流模型包括大涡模拟模型、直接数值模拟模型得到不断发展,并被逐步应用于解决工程实际问题。目前正在兴起的云技术和并行计算技术,允许研究者运用远程计算模型和高性能计算能力,更使得数值模拟技术的发展日新月异。可以预测,数值模拟将在水流及其输运领域成为科学研究最主要的方法和手段,数值试验也将会在一定程度上取代物理模型试验。

1.2　本书内容

本书较系统地介绍了水流及其输运问题通用数学模型的建立及其求解理论和方法。包括目前常用的主要方法,并以实例展示应用过程,求解实际问题。水流及其输运现象十分复杂,各类现象的控制方程及数值计算方法也名目繁多。要在有限的篇幅中历数各类水流输运现象、数学模型和数值计算方法,几乎是不可能的。本书选择在工程流动模拟及商用软件中应用最为广泛的有限体积法为主要数值方法,着重介绍数值计算格式及其物理内涵和本质,同时也涉及有限差分法、有限单元法等数值方法的相关关系,通过本书的学习,读者可了解工程紊流数值计算的最新进展、常用方法及实用技术。

本书内容力求做到由浅入深和重点突出。本书中所求解的数学方程,由最简单的热传导方程入手,到对流-扩散方程,最后到完整的 Navier-Stokes 方程;紊流模型由零方程模型到单方程模型、双方程模型及其衍生模型(RNG k-ε、可实现 k-ε)、应力-通量方程模型及代数模型,最后介绍大涡模拟模型和直接数值模拟;由恒定一维问题入手,推广到非恒定二维及三维问题,再到典型工程应用实例介绍;数值离散方法以有限体积法为主;空间离散方法以结构化网格为主,也介绍了目前商用软件中常用的非结构网格的生成及其 SIMPLE 程式的实现方法。

学习流体数值模拟方法的目的是为了实际应用。本书第 9 章通过计算实例分别介绍雷诺时均方程法、大涡模拟方法、直接数值模拟方法在工程和科学研究领域的应用,并通过算例介绍了分步法、浸没边界方法、σ 网格离散等计算技术。

第 2 章　水流及其输运现象的数学描述

水流及其输运现象的物理规律可以数学形式偏微分方程来表达,数值模拟方法就是数值求解偏微分方程,给出物理因子在时空域的演化过程和分布规律。

2.1　微分方程的意义

本节以连续方程为例,分析描述水流及其输运现象的微分方程的物理意义和形式特点。

连续方程的矢量式可写为

$$\frac{\partial \rho}{\partial t} + \mathrm{div}(\rho U) = 0 \tag{2.1.1}$$

式中,ρ 为流体的密度;U 为流体运动的速度矢量;t 为时间。对于不可压缩流体,式(2.1.1)简化为

$$\mathrm{div}(\rho U) = 0 \tag{2.1.2}$$

式(2.1.1)的物理意义可表述为:流体密度的增加等于单位体积内流入的净质量。为了说明式(2.1.1)的数学描述和物理意义之间的关系,设 ϕ 表示水流及其输运现象中某种物理量在单位质量流体中的含量,例如,当 ϕ 为 i 方向的速度分量 U_i 时,其物理意义为单位质量流体所含的 i 方向的动量。当 $\phi=1$ 时,表示单位质量流体所含的物质质量,这时式(2.1.1)可写为

$$\frac{\partial(\rho\phi)}{\partial t} + \mathrm{div}(\rho\phi U) = 0 \tag{2.1.3}$$

下面将分析式(2.1.3)中各项的意义。考虑图 2.1 所示各方向大小分别为 dx、dy、dz 的控制体积,设 J 表示对因变量 ϕ 发生影响的通量,J 在 x 方向的分量即通量 J_x,表示进入面积 $dydz$ 表面的通量,而离开对立面的通量可表示为 $J_x + (\partial J_x/\partial x)dx$,因而 x 方向的净通量为 $(\partial J_x/\partial x)dxdydz$。同样考虑 y 方向和 z 方向的贡献,并注意到 $dxdydz$ 恰为所考虑的控制体积,则有

$$单位体积的净通量 = \frac{\partial J_x}{\partial x} + \frac{\partial J_y}{\partial y} + \frac{\partial J_z}{\partial z} = \mathrm{div}J \tag{2.1.4}$$

可见,散度就是单位体积流体的净通量。这样解释散度的概念,有助于建立有限体积法的数值计算格式。后面将会看到,有限体积法的离散格式就是根据控制体积内因变量的平衡关系得出的。

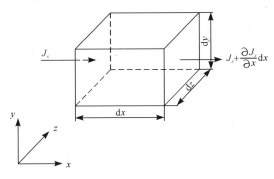

图 2.1　控制体及其通量平衡

至于 $\partial(\rho\phi)/\partial t$ 项,注意到 ϕ 为单位质量流体所含的物理量,ρ 为密度,则 $\rho\phi$ 表示单位体积流体所含的该物理量,$\partial(\rho\phi)/\partial t$ 就是单位体积流体中该物理量对时间的变化率。

由以上分析可见:①微分方程中的因变量表示单位质量流体所含的物理量;②微分方程中各项均表示某种物理机制,对单位体积中因变量含量产生的影响;③整个微分方程是上述各项的总和,表示各种影响之间的平衡或守恒。2.2 节介绍的一些常见方程,其实质都是守恒定律的数学描述。

2.2　守　恒　定　律

1. 输运物质守恒和热量守恒方程

设水流的速度场为 U,水流挟带着泥沙悬移质或某种污染物质,其质量浓度(即单位体积中输运物质质量与混合物质量之比)为 C,则 C 的守恒可表示为

$$\frac{\partial}{\partial t}(\rho C) + \mathrm{div}(\rho U C + J_c) = S_c \tag{2.2.1}$$

如前所述,$\dfrac{\partial}{\partial t}(\rho C)$ 可理解为单位体积内所含输运物质随时间的变化率。$\rho U C$ 是该物质的对流通量,即由流速场 ρU 引起、随水流运动的通量。J_c 表示扩散通量,通常由 C 的梯度引起。对流通量和扩散通量的散度,即单位体积的净通量,构成微分方程的第二项。方程右端的 S_c 是输运物质在单位体积中的产生率,称为源项。其产生一般由化学反应或生物作用引起,数值可为正也可为负,视该物质实际上是产生还是消灭而定,数学上分别称为源或汇。当然,S_c 也可为 0,表示既无产生也无消灭。

如果用菲克扩散定律表示扩散通量 J_c,则有

$$J_c = -\Gamma_c \mathrm{grad} C \tag{2.2.2}$$

式中，Γ_C 为扩散系数。将式(2.2.2)代入式(2.2.1)，得

$$\frac{\partial}{\partial t}(\rho C) + \mathrm{div}(\rho UC) = \mathrm{div}(\Gamma_C \mathrm{grad} C) + S_C \tag{2.2.3}$$

其张量形式为

$$\frac{\partial C}{\partial t} + U_j \frac{\partial C}{\partial x_j} = \frac{\Gamma_C}{\rho} \frac{\partial^2 C}{\partial x_j \partial x_j} + S_C \tag{2.2.4}$$

值得注意的是，在前面的推导中，将质量浓度换为温度 T，对于热通量 J_T 采用与菲克扩散定律形式相似的傅里叶热传导定律。

$$J_T = -\Gamma_T \mathrm{grad} T \tag{2.2.5}$$

便可得到描述水流中热量守恒的、与式(2.2.4)完全相似的微分方程：

$$\frac{\partial T}{\partial t} + U_j \frac{\partial T}{\partial x_j} = \frac{\Gamma_T}{\rho} \frac{\partial^2 T}{\partial x_j \partial x_j} + S_T \tag{2.2.6}$$

2. 动量守恒方程

用类似的方法可得出水流动量守恒的微分方程，即著名的 Navier-Stokes 方程。由于需要同时考虑剪应力和正应力，而且斯托克斯黏性定律比菲克定律、傅里叶定律更加复杂，因此动量方程更复杂一些，其张量形式为

$$\frac{\partial U_i}{\partial t} + U_j \frac{\partial U_i}{\partial x_j} = -\frac{1}{\rho} \frac{\partial P}{\partial x_i} + \nu \frac{\partial^2 U_i}{\partial x_j \partial x_j} + B_i \tag{2.2.7}$$

式中，P 为压强；ν 为运动黏性系数；B_i 为单位体积的体积力。

3. 雷诺时均方程

在工程实践中所关心的通常是紊流的时均性质。对 Navier-Stokes 方程进行时均演算，并采用 Boussinesq 关于紊动黏性系数的假设，便可得出时均流的动量方程：

$$\frac{\partial \overline{U_i}}{\partial t} + \overline{U_j} \frac{\partial \overline{U_i}}{\partial x_j} = -\frac{1}{\rho} \frac{\partial \overline{P}}{\partial x_i} + \nu_t \frac{\partial^2 \overline{U_i}}{\partial x_j \partial x_j} + \overline{B_i} \tag{2.2.8}$$

式中，ν_t 为紊动黏性系数；变量上方的横线表示时均值。

4. 紊动动能守恒方程

双方程紊流模型多采用紊动动能 k 的输运方程作为紊动速度比尺的输运方程。k 方程描述紊动动能 k 的守恒定律可写为

$$\frac{\partial k}{\partial t} + \overline{U_i} \frac{\partial k}{\partial x_i} = \frac{\partial}{\partial x_i}\left(\frac{\nu_t}{\sigma_k} \frac{\partial k}{\partial x_i}\right) + \nu_t \left(\frac{\partial \overline{U_i}}{\partial x_j} + \frac{\partial \overline{U_j}}{\partial x_i}\right)\frac{\partial \overline{U_i}}{\partial x_j} - \varepsilon \tag{2.2.9}$$

式中，σ_k 为经验常数；ε 为紊动动能的耗散率。

2.3　通用微分方程

比较连续方程(2.1.1)和 2.2 节中列出的方程(2.2.4)、方程(2.2.6)～方程(2.2.9)可以看出,尽管这些方程中的因变量各不相同,但这些方程所表达的意义都是单位体积内因变量的守恒。如果用 ϕ 表示通用变量,则下列方程(2.3.1)可作为前述各方程的通用形式:

$$\frac{\partial}{\partial t}(\rho\phi) + \mathrm{div}(\rho U\phi) = \mathrm{div}(\Gamma\mathrm{grad}\phi) + S \tag{2.3.1}$$

式中,Γ 是扩散系数;S 为源项。对应于 ϕ 的特定意义,Γ 和 S 应具有特定的形式。式(2.3.1)称为水流及其输运现象的通用微分方程。通用微分方程包含变化率项、对流项、扩散项和源项。令因变量 ϕ 代表不同的物理量,并对扩散系数 Γ 和源项 S 进行相应的调整,式(2.3.1)便转化为前述各方程:

$\phi=1$,$\Gamma=0$,$S=0$,得出连续方程(2.1.1)。

$\phi=C$,$\Gamma=\Gamma_C$,$S=S_C$,得出浓度输运方程(2.2.4)。

$\phi=T$,$\Gamma=\Gamma_T$,$S=S_T$,得出温度输运方程(2.2.6)。

$\phi=U_i$,$\Gamma=\rho\nu$,$S=-\dfrac{\partial P}{\partial x_i}+\rho B_i$,$P$ 为压强,得出动量方程(2.2.7)。

$\phi=\overline{U_i}$,$\Gamma=\rho\nu_{\mathrm{t}}$,$S=-\dfrac{\partial \overline{P}}{\partial x_i}+\rho\overline{B_i}$,得出雷诺方程(2.2.8)。

$\phi=k$,$\Gamma=\dfrac{\rho\nu_{\mathrm{t}}}{\sigma_k}$,$S=\rho\nu_{\mathrm{t}}\left(\dfrac{\partial \overline{U_i}}{\partial x_j}+\dfrac{\partial \overline{U_j}}{\partial x_i}\right)\dfrac{\partial \overline{U_i}}{\partial x_j}-\rho\varepsilon$,则可得出 k 方程(2.2.9)。

一般说来,水流及其输运问题中所采用的微分方程,均可看成通用微分方程(2.3.1)的特例。因此,后续不同类型的水流和输运问题的求解,其求解器可以是一样的,即均为求解通用微分方程(2.3.1)的标准程序,对于不同的 ϕ,只要重复调用该程序,并附以 Γ 和 S 适当的表达式以及适当的初始条件和边界条件,便可求解。因此,通用微分方程的概念使我们能够寻求通用的数值计算方法,研究通用的计算程序。

对于一般形式的微分方程,经过适当的数学处理,先将方程中的因变量、变化率项、对流项和扩散项写为标准形式,再将扩散项中 $\mathrm{grad}\phi$ 的系数取为 Γ,将方程右端的其余各项集中在一起,定义为源项 S,便可化为通用微分方程。需要说明的是,并非一切扩散通量均可采用梯度通量定律式(2.2.2)或式(2.2.5)。在通用微分方程中将扩散项写为 $\mathrm{div}(\Gamma\mathrm{grad}\phi)$,并不意味着扩散过程必须服从梯度通量定律。事实上,凡是不可归入正常扩散项的部分,总可以表示为源项的一部分;在需要的时候,甚至可以令扩散系数 Γ 为 0,将不可归入正常扩散项的部分并入源项。在通用微分方程中列出梯度扩散项,是因为水流输运问题中遇到的绝大多数微分方程均含有梯度型的扩散项。

通用微分方程(2.3.1)的张量形式为

$$\frac{\partial}{\partial t}(\rho\phi) + \frac{\partial}{\partial x_j}(\rho U_j \phi) = \frac{\partial}{\partial x_j}\left(\Gamma \frac{\partial \phi}{\partial x_j}\right) + S \qquad (2.3.2)$$

式中,j 可取值为 1、2、3,表示三个空间坐标。当 j 在一项中重复时,就意味着三项求和,这称为爱因斯坦求和约定(Einstein summation convention),例如:

$$\frac{\partial}{\partial x_j}\left(\Gamma \frac{\partial \phi}{\partial x_j}\right) = \frac{\partial}{\partial x_1}\left(\Gamma \frac{\partial \phi}{\partial x_1}\right) + \frac{\partial}{\partial x_2}\left(\Gamma \frac{\partial \phi}{\partial x_2}\right) + \frac{\partial}{\partial x_3}\left(\Gamma \frac{\partial \phi}{\partial x_3}\right) \qquad (2.3.3)$$

采用张量形式的优点是表达简洁,而且只要略去 j,就得到方程的一维表达式。

2.4　自变量的选择

在水流及其输运问题中,因变量 ϕ 一般是三个空间坐标和时间的函数,即

$$\phi = \phi(x, y, z, t) \qquad (2.4.1)$$

式中,x、y、z 和 t 为自变量。数值求解的目标就是针对自变量的特定取值,求解 ϕ 值。

并非对所有的物理问题都要考虑四个自变量。因变量只依赖于一个空间坐标的问题,称为一维问题;依赖于两个和三个空间坐标的问题,分别称为二维和三维问题。不依赖于时间的问题称为恒定问题,依赖于时间的问题则称为非恒定问题。综合考虑对于空间和时间的依赖关系,可将所研究的现象描述为非恒定一维问题、恒定三维问题等。

式(2.4.1)并不是因变量、自变量关系的唯一表达式。描述恒定温度场,可以不用 $T(x,y,z)$,而用 $z=z(T,x,y)$;z 作为因变量,表示温度为 T 的等热面在点 (x,y) 的高度。数值计算时计算量的大小与自变量的个数密切相关,采用较少的自变量可以显著减少计算量。适当地选择坐标系,有时可以减少自变量的个数。下面几个例子表明坐标系的选择是如何影响自变量个数的。

(1)飞机以定速运动,从固定于地面的坐标系看来,飞机后方气流的运动(尾迹)是非恒定的;相对于附着在飞机上的动坐标系,运动却为恒定的。

(2)在直角坐标系中,圆管中的轴对称层流是三维流;但在柱坐标系 (r,θ,z) 中是二维流,因为流动参数 ϕ 与 θ 无关,从而有

$$\phi = \phi(r, z) \qquad (2.4.2)$$

(3)坐标变换有可能减少自变量的个数。平板上的二维层流边界层具有断面相似性,速度 u 唯一地依赖于式(2.4.3)表示的参数 η:

$$\eta = \frac{cy}{\sqrt{x}} \qquad (2.4.3)$$

式中, c 为有因次常数。这样, 二维问题 $\phi = \phi(x, y)$ 简化为一维问题 $\phi = \phi(\eta)$。

尽管本书内容为叙述方便, 均以 x、y、z 和 t 作为自变量, 但应注意, 选择计算方法时必须选择合适的坐标系。合适的坐标系可以提高计算效率。

2.5　单程坐标和双程坐标

1. 单程坐标和双程坐标的定义

如果某坐标中给定位置的条件只受到该位置一侧条件变化的影响, 则该坐标称为单程坐标; 如果某坐标中给定位置的条件受到该位置两侧条件变化的影响, 则该坐标称为双程坐标。

某时刻 t 的流场影响 $t + \Delta t$ 时刻的流场, 却不能影响 $t - \Delta t$ 时刻的流场, 因此, 时间总是单程坐标。由于流体物理量具有扩散特性, 而扩散特性具有等方向性, 因此传热传质问题中的空间坐标一般都是双程坐标。

但是, 在水流输运问题中, 空间坐标在特定条件下也可近似视为单程坐标。水力学中已经证明, 在缓流中, 某点条件的影响既向下游传播, 也向上游传播, 空间坐标为双程坐标; 而在急流中, 某点条件的影响只向下游传播, 不向上游传播, 该方向的空间坐标即为单程坐标。当然空间坐标的单程性质只是一种近似, 因为从水流输运的机理分析, 对流输运恒为单程过程, 而扩散输运则恒为双程过程。严格地说, 在任何形态的水流输运过程中扩散总是存在的, 空间坐标总是双程坐标, 但是在一定的动力条件和几何条件下, 对流压倒扩散, 使得与对流方向一致的空间坐标可近似地视作单程坐标。

时间轴是单程坐标, 故可将非恒定问题简化为一个基本步骤的多次重复: 给出时刻 t 的流场, 求出时刻 $t + \Delta t$ 的流场, 再求 $t + 2\Delta t$ 时刻的流场, 逐步推进, 即可求得沿整个时间轴的流场。此时, 计算过程原则上只要储存两个时刻的流场, 对于一切时间步长, 同样的储存单元可以重复使用。这种沿某个坐标轴逐步推进的计算方法, 称为步进法(marching method)。显然步进法适用于所有单程坐标。

将单程坐标和双程坐标的概念与数学物理方程中抛物和椭圆的概念联系起来, 对于加深对水流输运现象的理解和选择适当的计算方法有着极其重要的意义。

2. 椭圆、抛物与双曲流

数学上根据二阶齐次线性偏微分方程的特征线性质, 可以将偏微分方程所描述的物理问题分为椭圆型问题、抛物型问题与双曲型问题。椭圆型问题过空间任意一点没有实的特征线; 抛物型问题过空间任意一点有 1 根实的特征线, 而双曲型问题过空间任意一点有 2 根实的特征线。特征线的物理意义可理解为某空间点影响波的传播方向,也可以理解为依赖域与影响域的分界线,如图 2.2 所示。

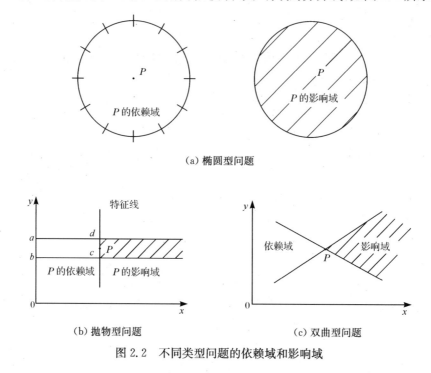

(a)椭圆型问题

(b)抛物型问题　　　　　　　　　　　(c)双曲型问题

图 2.2　不同类型问题的依赖域和影响域

(1)椭圆型问题。

在椭圆型问题中,过空间任意一点没有实的特征线。因此,区域内任意一点 P 上因变量 ϕ 的值取决于该问题的整个边界 Ω,即 P 的依赖域是整个边界 Ω,只有当 Ω 上的边界条件全部确定之后才能唯一确定 P 的 ϕ 值;而 P 点 ϕ 值的改变将影响整个区域 ϕ 值的分布,即 P 的影响域是整个区域。

椭圆型问题在物理上对应于平衡态问题,数学上对应于边值问题。该类问题因变量的演变没有主打方向,即所有空间坐标都是双程坐标。如地下水渗流、回流等扩散型流动问题即属于该类问题。

(2)抛物型问题。

在抛物型问题中,过空间任意一点 P 有 1 条实的特征线,该特征线一侧为 P 的依赖域,另一侧为 P 的影响域。P 上因变量 ϕ 的值取决于依赖域一侧,而 P 点 ϕ 值的改变将影响特征线的另一侧,即它的影响域。因此垂直于特征线的坐标轴具有与时间轴相同的单程性,对于抛物型问题可以采用沿该单程坐标步进的方法进行求解。

抛物型问题在物理上对应于热传导问题,数学上对应于初值问题。该类问题因变量的演变有方向性,即至少有一个空间坐标为单程坐标。如边界层型流动及各类对流型问题即属于抛物型问题。

（3）双曲型问题。

在双曲型问题中,过空间任意一点 P 有 2 条实的特征线,两条特征线相交于 P 点,形成 P 的依赖域和影响域。与抛物型问题相似,此时 P 点的依赖域和影响域分别位于 P 点两侧,该类物理问题同样具有单程特性,只是其单程性是沿特征线方向的,可以利用这一特性进行数值求解。

双曲型问题在物理上对应于波动问题,数学上对应于初边值问题,工程中各类压力管道内水击波传输、一维河道水动力问题即属此类。

3. 研究坐标单双程特性的意义

数学上所谓的抛物,意味着坐标的单程性质,椭圆则意味着坐标的双程性质。通常称为抛物型问题的非恒定热传导问题,实质上在时间坐标中是抛物型问题,在空间坐标中则是椭圆型问题。恒定热传导问题在所有空间坐标中都是椭圆型问题。二维边界层在流线方向的坐标中是抛物型问题,在垂直于流线的坐标中是椭圆型问题。

对于水流及其输运现象,如果至少存在一个单程空间坐标,则该问题是抛物型问题;反之,则为椭圆型问题。具有一个单程空间坐标的流动,称为边界层型流动。所有空间坐标皆为双程坐标的流动,又称为回流。

双曲型微分方程描述的水流现象（如圣维南方程描述的河道水体流动）,则不宜纳入上述分类法。双曲问题型具有单程性质,但其单程性不是沿着坐标的方向,而是沿着特征线方向。经典的计算方法之一特征线法,就是利用双曲问题的这一特点,但这种方法只限于求解双曲问题。本书介绍的数值计算方法,不利用双曲问题的特殊性质进行求解,而将双曲问题处理成椭圆问题。

需要说明的是,将水流输运现象划分为椭圆型、抛物型和双曲型,也是某种程度的近似,实际问题往往是混合型。

引入单程坐标和双程坐标的概念,有助于正确地选定计算方法,节省计算机储存空间和计算时间。考虑二维非恒定椭圆流,由于两个空间坐标均为双程坐标,对于流场中的每一个因变量,必须采用二维存储;对于每一个时间间隔,必须计算二维流场。

二维恒定边界层流动,只需要一维的计算机存储,因为沿主流方向的坐标是单程坐标,计算可沿此方向逐步推进,由前一断面的变量数值计算下一断面的相应值,与其他断面无关。与此相似,如果三维恒定管渠流在流动方向上具有抛物性质,便可处理成一系列的二维问题,计算程序中无须采用三维存储。

第 3 章 紊 流 模 型

水流及其输运问题中的实际水流几乎都是紊流。紊流具有很强的随机性和非恒定性,而且都是三维问题。由于紊流现象的复杂性,紊流运动以及与之相联系的热和物质的输运现象都极难描述和预测。工程紊流的数值模拟不可避免地要对紊动输运过程提出各种假设。采用一些经验性的假设,将紊动输运过程中的各种物理量与平均流场联系起来,就是紊流模型的基本内容。

3.1 紊流模拟方法概述

3.1.1 紊流的基本性质

紊流运动是一种涡旋运动。在高雷诺数情况下,这种涡旋运动占优势,涡旋的尺寸和相应的脉动频率谱域很宽。紊动总是有旋的。可以将紊流运动理解为相互缠连、大小不等的涡旋,涡旋的旋度矢量,可指向空间任意方向,而且随时间急剧变化。大涡旋与低频脉动相联系,由水流的边界条件确定,其尺寸的量级与流动区域相当。小涡旋与高频脉动相联系,由黏性力所决定。谱域的宽度、最大涡旋和最小涡旋之间的差别随着雷诺数的增大而增大。只有大尺度的紊动才输运动量和热,构成紊动相关项$\langle u_i' u_j' \rangle$和$\langle u_i' \phi' \rangle$,因此,用以确定$\langle u_i' u_j' \rangle$和$\langle u_i' \phi' \rangle$的紊流模型所要模拟的正是这种大尺度涡旋运动。紊流模型中经常采用的速度尺度和长度尺度概念,也正是表征这种大尺度运动特性的两个参数。

大涡旋的尺度与时均流的尺度相当,大尺度涡旋从时均流获取能量并将能量传递给大尺度紊动。由于大小涡旋的互相拉拽牵扯,大尺度涡旋的能量可传递给较小的涡旋,直到最小的涡旋。在最小的涡旋中,黏性力变得活跃,将较大尺度涡旋传递来的能量耗散为热能。这种能量传递的过程,称为能量级串(energy cascade)。时均流输送给紊动的能量的比率,由大尺度运动所决定;唯有时均流输送给紊动的这一部分能量可传递给较小尺度的涡旋,最后耗散为热能。由此可见,尽管能量的耗散是一种黏性过程,发生在最小的涡旋中,但能量耗散率却由大尺度运动所确定。而且黏性力并不决定耗散能量的多少,只是决定能量耗散在何种尺度下发生:雷诺数越高,黏性力的效应越弱,耗散能量的涡旋与大尺度涡旋相比,尺度就越小。

大尺度紊动与时均流之间的相互作用,使得大尺度紊动与水流的边界条件密切相关。时均流通常具有倾向性的主流向,这种倾向性对大尺度紊动施加影响,使大尺度紊动具有很强的各向异性,紊动强度和紊动长度尺度因方向而异。例如,在大体积浅水运动中,水平运动的强度和长度尺度远大于垂直运动的强度和长度尺度。但是,在能量逐级传递的过程中,能量通过涡旋的拉拽传递给较小的涡旋,方向灵敏性便逐渐消失。如果雷诺数足够大,大尺度运动和小尺度运动在谱域上的间距足够大,方向灵敏性便完全消失,使得耗散能量的小尺度紊动变为各向同性。这种小尺度紊动各向同性而大尺度紊动各向异性的现象,称为当地各向同性或局部各向同性(local isotropy),是紊流模型中的一个重要概念(Frisch, 1995)。

3.1.2 控制方程的封闭问题

本节以时均流方程为例讨论控制方程的封闭问题。时均流方程精确地描述时均流中各物理量对空间的分布和随时间的演化,构成场方法(即欧拉法)的基础。时均流方程的推导以瞬时质量、动量、热量和物质浓度的守恒定律为基础。对于不可压缩流体,这些守恒定律的张量表达式如下。

质量守恒(连续方程):

$$\frac{\partial u_i}{\partial x_i} = 0 \tag{3.1.1}$$

动量守恒(Navier-Stokes 方程):

$$\frac{\partial u_i}{\partial t} + u_j \frac{\partial u_i}{\partial x_j} = -\frac{1}{\rho} \frac{\partial p}{\partial x_i} + \nu \frac{\partial^2 u_i}{\partial x_j \partial x_j} + g_i \tag{3.1.2}$$

热量或物质浓度守恒:

$$\frac{\partial \phi}{\partial t} + u_j \frac{\partial \phi}{\partial x_j} = \gamma \frac{\partial^2 \phi}{\partial x_j \partial x_j} + s_\phi \tag{3.1.3}$$

式中,u_i 为 x_i 方向的瞬时速度分量;p 为瞬时压强;ϕ 为某种标量,可表示温度 T 或物质浓度 C;s_ϕ 为体积源项,例如,表示化学反应或生物反应产生的热量;ν 和 γ 分别为水的运动黏性系数和 ϕ 的分子扩散系数。方程(3.1.1)~方程(3.1.3)再加上表示温度-密度关系或浓度-密度关系的状态方程,可形成封闭的方程组,并可描述紊流的各种细节。由于工程实践中所关心的是流动的平时特性,雷诺建议采用统计方法,将速度 u_i、压强 p 和标量 ϕ 的瞬时值分解为时均量和脉动量两部分:

$$\begin{aligned} u_i &= \langle u_i \rangle + u_i' \\ p &= \langle p \rangle + p' \\ \phi &= \langle \phi \rangle + \phi' \end{aligned} \tag{3.1.4}$$

式中,时均量定义为

$$\langle u_i \rangle = \frac{1}{t_2 - t_1} \int_{t_1}^{t_2} u_i \mathrm{d}t$$

$$\langle p \rangle = \frac{1}{t_2 - t_1} \int_{t_1}^{t_2} p \mathrm{d}t \tag{3.1.5}$$

$$\langle \phi \rangle = \frac{1}{t_2 - t_1} \int_{t_1}^{t_2} \phi \mathrm{d}t$$

平均时间间隔 $t_2 - t_1$ 应大于紊流的时间尺度,小于非恒定流动时均流的时间尺度。$\langle \cdot \rangle$ 表示时间平均物理量。将式(3.1.4)代入式(3.1.1)~式(3.1.3),再按式(3.1.5)所示的方法取平均值,可得以下方程。

连续方程:

$$\frac{\partial \langle u_i \rangle}{\partial x_i} = 0 \tag{3.1.6}$$

动量方程:

$$\frac{\partial \langle u_i \rangle}{\partial t} + \langle u_j \rangle \frac{\partial \langle u_i \rangle}{\partial x_j} = -\frac{1}{\rho} \frac{\partial \langle p \rangle}{\partial x_i} + \frac{\partial}{\partial x_j} \left(\nu \frac{\partial \langle u_i \rangle}{\partial x_j} - \langle u_i' u_j' \rangle \right) + g_i$$

$$\tag{3.1.7}$$

温度-浓度方程:

$$\frac{\partial \langle \phi \rangle}{\partial t} + \langle u_i \rangle \frac{\partial \langle \phi \rangle}{\partial x_i} = \frac{\partial}{\partial x_i} \left(\gamma \frac{\partial \langle \phi \rangle}{\partial x_i} - \langle u_i' \phi' \rangle \right) + \langle s_\phi \rangle \tag{3.1.8}$$

这就是控制时均物理量 $\langle u_i \rangle$、$\langle p \rangle$ 和 $\langle \phi \rangle$ 的方程。这些方程都是精确方程,因为在推导过程中没有引入任何近似和假设。但方程(3.1.6)~方程(3.1.8)不再构成封闭的方程组:由于方程(3.1.2)和方程(3.1.3)的非线性,对时间平均的过程引入了未知的脉动速度相关 $\langle u_i' u_j' \rangle$ 和速度-标量脉动相关 $\langle u_i' \phi' \rangle$。从物理意义上分析,这两个相关,如乘以密度 ρ 就分别表示紊动产生的动量输运和热(或物质)输运:$-\rho \langle u_i' u_j' \rangle$ 是 x_i 方向的动量沿 x_j 方向的输运或 x_j 方向的动量沿 x_i 方向的输运,对于流体的作用与应力相同,故称为紊动应力或雷诺应力;$-\rho \langle u_i' \phi' \rangle$ 是标量 ϕ' 沿 x_i 方向的输运,即紊动热(或物质)通量。在高雷诺数情形下,紊动应力和紊动通量比分子黏性应力 $\nu \left(\frac{\partial \langle u_i \rangle}{\partial x_j} + \frac{\partial \langle u_j \rangle}{\partial x_i} \right)$ 和分子扩散通量 $\gamma \frac{\partial \langle \phi \rangle}{\partial x_i}$ 大得多,因而可忽略分子黏性应力和分子扩散通量。

为了求解方程(3.1.6)~方程(3.1.8),得出速度、压强和温度(或浓度)的时均值,就必须确定紊动相关项 $\langle u_i' u_j' \rangle$ 和 $\langle u_i' \phi' \rangle$,这正是紊流计算的症结所在。可以导出 $\langle u_i' u_j' \rangle$ 和 $\langle u_i' \phi' \rangle$ 精确的输运方程以求解 $\langle u_i' u_j' \rangle$ 和 $\langle u_i' \phi' \rangle$,但这些方程不可避免地含有更高阶的紊动相关。为了封闭该方程组,不可采用越来越高阶的相关量的输运方程,比较切实可行的方法是引入紊流模型,用较低阶的相关或时均流变量近似地表示一定阶数的相关项。

紊流模型即为一组微分方程或代数方程,这些方程描述紊流输运的规律,模拟实际紊流的时均性质,与时均流方程(3.1.6)～方程(3.1.8)联立,组成封闭的方程组,便可求解紊流的速度场、压强场、温度场、浓度场。

紊流模型应有较高的质量才能准确地预测时均流的各类物理量,而紊流模型的质量首先取决于紊动输运项$\langle u_i' u_j' \rangle$和$\langle u_i' \phi' \rangle$在方程(3.1.7)和方程(3.1.8)中的相对重要程度。在某些水流或某些流动中,尽管流动是紊流,但方程(3.1.7)左端的惯性项却主要由压力梯度项或浮力项平衡,紊动输运项$\langle u_i' u_j' \rangle$对流场的影响不大;这时紊流模型的作用不重要,效果不明显。例如,黏滞性很强的边界层,流动在几倍的边界层厚度之内,就发生边界层分离。模拟这类流动没有必要采用紊流模型。但是,对于水利工程所涉及的大多数水流中,紊动输运项相当重要,在某些情况下(如射流和尾迹),紊动输运项对惯性项起主要平衡作用。这时适宜地模拟紊动输运项对于正确地预测这些水流极为重要,甚至成为计算成败的关键。至于温度(或浓度)输运问题,一般说来,紊动输运项总是重要的,因为方程(3.1.8)中不含有压力梯度项和浮力项,除非在源项s_ϕ很大的情况下,紊动输运项总是与惯性项平衡的重要因素。为了求解方程(3.1.8)以得出温度(或浓度)分布,就必须模拟紊动热(或浓度)通量项$\langle u_i' \phi' \rangle$。

由此可见,在决定是否采用和如何采用紊流模型之前,细致地分析所研究水流的物理机制,判断紊动通量项在方程中的重要程度是十分重要的。

3.1.3 紊流模型的基本概念和分类

1. 紊动黏性

1877 年 Boussinesq 提出了紊动黏性概念,是模拟紊动应力(即雷诺应力$-\rho \langle u_i' u_j' \rangle$)最古老的建议,也是目前流行的大多数紊流模型的重要基石(Lesieur,2008)。Boussinesq 假设,紊动应力可类比于层流的黏性应力,与时均速度的梯度成正比,即

$$-\langle u_i' u_j' \rangle = \nu_t \left(\frac{\partial \langle u_i \rangle}{\partial x_j} + \frac{\partial \langle u_j \rangle}{\partial x_i} \right) - \frac{2}{3} k \delta_{ij} \qquad (3.1.9)$$

式中,ν_t为紊动黏性系数,也称涡黏性系数。与分子黏性系数ν不同,ν_t不是流体的物性参数,而是依赖于紊动的状态;ν_t在水流中的不同点取不同的数值,在不同的水流中也取不同的数值。可见,引入式(3.1.9),并未构成紊流模型,只是提供了构造紊流模型的基础,但引入式(3.1.9),使模拟紊动应力问题转化为确定ν_t的分布问题。

式(3.1.9)中的δ_{ij},称为 Kronecker 函数,$i=j$时,$\delta_{ij}=1$,$i \neq j$时,$\delta_{ij}=0$。为使紊动黏性表达式(3.1.9)同样适用于正应力的情况,即$i=j$的情况,必须补充含

有 δ_{ij} 的项 $-\dfrac{2}{3}k\delta_{ij}$。如果不含此项，当 $i=j$ 时，由式(3.1.9)中的第一项应得出正应力为

$$\langle u_1'^2 \rangle = -2\nu_t \frac{\partial \langle u_1 \rangle}{\partial x_1}$$

$$\langle u_2'^2 \rangle = -2\nu_t \frac{\partial \langle u_2 \rangle}{\partial x_2} \qquad (3.1.10)$$

$$\langle u_3'^2 \rangle = -2\nu_t \frac{\partial \langle u_3 \rangle}{\partial x_3}$$

根据连续方程(3.1.6)，上列三项正应力之和为 0。但是，根据定义所有正应力均为正值，其和应为脉动动能 k 的两倍：

$$k = \frac{1}{2}(\langle u_1'^2 \rangle + \langle u_2'^2 \rangle + \langle u_3'^2 \rangle) \qquad (3.1.11)$$

为使三项正应力之和等于 $2k$，在紊动黏性表达式(3.1.9)中必须含有第二项 $-\dfrac{2}{3}k\delta_{ij}$。

正应力的作用方式与压力类似，垂直于控制体积的表面，而且紊动动能像压力一样，是标量，故式(3.1.9)中的第二项形成某种压力。若将式(3.1.9)代入动量方程(3.1.7)，消去 $\langle u_i'u_j' \rangle$，则式(3.1.9)中的第二项可被吸收到压力梯度项之中，静水压强被压强 $\langle p \rangle + \dfrac{2}{3}k$ 所取代作为未知量。可见，虽然式(3.1.9)中出现 k，但并不需要确定 k 的数值；必须确定的未知量只是紊动黏性系数 ν_t 的分布。

紊动黏性概念的形成是将紊流运动类比于气体分子运动的结果。分子运动导致层流运动中的分子黏性；紊动涡旋曾被认为是流体的块团，与分子相类似，互相碰撞并交换动量。分子黏性正比于分子的平均速度和平均自由程；与此相应，紊动黏性正比于脉动的特征速度和特征长度，普朗特称此特征长度为混合长。应当指出，分子运动和紊动之间这种类比原则上是不正确的，其原因为：①紊动涡旋不是刚体，不能保持自身特性不变；②气体运动理论要求分子自由程远小于运动区域，但紊动涡旋与流动区域的尺寸数量级相当，大涡旋的所谓"自由程"并不小于流动区域。尽管有这些概念上的缺陷，紊动黏性的概念却在实践中得到应用，因为在很多情况下，对于式(3.1.9)定义的 ν_t，可得出很好的近似值。ν_t 正比于表征大尺度紊动特性的速度尺度 $\hat{V}$ 和长度尺度 L：

$$\nu_t \propto \hat{V}L \qquad (3.1.12)$$

在若干种形式的水流中，能够得到 $\hat{V}$ 和 L 的近似分布，从而可得出 ν_t 的近似分布。

紊动黏性的概念被成功地用来计算二维薄剪切层，即边界层型流动。在这类

流动中,通常采用 x、y 坐标系和 $\langle u\rangle$、$\langle v\rangle$ 速度分量,x 为主流方向,剪应力 $\tau=-\rho\langle u'v'\rangle$ 是起主要作用的紊动应力。由式(3.1.9)可得

$$\tau = \rho\nu_{t}\frac{\partial\langle u\rangle}{\partial y} \tag{3.1.13}$$

即使在这类相对简单的流动中,紊动黏性的概念有时也会遇到难以克服的困难;在壁面射流和非对称的壁面剪应力层(如两侧壁面糙率不同的明渠水流)中,某些区域的应力 τ 和当地速度梯度 $\frac{\partial\langle u\rangle}{\partial y}$ 方向相反。根据式(3.1.13),这些区域的 ν_t 应为负值,但这只在数学上可行,物理上却毫无意义,因为式(3.1.12)中的紊动速度尺度和长度尺度恒为正值。紊动黏性概念的另一缺陷表现在将 ν_t 作为标量,对不同方向的应力分量取同样的数值。这种假设认为紊动黏性各向同性,这只是一种简化,对于复杂紊流起作用的紊动应力分量是 $\langle u'_i u'_j\rangle$,而不只是 $\langle u'v'\rangle$,将紊动黏性作为各向同性的标量是不合理的。正因为如此,在有些紊流模型中,对不同方向的紊动量输运采用不同的紊动黏性系数,以补救这一缺陷。例如,在大体积水体运动中常规定水平输运和垂直输运的 ν_t 取不同的数值。

尽管紊动黏性概念有如上缺陷,但许多实例已经证明,采用这一概念建立的紊流模型,在许多情况下可得到满意的结果,故紊动黏性概念仍为目前流行的大多数紊流模型的基础。

2. 紊动扩散

将紊动热(或质量)输运与紊动动量输运直接类比,通常假设热(或质量)输运与被输运的量有关:

$$-\langle u'_i\phi'\rangle = \Gamma\frac{\partial\langle\phi\rangle}{\partial x_i} \tag{3.1.14}$$

式中,Γ 为热(或质量)的紊动扩散系数。Γ 与 ν_t 一样,不是流体本身的特性而是依赖于紊动的状态。由于热(或质量)输运与动量输运的机理相似,可以认为 Γ 的数值与 ν_t 的数值有密切联系:

$$\Gamma = \frac{\nu_t}{\sigma_t} \tag{3.1.15}$$

对于热输运问题,σ_t 称为紊动普朗特数;对于质量输运问题,σ_t 称为紊动施密特 Schmidt 数。试验表明,Γ 和 ν_t 的比值 σ_t,不像 ν_t 和 Γ 那样变化明显;在流场中各点,甚至在不同形式的流动中,σ_t 几乎不变。在不少紊流模型中采用式(3.1.15)计算 Γ,并将 σ_t 取作常数。

但是,必须指出,浮力作用和流线的弯曲将改变 σ_t 的数值,而且前述紊动黏性概念的主要缺陷,对 σ_t 同样存在。这就是说:①紊动扩散概念式(3.1.14)对某些

流区不能成立;②Γ与热(或质量)通量的方向有关,事实上不是标量。

大量实际计算已经证明,式(3.1.14)极为有用,故仍被许多紊动热(质量)输运模型所采用。

3. 紊流数值模拟方法

根据 Navier-Stokes 方程中对紊流处理尺度的不同,紊流数值模拟方法主要有以下几种:直接数值模拟(direct numerical simulation,DNS)、多尺度大涡模拟(multi-level large eddy simulation)、大涡模拟(large eddy simulation,LES)、耦合模型(hybrid Reynolds-averaged Navier-Stokes/LES)、非恒定雷诺时均模型(unsteady RANS)以及雷诺时均模型(Reynolds-averaged Navier-Stokes,RANS)。这些紊流模拟所需要的计算资源和求解精度的关系如图 3.1所示。

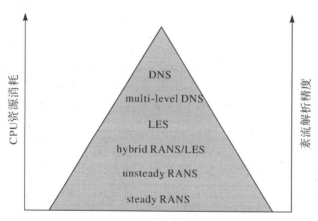

图 3.1　紊流模拟所需要的计算资源和求解精度的关系

直接数值模拟可以获得紊流场的精确信息,是研究紊流机理的有效手段,但现有的计算资源往往难以满足高雷诺数流动模拟的需要,从而限制了它的应用范围。雷诺时均模型可以计算高雷诺数的复杂流动,但给出的是时均运动结果不能反映流场紊动的细节信息。大涡模拟基于紊动能传输机制,直接计算大尺度涡的运动,小尺度涡运动对大尺度涡的影响则通过建立模型体现出来,既可以得到较雷诺时均方法更多的诸如大尺度涡结构和性质等动态信息,又比直接数值模拟节省计算量,从而得到广泛的发展和应用。常用的紊流模拟方法及其类型如图 3.2所示。

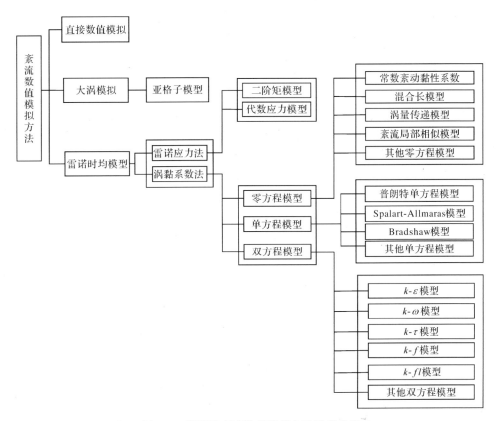

图 3.2 常用的紊流数值模拟方法及其类型

3.2 雷诺时均 Navier-Stokes 方程模型

雷诺时均 Navier-Stokes 方程模型是近几十年中最为常用,具有工程实用价值的模型。雷诺时均 Navier-Stokes 方程模型的基本思路不是求解瞬时的 Navier-Stokes 方程,而是设法求解时均化的 Navier-Stokes 方程。将方程(3.1.1)～方程(3.1.3)时均化后,所得的雷诺时均方程(3.1.6)～方程(3.1.8)其实是不封闭的,因为多出了如 $\langle u_i' u_j' \rangle$ 这样一些未知的二阶相关项,于是方程个数就小于未知量的个数。如果再导出 $\langle u_i' u_j' \rangle$ 等所满足的微分输运方程,其中又会出现未知的三阶相关项,因此不可能依靠进一步的时均处理而使控制方程组封闭。要使方程组封闭,必须进行假设,用低阶相关或时均流变量模化(拟)高阶未知相关项。这一封闭过程就是建立紊流模型的过程。

根据对雷诺应力处理方式的不同,雷诺时均模型可分为基于涡黏性(紊动黏性)假设的紊流模型和基于雷诺应力输运的模型两类。最简单的涡黏性紊流模型对整个流场将紊动黏性系数和紊动扩散系数取为常数,或将紊动黏性系数 ν_t 直接与时均流速的分布相联系。这一类紊流模型均没有考虑紊动的空间输运和历史效应。为了考虑紊动的输运,有些紊流模型采用表征紊流特性的物理量(如速度尺度 $\hat{V}$、长度尺度 L 等)的微分输运方程。其中,有些模型只采用一个微分方程,即速度尺度 $\hat{V}$ 的输运方程;另一些模型除采用 $\hat{V}$ 的输运方程外,还采用长度尺度 L 的方程;还有一些更复杂的模型,求解若干个速度尺度和长度尺度方程。根据引入微分输运方程的数量,涡黏性模型又分为零方程模型、单方程模型和双方程模型。

基于应力输运的紊流模型不采用紊动黏性和紊动扩散概念,而是采用紊动动量 $\langle u_i' u_j' \rangle$ 和紊动热(质量)通量 $\langle u_i' \phi' \rangle$ 的微分输运方程。越来越多的紊动量输运方程被引入紊流模型,是因为人们试图用一个普适性的紊流模型更合理地描述千差万别的复杂紊流,使紊流模型的通用性更加广泛。1970 年 Kolovandin 和 Vatutin 提出的紊流模型,对于二维边界层,要采用 20 个微分输运方程;对于一般水流,要采用 28 个微分输运方程。

3.2.1 零方程模型

本节介绍两种比较简单的紊流模型,均采用紊动黏性概念,均不包含紊动量的微分输运方程,因此称为零方程模型。确定紊动黏性系数的方法有两种:一是直接根据试验资料,建立经验公式;二是将紊动黏性系数与时均速度的分布建立联系。

1. 紊动黏性(扩散)系数为常数的模型

有很多用于大体积水体的水力计算方法,对整个流场采用一个常数作为紊动黏性(扩散)系数,其数值根据数值试验确定。

这种模型不是满意的紊流模型。在许多水力学问题中,动量方程中的紊动项并不重要,如大体积水体的流动,这种情况下,紊流模型本身对计算的效果影响甚微,因此可以用常数模型进行近似计算。如果紊动项很重要,甚至决定流动的性质,则常数模型不能正确描述紊流的性质。例如,在明渠水流中,ν_t 沿水深的分布近似为抛物线;再如,在水平射流中,ν_t 正比于到射源距离的 $1/2$ 次方。对于这两种情况,如果取 ν_t 为常数,将得出不合理的速度场。在温度或浓度场计算中,取紊动扩散系数 Γ 为常数有实用价值,因为在温度-浓度方程(3.1.8)中,紊动输运项总是重要的。但常数 Γ 模型仍过于粗糙,只能应用于所谓的远区,因为在远区,水流的紊动由自然条件而不是由局部扰动所控制,Γ 的数值变化较小,确实接近于常数。即使对于远区,在某些场合,也不得不在某种程度上放弃紊动黏性系数和紊动扩散系数为各向同性的假设,对水平输运和垂直输运采用不同的扩散系数,通常取 Γ_h 大于 Γ_z。因为明渠水流的水深平均水平紊动扩散系数 $\overline{\Gamma_h}$ 依赖于明渠的宽深比,约为水深平均垂向紊动扩散系数 $\overline{\Gamma_z}$ 数值的 $2\sim3$ 倍。引用此结果时应当注意,水深平均垂向紊动扩散系数不仅代表紊动扩散的效应,还包含水平速度分量沿垂向分布不均匀所引起的弥散(dispersion)效应。

浮力效应对动量和标量的垂向紊动输运影响均很明显:稳定分层和不稳定分层分别减小和增加紊动黏性系数 ν_t 和紊动扩散系数 Γ_z。在简单的常数模型中,可采用下列经验公式考虑浮力的影响:

$$\nu_{tz} = (\nu_{tz})_0 (1 + \beta Ri)^\alpha$$
$$\Gamma_z = \Gamma_{z0} (1 + \beta_\phi Ri)^{\alpha_\phi} \tag{3.2.1}$$

式中

$$Ri = -\frac{g}{\rho} \frac{\partial \rho / \partial z}{(\partial \langle u \rangle / \partial z)^2} \tag{3.2.2}$$

是重力和惯性力之比,表征浮力效应的重要程度,称为梯度理查森(Richardson)数;$(\nu_{tz})_0$ 和 Γ_{z0} 分别为自然分层($Ri=0$)时 ν_{tz} 和 Γ_z 的数值。Munk 和 Anderson(1948)的研究表明,式(3.2.1)中的经验常数取下列数值时,与大多数试验资料吻合良好:

$$\alpha = -0.5, \quad \beta = 10, \quad \alpha_\phi = -1.5, \quad \beta_\phi = 3.33 \tag{3.2.3}$$

由式(3.2.1)可见,比值 ν_{tz}/Γ_z,即紊动普朗特数或施密特数,随着 Ri 增大而增大,亦即随着稳定分层程度的提高而增大。

2. 混合长模型

普朗特受到气体运动理论的启发,假设紊动黏性系数 ν_t 正比于时均速度 $\hat{V}$ 和混合长 l_m,即式(3.1.12)。混合长按以下方式定义:设一流体块团,以其原有的时均速度运动,由于紊动,该块团在横向由 y_1 位移到 y_2。在 y_2 点,块团原有速度与周围介质时均速度之差为 ΔU;如果在 y_2 点的平均横向脉动速度恰为 ΔU,则距离 $y_2 - y_1$ 定义为混合长 l_m。

对于剪切层,只有一个起主导作用的紊动应力 $\langle u'v' \rangle$ 和速度梯度 $\frac{\partial \langle u \rangle}{\partial y}$,普朗特认为 $\hat{V}$ 等于时均速度的梯度和混合长 l_m 的乘积:

$$\hat{V} = l_m \left| \frac{\partial \langle u \rangle}{\partial y} \right| \tag{3.2.4}$$

据此,设比例常数为1,可将紊动黏性系数写为

$$\nu_{\mathrm{t}} = l_{\mathrm{m}}^2 \left| \frac{\partial \langle u \rangle}{\partial y} \right| \tag{3.2.5}$$

这就是著名的普朗特混合长假设。这一假设将紊动黏性系数与当地时均流速梯度联系起来,同时引入了一个未知参数——混合长 l_{m}。

高级紊流模型出现之初,混合长假设被成功地用来计算比较简单的水流现象,其成功的原因之一,就是在很多简单情况下,可用简单的经验公式确定 l_{m}。对于自由剪切层,可假设 l_{m} 在横截面上保持为常数,且与当地层厚 δ 成正比,其比例因子取决于自由流的类型。五种水流的比值 l_{m}/δ 见表3.1。层厚 δ 定义为同一横截面上两个边缘点间的距离,边缘点上的流速与自由流流速之差应不大于该横截面上最大速度差的1%。对于对称流动,如射流和尾迹,δ 定义为对称轴到边缘点的距离。

表 3.1　自由剪切层的混合长数值

流型	平面混合层	在静止的介质中			平面尾迹
		平面射流	圆形射流	扇形射流	
l_{m}/δ	0.7	0.9	0.075	0.125	0.16

对于附壁边界层(如附壁射流),可采用如图3.3所示的斜坡函数确定混合长 l_{m}。边界层厚度 δ 定义为壁面到外边缘上流速为 99% 的自由流流速点的距离。图3.3中的经验系数 $\lambda = 0.09$,$\kappa = 0.435$。

对于充分发展的管流和明渠流,Nikuradse 公式可用于描述混合长的分布:

$$\frac{l_{\mathrm{m}}}{R} = 0.14 - 0.08 \left(1 - \frac{y}{R}\right)^2 - 0.06 \left(1 - \frac{y}{R}\right)^4 \tag{3.2.6}$$

式中,R 为管道的半径或明渠的水深。在靠近壁面的区域,式(3.2.6)给出的结果与图3.3给出的线性关系 $l_{\mathrm{m}} = \kappa y$(取 $\kappa = 0.4$)相一致。但是在非常靠近壁面的区域黏性起决定性作用,通常采用 van Driest 公式修正混合长的线性关系式:

$$l_{\mathrm{m}} = \kappa y \left[1 - \exp\left(-\frac{y(\tau_{\mathrm{m}}/\rho)^{1/2}}{A\nu}\right) \right], \quad A = 26 \tag{3.2.7}$$

式中,τ_{m} 为壁面剪应力。

为了确定 l_{m},von Karman 曾建议将 l_{m} 与时均流速的分布按式(3.2.8)建立联系:

$$l_{\mathrm{m}} = \kappa \left| \frac{\partial \langle u \rangle / \partial y}{\partial^2 \langle u \rangle / \partial y^2} \right| \tag{3.2.8}$$

式(3.2.8)对于近壁水流可得出较好的结果,但缺少通用性。例如,在射流和尾迹中,速度剖面含有拐点,由式(3.2.8)会得出无限大的混合长。因此,极少采用 Karman 公式。

浮力会明显地改变混合长的分布。在分层的大气边界层研究中得出的一些

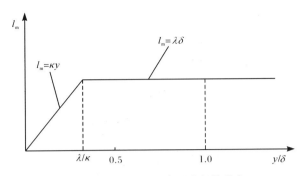

图 3.3　附壁边界层中混合长的分布

经验公式可用来计算浮力效应。对于稳定分层($Ri>0$)可用式(3.2.9)：

$$\frac{l_m}{l_{m0}} = 1 - \beta_1 Ri \qquad (3.2.9)$$

式中，$\beta_1 \approx 7$。对于不稳定分层($Ri<0$)可用式(3.2.10)：

$$\frac{l_m}{l_{m0}} = (1 - \beta_2 Ri)^{1/4} \qquad (3.2.10)$$

式中，$\beta_2 \approx 14$。式(3.2.9)和式(3.2.10)中，l_{m0}为无浮力条件($Ri=0$)下的混合长，Ri为理查森数。采用这两个经验公式计算流线弯曲的影响，结果也很好，这时，理查森数可定义为离心力和惯性力之比。

求出ν_t之后，再由式(3.1.15)求出紊动扩散系数Γ，便可将混合长假设用于热或物质输运的计算。浮力对σ_t数值的影响，可用 Munk-Anderson 公式(3.2.1)计算：

$$\frac{\sigma_t}{\sigma_{t0}} = \frac{(1 + 3.33 Ri)^{1.5}}{(1 + 10 Ri)^{0.5}} \qquad (3.2.11)$$

混合长理论曾广泛地应用于各种水力计算，但该理论具有不可克服的固有缺陷，主要表现在以下方面：

(1) 混合长假设忽略了紊动量的扩散输运。由式(3.2.5)可知，一旦速度梯度为 0，ν_t 和 Γ 便相应为 0，这显然不符合实际情况。例如，在管路和渠道水流中，中心线上$\frac{\partial \langle u \rangle}{\partial y}$为 0，但$\nu_t$的数值不为 0，只比$\nu_t$的最大值小 20% 左右。巧合的是，中心线上的剪应力恰为 0，这种谬误对流场的计算影响不大。但在热输运计算中，中心线上Γ值取 0 就会导致不合理的结果，例如，当热量从渠道的一侧传到另一侧时，如果中心线上Γ为 0，渠道的另一侧就永远得不到热量。事实上，在管路、明渠水流中，紊动主要产生在近壁区，通过紊动扩散作用，可以输运到中心线及另一侧边壁。混合长假设忽略了扩散输运，因而在中心线得不到紊动。

(2) 混合长假设忽略了紊动量的对流输运。格栅紊流(grid turbulence)是均匀紊流的典型例子。流动在格栅后形成尾迹，紊动由时均流的对流输运输送到下游,在下游形成均匀紊流。这种情况下,下游区域的时均流速均匀,按混合长假设,应得出 $\nu_t = \Gamma = 0$,从而得出下游无紊动的错误结论。究其根源,是因为混合长假设中忽略了对流输运。

（3）混合长模型缺少通用性,对于不同形式的水流需采用不同的经验常数。这是混合长理论中忽略了紊动量的扩散输运和对流输运的必然结果。在 3.2.2 节中将要证明,在紊动动能 k 的微分输运方程中,如果略去变化率项、对流输运项和扩散输运项,便可导出混合长公式（3.2.5）。可见,混合长假设的要点,是将紊动处理为没有时间积累、没有空间输运、就地产生、就地消亡的当地平衡状态,这当然会限制混合长假设的使用范围。

一般地说,混合长模型可用以计算许多简单的自由剪切层型流动,因为这种情况下可用经验方法确定 l_m,对于紊动输运过程占有重要地位的较复杂的水流,很难确定 l_m,混合长模型便不再适用。

3.2.2　单方程模型

为了弥补混合长假设的局限性,有一些紊流模型通过求解紊动量的微分输运方程来考虑紊动量的输运。这类模型发展中重要的一步,是放弃速度尺度和时均速度梯度之间的直接联系,转而根据微分输运方程确定速度尺度,构成单方程紊流模型。

1. 普朗特单方程模型

1）紊动动能 k 的输运方程

如果用一个物理量表征紊流速度脉动的特性,物理上最有意义的量是 $\sqrt{k}$,k 为式（3.1.11）定义的单位质量的紊动动能,是三个方向紊流脉动强度的直接度量。紊动能 k 主要包含在大尺度紊动之中,因此 $\sqrt{k}$ 是大尺度紊动的速度尺度。将 $\sqrt{k}$ 作为速度尺度 $\hat{V}$,代入式（3.1.12）,可得

$$\nu_t = C'_\mu k^{1/2} L \tag{3.2.12}$$

式中,C'_μ 为经验常数。此式被称为科尔莫戈罗夫-普朗特（Kolmogorov-Prandtl）表达式,由科尔莫戈罗夫和普朗特独立地得出。他们还建议通过求解 k 的输运方程来确定 k 的分布。

将雷诺应力输运方程做张量收缩运算并忽略分子扩散项可导出准确的 k 的输运方程:

$$\underbrace{\frac{\partial k}{\partial t}}_{\text{变化率}} + \underbrace{\langle u_i \rangle \frac{\partial k}{\partial x_i}}_{\text{对流输运}} = -\underbrace{\frac{\partial}{\partial x_i} \langle u'_i \left(\frac{u'_j u'_j}{2} + \frac{p'}{\rho} \right) \rangle}_{\text{扩散输运}D} - \underbrace{\langle u'_i u'_j \rangle \frac{\partial \langle u_i \rangle}{\partial x_j}}_{\text{剪力产生}P}$$

$$\underbrace{- \beta g_i \langle u'_i \phi' \rangle}_{\text{浮力产生或破坏}G} - \underbrace{\nu \langle \frac{\partial u'_i}{\partial x_j} \frac{\partial u'_i}{\partial x_j} \rangle}_{\text{黏性耗散}\varepsilon} \tag{3.2.13}$$

由式(3.2.13)可见,k 的变化率由以下各项平衡:时均运动的对流输运、速度脉动和压力脉动引起的扩散输运、雷诺应力和时均流速梯度的相互作用形成的 k 的产生,以及将紊动动能耗散为热量的黏性耗散项。在浮力流中,还有浮力引起的 k 的产生或破坏。浮力项 G 表示紊动动能 k 和势能之间的能量交换:稳定分层时,G 为负值,k 减小,紊动减弱,系统的势能增加,不稳定分层时,势能的减少使得紊动动能增加。

2) k 方程的模拟

精确的 k 方程在紊流模型中无法使用,因为扩散项和耗散项中出现了新的未知相关关系。为了得到封闭的方程组,必须提出假设,对这两项进行模拟。

与标量扩散的表达式(3.1.14)相似,可假设 k 的扩散通量与 k 的梯度成正比:

$$\langle u_i'\left(\frac{u_j'u_j'}{2}+\frac{p'}{\rho}\right)\rangle = \frac{\nu_t}{\sigma_k}\frac{\partial k}{\partial x_i} \tag{3.2.14}$$

式中,σ_k 为经验常数。普朗特认为耗散项 ε 可用式(3.2.15)进行模拟:

$$\varepsilon = C_D \frac{k^{3/2}}{L} \tag{3.2.15}$$

式中,C_D 为经验常数。在 3.1.1 节已经说明,尽管耗散发生于最小的涡旋,但耗散率 ε 却由大尺度运动决定。既然 k 和 L 表征大尺度运动的特性,由因次分析易得式(3.2.15)。

将式(3.2.14)、式(3.2.15)代入紊动动能方程(3.2.13),并对 $\langle u_i'u_j'\rangle$ 和 $\langle u_i'\phi'\rangle$ 采用紊动黏性系数和紊动扩散系数表达式(3.1.9)和式(3.1.14)代入 k 方程可写为

$$\frac{\partial k}{\partial t}+\langle u_i\rangle\frac{\partial k}{\partial x_i} = \frac{\partial}{\partial x_i}\left(\frac{\nu_t}{\sigma_k}\frac{\partial k}{\partial x_i}\right)+\nu_t\left(\frac{\partial\langle u_i\rangle}{\partial x_j}+\frac{\partial\langle u_j\rangle}{\partial x_i}\right)\frac{\partial\langle u_i\rangle}{\partial x_j}+\beta g_i\frac{\nu_t}{\sigma_t}\frac{\partial\langle\phi\rangle}{\partial x_i}-C_D\frac{k^{3/2}}{L}$$
$$\tag{3.2.16}$$

此即大多数单方程模型中采用的 k 的输运方程。结合式(3.2.12)和式(3.2.15)可以消除长度尺度 L,得到 $\nu_t=C_\mu'C_Dk^2/\varepsilon$,其中经验常数的数值为 $C_\mu'C_D\approx0.09$,$\sigma_k\approx1$。这里,对计算有意义的数值不是 C_μ' 和 C_D 各自的数值,而是其乘积 $C_\mu'C_D$,C_μ' 和 C_D 各自的数值只是用于确定长度尺度 L 的绝对大小,并无重要意义。

这里介绍的紊流模型,只限于模拟高雷诺数水流,不能用于靠近壁面的黏性底层,因为方程(3.2.16)中略去了分子黏性扩散项。

3) 混合长假设是紊动处于当地平衡态的特例

在 k 方程(3.2.16)中,如果变化率项、对流输运项、扩散输运项均可忽略不计,则 k 的产生等于 k 的耗散,这样的紊动称为处于当地平衡状态。对于无浮力的二维剪切层,k 方程蜕化为

$$\nu_t\left(\frac{\partial\langle u\rangle}{\partial y}\right)^2 = C_D\frac{k^{3/2}}{L} \tag{3.2.17}$$

将式(3.2.17)代入科尔莫戈罗夫-普朗特表达式(3.2.12)，消去 k，可得

$$\nu_t = \left(\frac{C_\mu'^3}{C_D}\right)^{1/2} L^2 \left|\frac{\partial \langle u \rangle}{\partial y}\right| \tag{3.2.18}$$

这正是方程(3.2.5)中引入的混合长公式，因为可将混合长 l_m 视作 $(C_\mu'^3/C_D)^{1/4}$ 乘以长度尺度 L。这一推导清楚地表明，混合长模型只适合于紊动处于当地平衡状态的水流。

4）确定长度尺度 L

科尔莫戈罗夫-普朗特表达式(3.2.12)和 k 方程(3.2.16)中的耗散项，均包含长度尺度 L，为使紊流模型完整，必须确定 L。这里简单介绍两种确定长度尺度 L 的经验方法。

（1）经验公式法。这类求解 L 的经验公式多与前述计算混合长 l_m 的经验公式相类似。这类方法虽然简单，但实际应用仍较为困难，因为确定 L 并不比确定 l_m 容易，L 与剪切层厚度 δ 之比也因水流形式不同而异，而且在比剪切层复杂的水流中，更是无法确定 L 的分布。

（2）Bobyleve 法。Bobyleve 等沿用了 Karman 的思想，根据当地速度导数计算长度尺度，将式(3.2.8)修改为

$$L = \kappa \frac{\psi}{\partial \psi/\partial y} \tag{3.2.19}$$

式中，$\psi = k^{\frac{1}{2}}/L$ 为一紊动参数，因次与速度梯度相同。在剪切层水流中，紊动处于当地平衡状态，由式(3.2.17)可知，$k^{1/2}/L$ 正比于 $\partial\langle u\rangle/\partial y$，则式(3.2.19)可简化为 Karman 公式(3.2.8)。式(3.2.19)的另一个优点是：与 k 方程联合构成紊流模型时，浮力对长度尺度的影响可由 k 方程中的浮力项计算。

Bobyleve 法的缺点是：①只适用于紊动输运主要沿一个方向的水流；②在对称平面或对称轴上，$\partial(k^{1/2}/L)/\partial y$ 为 0，由式(3.2.19)将得出无限大的长度尺度。

2. Spalart-Allmaras 模型

1994 年 Spalart 和 Allmaras 提出 Spalart-Allmaras 模型，起初该模型应用于空气动力学领域，由于其能很好地模拟边界层流动，在水力机械流体特性模拟方面的应用越来越广泛。Spalart-Allmaras 模型的基本思路是直接构建一个与紊动涡黏系数类似的系数 $\tilde{v}$ 的输运方程，紊动涡黏系数 ν_t 通过式(3.2.20)与 $\tilde{v}$ 联系：

$$\nu_t = \tilde{v} f_{v1}, \quad f_{v1} = \frac{\chi^3}{\chi^3 + C_{v1}^3}, \quad \chi = \frac{\tilde{v}}{\nu} \tag{3.2.20}$$

f_{v1} 是一种壁面阻尼函数，高雷诺数时 f_{v1} 趋近于 1，在壁面处 f_{v1} 趋近于 0。$\tilde{v}$ 的输运方程形式如下：

$$\underbrace{\frac{\partial \tilde{v}}{\partial t}}_{\text{变化率}} + \underbrace{\langle u_j \rangle \frac{\partial \tilde{v}}{\partial x_j}}_{\tilde{v}\text{对流输运项}} = \underbrace{C_{b1}(1-f_{t2})\tilde{S}\tilde{v}}_{\tilde{v}\text{产生项}} + \underbrace{\frac{1}{\sigma_v}\left\{\frac{\partial}{\partial x_j}\left[(\nu+\tilde{v})\frac{\partial \tilde{v}}{\partial x_j}\right] + C_{b2}\frac{\partial \tilde{v}}{\partial x_j}\cdot\frac{\partial \tilde{v}}{\partial x_j}\right\}}_{\tilde{v}\text{紊动扩散项}}$$

$$- \underbrace{\left(C_{w1}f_w - \frac{C_{b1}}{\kappa^2}f_{t2}\right)\left(\frac{\tilde{v}}{d}\right)^2}_{\tilde{v}\text{耗散项}} \qquad (3.2.21)$$

$$\tilde{S} \equiv S + \frac{\tilde{v}}{\kappa^2 d^2}f_{v2}, \quad f_{v2} = 1 - \frac{\chi}{1+\chi f_{v1}} \qquad (3.2.22)$$

式中,$S=\sqrt{2\Omega_{ij}\Omega_{ij}}$,$\Omega_{ij}=\frac{1}{2}\left(\frac{\partial \langle u_i \rangle}{\partial x_j}-\frac{\partial \langle u_j \rangle}{\partial x_i}\right)$;$f_w=g\left(\frac{1+C_{w3}^6}{g^6+C_{w3}^6}\right)^{1/6}$,$g=r+C_{w2}(r^6-r)$,$r=\frac{\tilde{v}}{\tilde{S}k^2 d^2}$,$f_{t2}=C_{t3}\exp(-C_{t4}\chi^2)$。需要注意的是,式中 $\kappa=0.41$ 为卡门常数,d 为距离壁面最短的距离。其他参数取值见表 3.2。

表 3.2　Spalart-Allmaras 模型中的参数取值

参数	σ_v	C_{b1}	C_{b2}	C_{w2}	C_{w3}	C_{v1}
取值	2/3	0.1355	0.622	0.3	2.0	7.1
参数	C_{t1}	C_{t2}	C_{t3}	C_{t4}	C_{w1}	
取值	1.0	2.0	1.1	2.0	$C_{b1}/\kappa^2+(1+C_{b2})/\sigma_v$	

　　Spalart-Allmaras 模型能够很好地模拟具有回流区的流动,但是它还是缺乏一定的普适性。例如,对于平面射流宽度的预测,Spalart-Allmaras 模型的误差可达 40%(Pope,2000)。

3. Bradshaw 模型

　　前述单方程模型均采用紊动黏性概念。Bradshaw 等提出的单方程模型,不采用紊动黏性概念,而是求解剪应力$\langle u'v' \rangle$的输运方程。开始提出此模型是为了求解附壁边界层。附壁边界层的试验资料表明

$$\frac{\langle u'v' \rangle}{k} = a_1 \approx 常数 \approx 0.3 \qquad (3.2.23)$$

　　将式(3.2.23)作为 k 和$\langle u'v' \rangle$之间的关系式代入 k 方程(3.2.13),可将 k 的输运方程转化为$\langle u'v' \rangle$的输运方程:

$$\langle u \rangle \frac{\partial \frac{\langle u'v' \rangle}{a_1}}{\partial x} + \langle v \rangle \frac{\partial \frac{\langle u'v' \rangle}{a_1}}{\partial y} = -\frac{\partial}{\partial y}\left[G\langle u'v' \rangle \langle u'v'_{\max} \rangle^{\frac{1}{2}}\right]$$

$$- \langle u'v' \rangle \frac{\partial \langle u \rangle}{\partial y} - \frac{\langle u'v' \rangle^{\frac{3}{2}}}{L} \qquad (3.2.24)$$

　　除去方程右端第一项,即扩散项之外,式(3.2.24)与 k 的输运方程形式完全

相同。Bradshaw 等坚持不采用梯度扩散的概念式(3.1.14)来模拟扩散项,而是假设 k 或 $\langle u'v' \rangle$ 的扩散通量正比于某个流速 $\langle u'v'_{\max} \rangle^{\frac{1}{2}}$。扩散项中的参数 G 为

$$G = \left(\frac{\langle u'v'_{\max} \rangle}{\langle u \rangle^2_\infty} \right)^{\frac{1}{2}} f_1 \left(\frac{y}{\delta} \right) \tag{3.2.25}$$

式中,f_1 为经验函数。方程(3.2.24)中的长度尺度 L 也由经验函数 $L/\delta = f_2(y/\delta)$ 确定。

Bradshaw 的紊流模型被成功用来计算许多附壁边界层。但是,对于剪应力改变符号的剪切流,如管路明渠流、射流、尾迹等,式(3.2.23)不再成立,因为 k 不可能改变符号。面对这一问题,Bradshaw 等和其他研究人员又对此紊流模型从不同的角度加以修正,主要是修正式(3.2.23),使其具有较好的通用性。具体的修正方法这里不再赘述。

4. 热(或质量)输运的计算和浮力效应

采用单方程模型求出紊动黏性系数或直接求出剪应力之后,可采用与零方程模型完全相同的方法,即用式(3.1.14)和式(3.1.15)计算紊动热(或物质)输运。在无浮力作用的情况下,紊动普朗特(或施密特)数可取为常数。

(1) k 的输运方程中含有浮力项,这是由 Navier-Stokes 方程推导 k 方程过程中的自然产物。在稳定分层中,这一项减少紊动动能 k;在不稳定分层中,使 k 增加。

(2) 浮力作用改变长度尺度 L 的数值。可采用混合长模型中引入的式(3.2.9)和式(3.2.10),在单方程模型中计入浮力对长度尺度的影响。但若采用式(3.2.19)计算长度尺度,则不必单独考虑浮力对长度尺度的影响。

(3) 紊动普朗特(施密特)数也受到浮力的影响,应当用类似于式(3.2.11)的经验公式进行校正。

5. 单方程模型的适用范围

普朗特及 Bradshaw 单方程模型考虑了紊动速度尺度的对流输运和扩散输运,在非恒定流动中,还考虑了紊动的时间积累。当对流输运或扩散输运比较重要时,单方程模型自然比混合长模型优越得多。这样的算例有:自由流条件急剧变化的、非平衡状态的边界层,自由流为紊流的边界层,穿过对称平面或对称轴 $\left(\frac{\partial \langle u \rangle}{\partial y} = 0 \right)$ 的热输运,回流中的热运输等。一般来说,采用紊动黏性概念的单方程模型比 Bradshaw 模型的应用范围更广。

但是,单方程模型中如何确定长度尺度 L 仍是难以解决的问题。对于比剪切层复杂的流动,确定长度尺度的分布如同在混合长模型中确定混合长的分布一样,很难用经验方法解决。这使得单方程模型的应用仅限于剪切层流动。对于剪

切层流动混合长模型也可得出满意的结果,且比单方程模型更为简单。

　　紊流模型发展的实际需要使人们转而寻求更普遍、更精细的方法确定长度尺度 L 的分布,其结果就是双方程紊流模型的产生。

3.2.3　双方程模型

　　长度尺度 L 表征大的含能涡旋的尺寸大小,它与紊动能 k 一样,受输运过程的影响和制约。

　　长度尺度的输运方程不一定就以长度尺度 L 作为因变量,形同 $Z=k^m L^n$ 的任何组合,均可作为长度尺度输运方程的因变量,因为 k 可由 k 的输运方程解出。已经提出的长度尺度有 $k^{\frac{3}{2}}/L$、kL、$k^{\frac{1}{2}}/L$、k/L^2 等,这些因变量的方程表示不同的物理过程,其原意不一定是作为长度尺度方程,但就其效果而言,这些方程无例外地都是长度尺度方程,且都具有共同的形式。对于无浮力作用的水流,方程的共同形式为

$$\underbrace{\frac{\partial Z}{\partial t}}_{\text{变化率}} + \underbrace{\langle u_i \rangle \frac{\partial Z}{\partial x_i}}_{\text{对流}} = \underbrace{\frac{\partial}{\partial x_i}\left(\frac{\sqrt{k}L}{\sigma_z}\frac{\partial Z}{\partial x_i}\right)}_{\text{扩散}} - \underbrace{C_{Z1}\frac{Z}{k}P}_{\text{产生}} - \underbrace{C_{Z2}Z\frac{\sqrt{k}}{L}}_{\text{破坏}} + S \qquad (3.2.26)$$

式中,C_{Z1} 和 C_{Z2} 为经验常数;P 为式(3.2.13)中定义的紊动动能的产生项;S 表示第二源项,Z 的选择不同,S 的形式也不同。

　　借助于 k 方程(3.2.16)可以证明,采用不同形式的 Z,所得的输运方程,除去扩散项和第二源项,其他各项都是等价的。第二源项的重要性主要表现在近壁区,因而不同 Z 方程的主要差别在于扩散项。经验表明,这种扩散项的差别对于自由流并不重要,但是在第二源项起作用的近壁区,如果取 $Z=\varepsilon$,则可使方程(3.2.26)中恰好不包含第二源项 S,其他各变量的方程均需引入第二源项。这是 ε 方程比其他方程突出的优点,也是 ε 方程比其他方程得到更广泛应用的主要原因。

　　绝大多数双方程模型均采用紊动黏性系数的概念和 Kolmogorov-Prandtl 表达式。本节介绍的双方程模型均属此种类型。

1. 标准 k-ε 模型

　　在高雷诺数情况下,水流具有局部各向同性,耗散率 ε 等于分子黏性系数乘以脉动速度梯度的乘积,见式(3.2.13)。由 Navier-Stokes 方程可导出脉动速度准确的输运方程,因而也可导出 ε 准确的输运方程,像其他输运方程一样,ε 的输运方程包含变化率、对流、扩散、旋度的产生以及旋度的破坏等项;如果紊动处于各向异性状态,还会出现一些附加项。与 k 方程相类似,如实际采用 ε 方程,必须对其中的扩散项、产生项和破坏项进行模拟。一般采用梯度假设模拟扩散项,并将产生项和破坏项合加以模拟。模拟的结果便是下面给出的 ε 方程,即式(3.2.29)。

ε 方程与 k 方程、Kolmogorov-Prandtl 表达式一起，构成完整的紊流模型，称为标准 k-ε 模型。构成标准模型的 k-ε 方程为

$$\nu_t = C_\mu \frac{k^2}{\varepsilon} \tag{3.2.27}$$

$$\underbrace{\frac{\partial k}{\partial t}}_{\text{变化率}} + \underbrace{\langle u_i \rangle \frac{\partial k}{\partial x_i}}_{\text{对流}} = \underbrace{\frac{\partial}{\partial x_i}\left(\frac{\nu_t}{\sigma_k}\frac{\partial k}{\partial x_i}\right)}_{\text{扩散}D} + \underbrace{\nu_t \left(\frac{\partial \langle u_i \rangle}{\partial x_j} + \frac{\partial \langle u_j \rangle}{\partial x_i}\right)\frac{\partial \langle u_i \rangle}{\partial x_j}}_{\text{剪切力产生}P} + \underbrace{\beta g_i \frac{\nu_t}{\sigma_t}\frac{\partial \langle \phi \rangle}{\partial x_i}}_{\text{浮力产生或破坏}G} - \varepsilon$$

$$\tag{3.2.28}$$

$$\underbrace{\frac{\partial \varepsilon}{\partial t}}_{\text{变化率}} + \underbrace{\langle u_i \rangle \frac{\partial \varepsilon}{\partial x_i}}_{\text{对流}} = \underbrace{\frac{\partial}{\partial x_i}\left(\frac{\nu_t}{\sigma_\varepsilon}\frac{\partial \varepsilon}{\partial x_i}\right)}_{\text{扩散}} + \underbrace{C_{1\varepsilon}\frac{\varepsilon}{k}(P + C_{3\varepsilon}G) - C_{2\varepsilon}\frac{\varepsilon^2}{k}}_{\text{产生-破坏}} \tag{3.2.29}$$

将 Kolmogorov-Prandtl 表达式(3.2.12)代入式(3.2.15)，便得到式(3.2.27)。标准 k-ε 模型中包含经验常数 C_μ、σ_k、σ_ε、$C_{1\varepsilon}$ 和 $C_{2\varepsilon}$，在有浮力作用的情况下，还有 $C_{3\varepsilon}$。这些经验常数可分别按下述方法确定。

(1) 确定 $C_{2\varepsilon}$。对于格栅紊流等均匀紊流，变化率项、扩散项和产生项均为 0，k 方程和 ε 方程简化为

$$\langle u \rangle \frac{\partial k}{\partial x} = -\varepsilon \tag{3.2.30}$$

$$\langle u \rangle \frac{\partial \varepsilon}{\partial x} = -C_{2\varepsilon}\frac{\varepsilon^2}{k} \tag{3.2.31}$$

k 的解为

$$k \propto x^{\frac{-1}{C_{2\varepsilon}-1}} \tag{3.2.32}$$

$C_{2\varepsilon}$ 成为 k 的解答中的唯一常数，可根据格栅后量测 k 的沿程衰减情况直接确定。结果表明，$C_{2\varepsilon}$ 为 $1.8 \sim 2.0$。

(2) 确定 C_μ。对于处于当地平衡状态的剪切层，产生等于耗散，由式(3.2.27)和式(3.2.28)可得出

$$C_\mu = \left(\frac{\langle uv' \rangle}{k}\right)^2 \tag{3.2.33}$$

前已述及，紊流边界层的等应力区中的量测结果给出 $\langle u'v' \rangle / k \approx 0.3$，故 $C_\mu = 0.09$。

(3) 确定 $C_{1\varepsilon}$。在近壁区，速度分布为对数曲线，P 近似等于 ε，且 ε 的对流可以忽略不计，据此，ε 方程(3.2.29)简化为

$$C_{1\varepsilon} = C_{2\varepsilon} - \frac{\kappa^2}{\sigma_\varepsilon \sqrt{C_\mu}} \tag{3.2.34}$$

式中，κ 为卡门常数。已知 C_μ、$C_{1\varepsilon}$ 和 σ_ε 后，可由式(3.2.34)求出 $C_{1\varepsilon}$。

(4) 扩散常数 σ_k 和 σ_ε。可先设为接近于 1，再与 $C_{2\varepsilon}$ 一起，用计算机优化过程进行调整。

Launder 和 Spalding(1974)建议的常数值,见表 3.3。这些数值的确定,基本上依据对自由紊流的分析,但其数值也可用于附壁流。灵敏性研究表明,计算结果对 $C_{1\epsilon}$ 和 $C_{2\epsilon}$ 的数值最为敏感,如 $C_{1\epsilon}$ 和 $C_{2\epsilon}$ 的数值改变 5% 会使射流的扩张率改变 20%。

表 3.3 k-ϵ 模型中的常数数值

C_μ	$C_{1\epsilon}$	$C_{2\epsilon}$	C_k	σ_ϵ
0.09	1.44	1.92	1.0	1.3

应当指出,表 3.3 给出的常数值不是也不可能是完全通用的。经验指出,即使对某些不很复杂的水流,某些常数也要取不同的数值。如果采用合适的水流参数的函数代替某些常数,便可扩大 k-ϵ 模型的应用范围。Rodi 在这方面进行了有益的尝试,取得了较好的结果。采用表 3.3 的常数值计算轴对称射流,所得射流在静止介质中的扩张率比实测值高 30%。对此,Rodi 推荐按式(3.2.35)计算 C_μ 和 $C_{2\epsilon}$:

$$C_\mu = 0.09 - 0.04f$$
$$C_{2\epsilon} = 1.92 - 0.0667f \tag{3.2.35}$$

式中

$$f = \left| \frac{\delta}{\Delta\langle u_m \rangle} \left(\frac{\partial\langle u_a \rangle}{\partial x} - \left| \frac{\partial\langle u_a \rangle}{\partial x} \right| \right) \right|^{0.2} \tag{3.2.36}$$

此修正式反映的是当射流轴线速度 $\langle u_a \rangle$ 减小时,C_μ 和 $C_{2\epsilon}$ 的数值也相应减小;当 $\langle u_a \rangle$ 沿程增加时,$f=0$。引入射流宽度 δ 和射流横截面上的最大速度差 $\Delta\langle u_m \rangle$,是为了将 $\frac{\partial\langle u_a \rangle}{\partial x}$ 无因次化。式(3.2.35)和式(3.2.36)只适用于轴对称射流。

对于弱剪切层(如射流和尾迹的远区),Rodi 给出如图 3.4 所示的经验函数 $C_\mu = f(\overline{P/\epsilon})$ 以修正 C_μ 的数值,其中 $\overline{P/\epsilon}$ 是 P/ϵ 在横截面上的平均值。$C_\mu = 0.09$ 是根据试验,在 P 和 ϵ 近似平衡的水流中得出的,但在弱剪切层中,横截面上的速度差只是对流速度的一小部分,P 与 ϵ 的数值相差甚远,故应对 C_μ 值进行修正。采用图 3.4 所示的经验函数可明显提高 k-ϵ 模型预测弱剪切层的能力。

2. 重整化群 k-ϵ 模型

重整化群 k-ϵ 模型是对瞬时的 Navier-Stokes 方程用重整化群(renormalization group,RNG)数学方法(Yakhot et al.,1992)推导出来的模型。模型中的常数与标准 k-ϵ 模型不同,而且方程中也出现了新的函数及未知项。其紊动能与耗散率方程与标准 k-ϵ 模型有相似的形式:

$$\frac{\partial k}{\partial t} + \langle u_j \rangle \frac{\partial k}{\partial x_j} = \frac{\partial}{\partial x_j}\left(\frac{\nu_t}{\sigma_k} \frac{\partial k}{\partial x_j} \right) + P + G - \epsilon \tag{3.2.37}$$

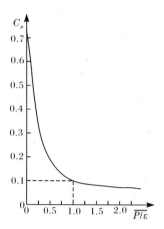

图 3.4　经验函数 $C_\mu = f(\overline{P/\varepsilon})$

$$\frac{\partial \varepsilon}{\partial t} + \langle u_j \rangle \frac{\partial \varepsilon}{\partial x_j} = \frac{\partial}{\partial x_j}\left(\frac{\nu_t}{\sigma_\varepsilon}\frac{\partial \varepsilon}{\partial x_j}\right) + C_{1\varepsilon}\frac{\varepsilon}{k}(P + C_{3\varepsilon}G) - C_{2\varepsilon}^*\frac{\varepsilon^2}{k} \quad (3.2.38)$$

式中，P 为由平均速度梯度引起的紊动能产生项；G 为由于浮力影响引起的紊动能产生项，这些参数与标准 k-ε 模型中相同。式中 $C_{2\varepsilon}^*$ 表达式如下：

$$C_{2\varepsilon}^* = C_{2\varepsilon} + \frac{C_\mu \eta^3(1 - \eta/\eta_0)}{1 + \beta\eta^3} \quad (3.2.39)$$

式中，$\eta = Sk/\varepsilon$，$S = (2\langle S_{ij}S_{ij}\rangle)^{1/2}$。RNG k-ε 模型中的常数数值见表 3.4。需要指出的是，表中的参数除了 β 都由重整化群方法推导，β 值由试验确定。

表 3.4　RNG k-ε 模型中的常数数值

C_μ	$C_{1\varepsilon}$	$C_{2\varepsilon}$	σ_k	σ_ε	η_0	β
0.0845	1.42	1.68	0.7194	0.7194	4.38	0.012

3. 可实现 k-ε 模型

可实现 k-ε 模型的紊动能及其耗散率输运方程为

$$\frac{\partial k}{\partial t} + \langle u_j \rangle \frac{\partial k}{\partial t} = \frac{\partial}{\partial x_j}\left(\frac{\nu_t}{\sigma_k}\frac{\partial k}{\partial x_j}\right) + P + G - \varepsilon \quad (3.2.40)$$

$$\frac{\partial \varepsilon}{\partial t} + \langle u_j \rangle \frac{\partial \varepsilon}{\partial x_j} = \frac{\partial}{\partial x_j}\left(\frac{\nu_t}{\sigma_t}\frac{\partial \varepsilon}{\partial x_j}\right) + C_1 S\varepsilon - C_2\frac{\varepsilon^2}{k + \sqrt{\nu\varepsilon}} + C_{1\varepsilon}\frac{\varepsilon}{k}C_{3\varepsilon}G$$

$$(3.2.41)$$

式中，$C_1 = \max\left[0.43, \frac{\eta}{\eta+5}\right]$，$\eta = \frac{Sk}{\varepsilon}$，$S = (2S_{ij}S_{ij})^{1/2}$，$S_{ij} = \frac{1}{2}\left(\frac{\partial \langle u_j\rangle}{\partial x_i} + \frac{\partial \langle u_i\rangle}{\partial x_j}\right)$。

在上述方程中，P，G 分别为紊动能 k 方程的剪应力产生项和浮力产生项。C_2

和 $C_{1\varepsilon}$ 为常数;σ_k 和 σ_ε 分别为紊动能及其耗散率的紊流普朗特数。通常可取如下参数值,$C_{1\varepsilon}=1.44$,$C_2=1.9$,$\sigma_k=1.0$,$\sigma_\varepsilon=1.2$。

可实现 k-ε 模型紊动能的输运方程与标准 k-ε 模型及重整化群 k-ε 模型有相同的形式,只是模型参数不同,但耗散率方程有较大不同。首先耗散率产生项(方程右边第二项)不包含紊动能产生项 P,现在的形式更能体现能量在谱空间的传输。其次式(3.2.41)中耗散率的消耗项不具有奇异性,并不像标准 k-ε 模型那样把 k 放在分母上。

该模型适合的流动类型比较广泛,包括有旋均匀剪切流、自由流(射流和混合层)、腔道流动和边界层流动。以上流动过程模拟结果都比标准 k-ε 模型的结果好,特别是可实现 k-ε 模型在对圆口射流和平板射流模拟时,能给出较好的射流扩张角。

紊动黏性系数公式为 $\nu_t=C_\mu\dfrac{k^2}{\varepsilon}$,这和标准 k-ε 模型相同。不同的是,在可实现 k-ε 模型中,C_μ 不再是常数,而是通过式(3.2.42)计算:

$$C_\mu = \frac{1}{A_0 + A_s\dfrac{U^* k}{\varepsilon}} \tag{3.2.42}$$

式中,$U^* = \sqrt{S_{ij}S_{ij}+\widetilde{\Omega}_{ij}\widetilde{\Omega}_{ij}}$,$\widetilde{\Omega}_{ij}=\Omega_{ij}-2\varepsilon_{ijk}\omega_k$,$\Omega_{ij}=\overline{\Omega}_{ij}-\varepsilon_{ijk}\omega_k$,$\overline{\Omega}_{ij}$ 为基于旋转角速度 ω_k 的平均旋转率张量。模型常数 $A_0=4.04$,$A_s=\sqrt{6}\cos\phi$,而

$$\phi = \frac{1}{3}\arccos(\sqrt{6}W)$$

式中,$W=\dfrac{S_{ij}S_{jk}S_{ki}}{\widetilde{S}^3}$,$\widetilde{S}=\sqrt{S_{ij}S_{ij}}$,$S_{ij}=\dfrac{1}{2}\left(\dfrac{\partial\langle u_j\rangle}{\partial x_i}+\dfrac{\partial\langle u_i\rangle}{\partial x_j}\right)$。

可以发现,C_μ 是平均应变率与旋度的函数。在平衡边界层惯性底层,可以得到 $C_\mu=0.09$,与标准 k-ε 模型中采用的常数一样。

4. 热(质量)输运和浮力效应

采用双方程紊流模型计算热和物质输运的方法与零方程模型、单方程模型相同,这里不再赘述。

在 k-ε 模型中考虑浮力效应的方法则有简繁之分。较简单的方法是认为 k 方程和 ε 方程中的常数不受浮力影响,只通过 k 方程和 ε 方程中已有的浮力项将 $C_{3\varepsilon}$ 取为 $0.8\sim1.0$,计算浮力效应。

在 k-ε 模型中考虑浮力效应较烦琐的方法,是采用应力 $\langle u_i'u_j'\rangle$ 和通量 $\langle u_i'\phi'\rangle$ 的输运方程加以简化,得出代数关系式。输运方程包含的浮力项保留在代数关系式中,结果使 ν_t 和 Γ 成为理查森数的函数,具有各向异性,计算浮力效应。其细节在

3.2.4 节介绍应力-通量代数模型时介绍。

5. 双方程紊流模型的评价

双方程紊流模型不仅考虑紊动速度尺度的输运,而且考虑紊动长度尺度的输运,因而能确定各种复杂水流的长度尺度分布。尤其是当长度尺度不能用简单的方法经验地确定时,双方程模型便是成功模拟这些水流的最简单的模型。例如,回流和一些由几个自由层或壁面层相互作用形成的复杂剪切层,用零方程、单方程模型均难以得出较好的结果,用双方程模型却能得到极好的计算结果。

在各类双方程模型中,k-ε 模型得到最广泛的应用,经过了最广泛的检验,是应用最成功的紊流模型。采用表 3.3 给出的常数值,k-ε 模型能成功地预测许多剪切层型水流和回流。但 k-ε 模型也有难以克服的困难,例如,模型中的经验常数通用性尚不十分令人满意,对弱剪切层和轴对称射流,必须用一些函数代替几个经验常数,这是因为目前所采用的 ε 方程缺少足够的通用性。再如,在矩形渠道或管路中,试验中观测到紊动引起的二次流,k-ε 模型却无法预测。这是因为标准 k-ε 模型假设对于雷诺应力的各个分量 $\langle u_i'u_j' \rangle$ 紊动黏性系数相同,即紊动黏性系数是各向同性的标量。这一假设不影响 k-ε 模型对剪切层和回流的模拟,是因为在剪切层中唯有一个剪应力分量 $\langle u'v' \rangle$ 是重要的;在回流中,虽然正应力和剪应力在动量方程中同等重要,但与惯性项和压力梯度项相比,两者又都较小,故紊动黏性系数的各向同性对问题影响甚微。在有些水流或流动区域,有必要精确地描述紊动应力各分量的输运,各向同性的紊动黏性概念和据此建立的 k-ε 模型,便不再适用,必须采用各应力分量的输运方程或其简化形式,这就是应力-通量方程模型和应力通量代数模型提出的原因。

3.2.4 应力-通量方程模型

前面介绍的各类紊流模型都假设紊流的当地状态可用某速度尺度表征,而雷诺应力的各个分量均可通过不同的方式与该速度尺度相联系。这类封闭时均流方程的方法,称为一阶封闭格式。为了考虑雷诺应力各分量的不同发展,正确地计算复杂水流中各项雷诺应力的输运,有些紊流模型采用雷诺应力各个分量 $\langle u_i'u_j' \rangle$ 以及紊动热(物质)通量各分量 $\langle u_i'\phi' \rangle$ 的输运方程。这类封闭时均流方程的方法,则称为二阶封闭格式。还有一些紊流模型,对于二阶封闭格式中的高阶相关,再采用相应的输运方程,称为三阶封闭格式。二阶封闭格式的紊流模型所含的微分方程已多达 10 余个;三阶封闭格式所含的微分方程则更多。即使目前计算技术已高速发展,联立求解如此之多的偏微分方程也是非常复杂的工作。为了既考虑到雷诺应力和紊动通量各个分量的输运,又不采用过多的微分输运方程,Rodi 等提出了应力-通量代数模型,将二阶封闭格式中的微分输运方程简化为代数表达式并保持其描述输运过程的基本能力,与 k 方程、ε 方程联立求解,得出雷诺应力和紊动通量的各个分量。这种模型,比采用各向同性的紊动黏性系数的标准 k-ε 模型,通用性能得到改进,成为具有较为完善理论基础的紊流模型之一。二阶封闭格式极为复杂,本书限于篇幅,只概要介绍应力-通量方程模型和应力-通量代数模型的主要思路,并讨论这些模型与其他模型之间的主要区别。

1. 雷诺应力方程

第一个导出并发表雷诺应力 $\langle u_i' u_j' \rangle$ 的准确输运方程并得到国际流体力学界公认的,是我国著名科学家周培源先生。

将 x_i 方向和 x_j 方向的 Navier-Stokes 方程(3.1.2)分别减去时均流的动量方程(3.1.7),所得的 i 分量的方程乘以脉动速度 u_j',j 分量的方程乘以 u_i';再将两个方程相加,取时间平均,便得 $\langle u_i' u_j' \rangle$ 的输运方程。在高雷诺数情况下,可略去分子扩散项。所得 $\langle u_i' u_j' \rangle$ 的准确输运方程为

$$\underbrace{\frac{\partial \langle u_i' u_j' \rangle}{\partial t}}_{\text{变化率}} + \underbrace{\langle u_l \rangle \frac{\partial \langle u_i' u_j' \rangle}{\partial x_l}}_{\text{对流输运}} = \underbrace{-\frac{\partial}{\partial x_l}\langle u_l' u_i' u_j' \rangle - \frac{1}{\rho}\left(\frac{\partial \langle u_j' p' \rangle}{\partial x_i} + \frac{\partial \langle u_i' p' \rangle}{\partial x_j}\right)}_{D_{\text{iff}}=\text{扩散输运}}$$

$$\underbrace{-\langle u_i' u_l' \rangle \frac{\partial \langle u_j \rangle}{\partial x_l} - \langle u_j' u_l' \rangle \frac{\partial \langle u_i \rangle}{\partial x_l}}_{P_{ij}=\text{应力产生}}$$

$$\underbrace{-\beta(g_i \langle u_j' \phi' \rangle + g_j \langle u_i' \phi' \rangle)}_{G_{ij}=\text{浮力产生}}$$

$$\underbrace{+\left\langle \frac{p'}{\rho}\left(\frac{\partial u_i'}{\partial x_j} + \frac{\partial u_j'}{\partial x_i}\right)\right\rangle}_{\Pi_{ij}=\text{压力应变}} - \underbrace{2\nu\left\langle \frac{\partial u_i'}{\partial x_l}\frac{\partial u_j'}{\partial x_l}\right\rangle}_{\varepsilon_{ij}=\text{黏性耗散}}$$

$$(3.2.43)$$

当 $i=j=1,2,3$ 时,式(3.2.43)给出三个正应力的方程。将三个方程相加,并注意到 $k=\frac{1}{2}\langle u_i' u_i' \rangle$,便可得出紊动动能 k 的准确方程(3.2.13)。比较式(3.2.13)和式(3.2.43)可见,除去压力应变项以外,方程(3.2.43)中各项均与方程(3.2.13)各对应项相当。在 k 方程中不含压力应变项,可见压力应变项对于总的能量平衡不起作用;压力应变项又称为雷诺应力再分配项,其作用是把能量在各个分量之间重新分配(当 $i=j$ 时)和减小剪应力(当 $i \neq j$ 时),总的趋势是使紊动各向同性。

方程(3.2.43)中的扩散输运项、压力应变项和黏性耗散项都包含一些相关关系,如果不采用三阶封闭格式,就必须近似地模拟这些相关关系。下面简述这三项的模拟方法。

1) 黏性耗散项 ε_{ij} 的模拟

在高雷诺数情况下,紊动具有局部各向同性特性,各能量分量$\langle u_i'^2 \rangle$消耗同样数量的能量,且当$i \neq j$时,可证明$\left\langle \dfrac{\partial u_i'}{\partial x_l} \dfrac{\partial u_j'}{\partial x_l} \right\rangle$为0,故耗散项$\varepsilon_{ij}$可写为

$$\varepsilon_{ij} = \frac{2}{3}\varepsilon \delta_{ij} \tag{3.2.44}$$

式中,ε为紊动动能耗散率。

2) 压力应变项Π_{ij}的模拟

用压力脉动泊松方程消去压力应变项中的脉动压力p'。可见,有三种过程对压力应变项作出贡献:各脉动速度分量之间的相互作用、平均应变及脉动速度的相互作用和浮力作用。对三种作用的贡献分别进行模拟,并记为$\Pi_{ij,1}$、$\Pi_{ij,2}$、$\Pi_{ij,3}$。

$$\Pi_{ij,1} = -C_1 \frac{\varepsilon}{k}\left(\langle u_i' u_j' \rangle - \frac{2}{3}\delta_{ij}k \right) \tag{3.2.45}$$

$$\Pi_{ij,2} = -\frac{C_2+8}{11}\left(P_{ij} - \frac{2}{3}\delta_{ij}P \right) - \frac{30C_2-2}{55}\left(\frac{\partial \langle u_i \rangle}{\partial x_j} + \frac{\partial \langle u_j \rangle}{\partial x_i} \right)k$$
$$- \frac{8C_2-2}{11}\left(D_{ij} - \frac{2}{3}\delta_{ij}P \right) \tag{3.2.46}$$

或其简化形式

$$\Pi_{ij,2} = -\gamma\left(P_{ij} - \frac{2}{3}\delta_{ij}P \right) \tag{3.2.47}$$

$$\Pi_{ij,3} = -C_3\left(G_{ij} - \frac{2}{3}\delta_{ij}G \right) \tag{3.2.48}$$

在式(3.2.45)~式(3.2.48)中,C_1、C_2、γ和C_3为经验系数,P_{ij}、G_{ij}的定义见式(3.2.43),P、G定义见式(3.2.28)。D_{ij}定义为

$$D_{ij} = -\left(\langle u_i' u_l' \rangle \frac{\partial \langle u_l \rangle}{\partial x_j} + \langle u_j' u_l' \rangle \frac{\partial \langle u_l \rangle}{\partial x_i} \right) \tag{3.2.49}$$

3) 扩散输运项D_{iff}的模拟

一般仍采用梯度模式模拟扩散项:

$$D_{iff} = C_s \frac{\partial}{\partial x_l}\left(\frac{k}{\varepsilon}\langle u_k' u_l' \rangle \frac{\partial \langle u_i' u_j' \rangle}{\partial x_k} \right) \tag{3.2.50}$$

式中,C_s为经验常数。式(3.2.45)~式(3.2.50)中经验常数的取值在不同的文献中也有所不同,表3.5中所列为前人的部分研究结果。

表3.5　应力-通量方程模型中的常数数值

C_1	C_2	γ	C_3	C_s	$C_{1\phi}$	$C_{2\phi}$	$C_{3\phi}$	$C_{s\phi}$	C_ϕ	R
1.5	0.4	0.60	—	0.25	—	—	—	—	—	—
2.2	—	0.55	0.55	—	3.2	0.50	0.50	—	—	0.8
1.8	—	0.60	0.50	—	3.0	0.33	0.33	0.11	0.13	0.8

应当指出,上面给出的模拟形式只是多种模拟形式之一,而且,对于一些比较特殊的流区,还可能需要考虑特殊的效应(壁面效应、自由表面效应等),对模拟格式进行相应的修正。

2. 标量通量$\langle u_i'\phi'\rangle$和标量脉动$\langle\phi'^2\rangle$的方程

采用推导$\langle u_i'u_j'\rangle$方程类似的方法,可导出$\langle u_i'\phi'\rangle$准确的输运方程。忽略黏性扩散项,该方程为

$$\underbrace{\frac{\partial\langle u_i'\phi'\rangle}{\partial t}}_{\text{变化率}}+\underbrace{\langle u_l\rangle\frac{\partial\langle u_i'\phi'\rangle}{\partial x_l}}_{\text{对流输运}}=\underbrace{-\frac{\partial}{\partial x_l}\left(\langle u_i'u_l'\phi'\rangle+\frac{1}{\rho}\delta_{il}\langle p'\phi'\rangle\right)}_{\text{扩散输运}}$$

$$\underbrace{-\langle u_i'u_j'\rangle\frac{\partial\langle\phi\rangle}{\partial x_j}-\langle u_j'\phi'\rangle\frac{\partial\langle u_i\rangle}{\partial x_j}}_{\text{时均流场的产生}}$$

$$\underbrace{-\beta g_i\langle\phi'^2\rangle}_{\text{浮力产生}}+\underbrace{\frac{1}{\rho}\langle p'\frac{\partial\phi'}{\partial x_i}\rangle}_{\Pi_{i\phi}=\text{压力-标量梯度相关}}\underbrace{-(\gamma+\nu)\langle\frac{\partial u_i'}{\partial x_l}\frac{\partial\phi'}{\partial x_l}\rangle}_{\text{黏性耗散(在各向同性时为0)}}$$

$$(3.2.51)$$

比较式(3.2.51)和式(3.2.43)可见,控制$\langle u_i'\phi'\rangle$的过程与控制$\langle u_i'u_j'\rangle$的过程相似。时均流场的产生项是时均速度梯度和时均标量梯度联合作用的结果,其作用趋势分别为加剧速度脉动和标量脉动。压力-标量梯度相关项与$\langle u_i'u_j'\rangle$方程中的压力应变项相对应,是阻碍$\langle u_i'\phi'\rangle$产生和限制其增长的主要机制。

在高雷诺数情况下,紊流具有局部各向同性,可证明$\langle\frac{\partial u_i'}{\partial x_l}\frac{\partial\phi'}{\partial x_l}\rangle$为0,从而黏性耗散项为0。为使方程(3.2.51)封闭,只需模拟压力-标量梯度相关项和扩散输运项。与压力-应变项相似,借助于脉动压力p'的泊松方程可证明,压力-标量梯度相关项$\Pi_{i\phi}$由三部分组成:紊动部分$\Pi_{i\phi,1}$、平均应变部分$\Pi_{i\phi,2}$和浮力部分$\Pi_{i\phi,3}$。这三部分的近似模拟公式分别为

$$\Pi_{i\phi,1}=-C_{1\phi}\frac{\varepsilon}{k}\langle u_i'\phi'\rangle \qquad (3.2.52)$$

$$\Pi_{i\phi,2}=C_{2\phi}\langle u_l'\phi'\rangle\frac{\partial\langle u_i\rangle}{\partial x_l} \qquad (3.2.53)$$

$$\Pi_{i\phi,3}=C_{3\phi}\beta g_i\langle\phi'^2\rangle \qquad (3.2.54)$$

扩散输运项$D_{\text{iff}}\langle u_i'\phi'\rangle$仍用梯度模式进行模拟:

$$D_{\text{iff}}\langle u_i'\phi'\rangle=\frac{\partial}{\partial x_l}\left[C_{s\phi}\frac{k}{\varepsilon}\left(\langle u_k'u_l'\rangle\frac{\partial\langle u_i'\phi'\rangle}{\partial x_k}+\langle u_k'u_i'\rangle\frac{\partial\langle u_l'\phi'\rangle}{\partial x_k}\right)\right] \qquad (3.2.55)$$

式(3.2.52)~式(3.2.55)中的经验系数$C_{1\phi}$、$C_{2\phi}$、$C_{3\phi}$和$C_{s\phi}$的数值见表3.5。

在有浮力作用的情况下,$\langle u_i'\phi'\rangle$的方程(3.2.45)和$\Pi_{i\phi,3}$的模拟公式(3.2.54)

中,均出现标量脉动$\langle\phi'^2\rangle$,其数值可由其微分方程输运方程确定。由方程(3.1.3)和方程(3.1.8),采用推导$\langle u_i'u_j'\rangle$方程相同的方法,可导出$\langle\phi'^2\rangle$的准确方程。略去黏性扩散,该方程为

$$\underbrace{\frac{\partial\langle\phi'^2\rangle}{\partial t}}_{\text{变化率}}+\underbrace{\langle u_j\rangle\frac{\partial\langle\phi'^2\rangle}{\partial x_j}}_{\text{对流输运}}=\underbrace{-\frac{\partial}{\partial x_j}(\langle u_j'\phi'^2\rangle)}_{\text{扩散输运}}\underbrace{-2\langle u_j'\phi'\rangle\frac{\partial\langle\phi\rangle}{\partial x_j}}_{P_\phi=\text{时均流场的产生}}\underbrace{-2\gamma\langle\frac{\partial\phi'}{\partial x_j}\frac{\partial\phi'}{\partial x_j}\rangle}_{\varepsilon_\phi=\text{耗散}}$$

$$(3.2.56)$$

式(3.2.56)控制着温度或浓度的标量脉动,与k方程(3.2.13)属同一类型。事实上,这两个方程具有相似的形式,只是$\langle\phi'^2\rangle$方程中不含压力脉动项和浮力项。

显然,式(3.2.56)中的扩散输运项和耗散项ε_ϕ需要模拟,通常采用的模拟方式分别为

$$-\langle u_j'\phi'^2\rangle=C_\phi\frac{k}{\varepsilon}\langle u_j'u_l'\rangle\frac{\partial\langle\phi'^2\rangle}{\partial x_l} \qquad (3.2.57)$$

$$\varepsilon_\phi=\frac{\langle\phi'^2\rangle}{kR}\varepsilon \qquad (3.2.58)$$

式中,C_ϕ为经验系数,数值见表3.5;R为标量脉动的时间尺度与速度脉动的时间尺度之比,数值为$0.5\sim1$,推荐数值见表3.5。

k方程(3.2.28)、ε方程(3.2.29)、$\langle u_i'u_j'\rangle$(6个分量)方程(3.2.43)、$\langle u_i'\phi'\rangle$(3个分量)方程(3.2.51)和$\langle\phi'^2\rangle$方程(3.2.56)共12个微分方程构成的二阶封闭多方程紊流模型,称为应力-通量模型或应力-通量方程模型。

3.2.5　应力-通量代数模型

应力-通量方程模型用来计算均匀流、自由射流、附壁射流、附壁边界层和二、三维的管流及明渠水流,计算得到的时均速度分布和雷诺应力各分量的分布均与测量结果符合较好。尤其是有些水流现象无法用标准k-ε模型描述,如附壁射流中的壁面效应,紊动引起的二次流以及边界弯曲引起的附加应变率等,采用应力模型常可得出较好的结果。

应力-通量代数模型(algebraic stress model,ASM)的思路,是试图保持应力-通量方程模型的优点,同时免去求解繁多的微分输运方程。在$\langle u_i'u_j'\rangle$、$\langle u_i'\phi'\rangle$和$\langle\phi'^2\rangle$的输运方程中,因变量的梯度只出现在方程的变化率项、对流项和扩散项中,如果能用模拟近似式消去这些梯度,便可将微分方程转化为代数方程。Rodi据此提出了一种近似模拟法,假设$\langle u_i'u_j'\rangle$的输运与k的输运成正比,比例因子$\langle u_i'u_j'\rangle/k$不为常数:

$$\frac{\mathrm{D}\langle u_i'u_j'\rangle}{\mathrm{D}t}-D_{\text{iff}}(\langle u_i'u_j'\rangle)=\frac{\langle u_i'u_j'\rangle}{k}\left[\frac{\mathrm{D}k}{\mathrm{D}t}-D_{\text{iff}}(k)\right]=\frac{\langle u_i'u_j'\rangle}{k}(P+G-\varepsilon)$$

$$(3.2.59)$$

式中,第二个等式可由 k 方程(3.2.13)或方程(3.2.16)得出。

将式(3.2.59)和模拟公式(3.2.44)、式(3.2.45)、式(3.2.47)以及式(3.2.48)代入$\langle u_i'u_j'\rangle$的方程(3.2.43),可得

$$\langle u_i'u_j'\rangle = k\left[\frac{2}{3}\delta_{ij} + \frac{(1-\gamma)\left(\frac{P_{ij}}{\varepsilon} - \frac{2}{3}\delta_{ij}\frac{P}{\varepsilon}\right)}{C_1 + \frac{P+G}{\varepsilon} - 1} + \frac{(1-C_2)\left(\frac{G_{ij}}{\varepsilon} - \frac{2}{3}\delta_{ij}\frac{G}{\varepsilon}\right)}{C_1 + \frac{P+G}{\varepsilon} - 1}\right]$$

(3.2.60)

式(3.2.60)必须与 k 方程、ε 方程联合使用才有意义,因为式中k、P、G 和 ε 等项要用 k-ε 方程求解。

对于$\langle u_i'\phi'\rangle$方程中的输运项,可用类似于式(3.2.59)的方法写出

$$\frac{\mathrm{D}\langle u_i'\phi'\rangle}{\mathrm{D}t} - D_{\mathrm{iff}}(\langle u_i'\phi'\rangle) = \frac{\langle u_i'\phi'\rangle}{2k}(P+G-\varepsilon)$$

(3.2.61)

将式(3.2.60)和模拟公式(3.2.52)～式(3.2.55)代入$\langle u_i'\phi'\rangle$的方程(3.2.51),可得

$$\langle u_i'\phi'\rangle = \frac{\frac{k}{\varepsilon}\left[\langle u_i'u_l'\rangle\frac{\partial\langle\phi\rangle}{\partial x_l} + (1-C_{2\phi})(\langle u_l'\phi'\rangle\frac{\partial u_i'}{\partial x_l} + \beta g_i\langle\phi'^2\rangle)\right]}{C_{1\phi} + \frac{1}{2}\left(\frac{P+G}{\varepsilon}-1\right)}$$

(3.2.62)

确定式(3.2.62)中的$\langle\phi'^2\rangle$,可采用与前述相同的近似方法:在$\langle\phi'^2\rangle$方程(3.2.56)中略去变化率项和输运项,得出产生项 P_ϕ 和耗散项 ε_ϕ 之间的平衡关系式,再用式(3.2.58)代替 ε_ϕ,便得

$$\langle\phi'^2\rangle = -2R\frac{k}{\varepsilon}\langle u_l'\phi'\rangle\frac{\partial\langle\phi\rangle}{\partial x_l}$$

(3.2.63)

k 方程(3.2.28)、ε 方程(3.2.29)两个微分方程和式(3.2.60)、式(3.2.62)、式(3.2.63)10 个代数方程构成的双方程模型,称为应力-通量代数模型。与标准 k-ε 模型和应力-通量方程模型相比,应力-通量代数模型的突出优点是以一组代数方程考虑各应力分量和通量分量的不同产生过程和破坏过程,并在一定程度上模拟这些分量的输运过程。应力-通量代数模型比采用各向同性紊动黏性系数的标准 k-ε 模型通用性好;比采用众多微分输运方程的应力-通量方程模型计算量小,在一定程度上综合了前者的经济性和后者的通用性。在必须计算体积力效应(浮力、流线弯曲、旋转等)时,应力-通量代数模型的优点尤为突出。

应力-通量代数模型成功地用以计算不同形式的水流现象。例如,薄剪切层中的正应力分配,方形管渠中紊动引起的二次流,浮力对垂向、水平剪切层的影响,自由剪切层中浮力对紊动普朗特数 σ_t 的影响等。在很多情况下,应力-通量代数模型的计算结果与应力-通量方程模型的计算结果并无明显差异。

下面的例子可以生动地说明,应力-通量代数模型比标准 k-ε 模型通用性能更好。对于无浮力作用的薄剪切层,由式(3.2.60)得出的剪应力$\langle u'v' \rangle$为

$$-\langle u'v' \rangle = \underbrace{\frac{2}{3}\frac{1-\gamma}{C_1}\frac{C_1-1+\gamma P/\varepsilon}{(C_1-1+P/\varepsilon)^2}}_{C_\mu}\frac{k^2}{\varepsilon}\frac{\partial \langle u \rangle}{\partial y} \tag{3.2.64}$$

由式(3.2.64)可见:①式(3.2.64)与紊动黏性系数的关系式相一致,且紊动黏性系数 $\nu_t = -\langle u'v' \rangle/(\partial \langle u \rangle/\partial y)$ 恰可写为 $\nu_t = C_\mu k^2/\varepsilon$ 的形式,进一步证明了 Kolmogorov-Prandtl 表达式的正确性;②式(3.2.64)中的 C_μ 为 P/ε 的函数。在 3.2.3 节中,为了使标准 k-ε 模型同样适用于弱剪切流,曾引入函数 $C_\mu = f(\overline{P/\varepsilon})$ 对 C_μ 值进行修正,如图 3.4 所示。式(3.2.64)中出现 P/ε 项,是因为用近似关系式(3.2.59)计算了$\langle u_i'u_j' \rangle$的输运。对于当地平衡状态,$P/\varepsilon=1$,式(3.2.64)中的 C_μ 蜕化为常数。由此可见,标准 k-ε 模型视 C_μ 为常数,是比较粗糙的假设,其本质是忽略了$\langle u_i'u_j' \rangle$的输运。

3.3　大　涡　模　拟

众所周知,求解紊流问题的困难主要来自两方面:一是紊流的非线性特征难以进行数值模拟;二是紊流脉动频率谱域极宽,数值模拟技术难以模拟连续变化的各级紊流运动。由于工程应用中对紊流运动的时间平均效应较为关心,所以目前常用的紊流模型大部分以雷诺时间平均为基础数值求解雷诺时均方程(鲁俊等,2009)。雷诺时均的过程均化了紊流运动的若干微小细节,模型模化过程也带有很多人为因素。因此,封闭雷诺时均方程的各类紊流模型对复杂精细的紊流结构,如绕流体的流动分离、卡门涡街等流动现象的模拟能力还很有限。

随着计算机的计算速度和计算容量的大幅提高,一些研究机构对 Navier-Stokes 方程不进行任何形式的模化和简化,利用极为细密的网格直接数值求解 Navier-Stokes 方程,这就是直接数值模拟。但目前普通的研究者尚难以实现中高雷诺数条件下的直接数值模拟,而介于直接数值模拟和雷诺时均方法之间的大涡模拟,由于其较雷诺时均理论更为精细且在常规的计算机上即可实现,因而已在计算流体力学(computational fluid dynamics,CFD)界逐渐兴起并发展成为最有潜力的紊流数值求解方法。

早在 1963 年,Smagorinsky 就提出了大涡模拟的构想和著名的 Smagorinsky 模型。1970 年,Deardorff 将大涡模拟理论用于解决简单的渠道水力学问题。20 世纪 80 年代,大多数研究者将目光从大涡模拟转向了直接数值模拟,但这期间 Bardina 等(1980)和 Moin 等(1982)仍然在大涡模拟研究中得出了一些有意义的成果,并对 Smagorinsky 模型提出了若干改进。自 20 世纪 90 年代初至今,人们的

研究重点又重新回到了大涡模拟。目前大涡模拟理论已开始在工程实际问题中得到应用,如航空航天领域的燃烧室问题研究、绕流体流场模拟等。数值试验证明,雷诺时均方法在模拟复杂流动现象,如涡脱落、浮力影响、流线弯曲、涡旋和压缩运动时,会遇到难以克服的困难,对后台阶流回流长度的预测总是偏大等,而大涡模拟在复杂流动的模拟中可以得到很多雷诺时均方法无法获得的紊流运动的细微结构和流动图像。国际水力学界举行多次关于大涡模拟模型、数值方法、几何区域处理等技术的专题会议,系列科研成果被相继报道(Rodi et al. ,1997;Yu et al. ,1997)。

大涡模拟的解可以反映紊流的三维、非恒定特性,但与雷诺时均概念下的紊流模型相比,大涡模拟仍然需要精度较高(高分辨率)的网格。层外流的网格数正比于$Re^{0.4}$(Chapman,1979),黏滞底层中网格数正比于$Re^{1.8}$。尽管如此,与直接数值模拟所需的网格数正比于$Re^{2.25}$相比,大涡模拟方法可以应用于雷诺数至少高一个数量级的流动模拟中。为了减小计算所需的计算网格可以采用一些特殊的数值格式。

目前计算机的计算能力仍对数值模拟紊流时所采用的网格尺度提出了严格的限制。通过数值模拟可以获得尺度大于网格尺度的紊流结构,但无法模拟小于该网格尺度的紊动结构。大涡模拟的思路是:直接数值模拟大尺度紊流运动,而利用次网格尺度模型模拟小尺度紊流运动对大尺度紊流运动的影响(王玲玲,2004)。因此 Rodi 将大涡模拟戏称为"穷人的 DNS"。

3.3.1　控制方程及过滤函数

不可压常黏性系数的紊流运动控制方程为 Navier-Stokes 方程:

$$\frac{\partial u_i}{\partial t}+\frac{\partial(u_iu_j)}{\partial x_j}=-\frac{1}{\rho}\frac{\partial p}{\partial x_i}+2\nu\frac{\partial S_{ij}}{\partial x_j} \tag{3.3.1}$$

式中,$S_{ij}=(\partial u_i/\partial x_j+\partial u_j/\partial x_i)/2$ 为速度应变率张量;ν 为分子黏性;ρ 为流体密度。根据大涡模拟基本思想,必须采用一种平均方法以区分可求解的大尺度涡和待模化的小尺度涡,即将变量 u 变成大尺度可求解变量 $\bar{u}$。与雷诺时间平均不同,大涡模拟采用空间平均方法,将变量 u_i 分解为 $\overline{u_i}$ 和亚格子(次网格)变量(模化变量)u'_i,即 $u_i=\overline{u_i}+u'_i$,$\bar{u}$ 可以采用 Leonard 提出的算式(Saugaut,2006)表示为

$$\overline{u_i}(x)=\int_{-\infty}^{+\infty}G(x-x')u_i(x')\mathrm{d}x' \tag{3.3.2}$$

$G(x-x')$ 称为过滤函数,显然 $G(x)$ 满足 $\int_{-\infty}^{+\infty}G(x)\mathrm{d}x=1$。过滤函数类型和滤波尺度在一定程度上会影响可解尺度的紊流特性。常用的过滤函数有帽形函数(top-hat)、傅里叶截断函数、高斯函数等。

帽形函数

$$G(x-x') = \begin{cases} 1/\Delta, & |x-x'| \leqslant \Delta/2 \\ 0 & |x-x'| > \Delta/2 \end{cases} \tag{3.3.3}$$

傅里叶截断函数

$$G(x-x') = \prod_{i=1}^{3} \frac{\sin\left[\frac{\pi}{\Delta}(x_i-x_i')\right]}{\pi(x_i-x_i')} \tag{3.3.4}$$

高斯函数

$$G(x-x') = \left(\frac{6}{\pi\Delta^2}\right)^{3/2} \exp\left(\frac{-6\|\bar{r}-\bar{r}_i\|^2}{\Delta^2}\right) \tag{3.3.5}$$

式中,Δ 为网格平均尺度,三维情况下,$\Delta=(\Delta_1\Delta_2\Delta_3)^{1/3}$,$\Delta_1$、$\Delta_2$、$\Delta_3$ 分别为 x_1、x_2、x_3 方向的网格尺度;$\bar{r}$ 为空间位置矢量。当 $\Delta\to0$ 时,大涡模拟即转变为直接数值模拟。帽形函数因为形式简单而被广泛使用。

将过滤函数作用于 Navier-Stokes 方程的各项,得到过滤后的紊流控制方程组为

$$\frac{\partial \bar{u}_i}{\partial t} + \frac{\partial (\overline{u_i u_j})}{\partial x_j} = -\frac{1}{\rho}\frac{\partial \bar{p}}{\partial x_i} + 2\nu\frac{\partial \overline{S_{ij}}}{\partial x_j} \tag{3.3.6}$$

由于无法同时求解出变量 $\bar{u}_i$ 和 $\overline{u_i u_j}$,因此将 $\overline{u_i u_j}$ 分解为 $\overline{u_i u_j}=\bar{u}_i\bar{u}_j+\tau_{ij}$,$\tau_{ij}$ 即称为亚格子剪应力张量:$\tau_{ij}=(\overline{\bar{u}_i\bar{u}_j}-\bar{u}_i\bar{u}_j)+(\overline{u'_i\bar{u}_j}+\overline{\bar{u}_i u'_j})+\overline{u'_i u'_j}$。该式右端第一项称为 Leonard 应力,第二项为交叉应力,第三项为亚格子雷诺应力。若采用时间平均,则前两项将趋于 0。由此可以得出空间平均的一项重要特性,即 $\overline{\bar{u}_i}\neq\bar{u}_i$。由此动量方程又可写为

$$\frac{\partial \bar{u}_i}{\partial t} + \frac{\partial (\bar{u}_i\bar{u}_j)}{\partial x_j} = -\frac{1}{\rho}\frac{\partial \bar{p}}{\partial x_i} + \nu\frac{\partial (2\overline{S_{ij}})}{\partial x_j} - \frac{\partial \tau_{ij}}{\partial x_j} \tag{3.3.7}$$

式中,τ_{ij} 为小涡对大涡的影响,需要采用 Smagorinsky 等模型进行模化(Lesieur et al.,2005)。

3.3.2 Smagorinsky 模型

1963 年 Smagorinsky 提出了第一个亚格子模型,目前该模型仍然广泛应用。与大多数现行的亚格子模型一样,Smagorinsky 模型仍采用涡黏性概念,与所求解速度场相关联的应变速率张量 S_{ij} 的偏斜部分 τ_{ij}^{d} 可以表示为

$$\tau_{ij}^{d} = \tau_{ij} - \frac{1}{3}\delta_{ij}\tau_{kk} = -2\nu_t\overline{S_{ij}} \tag{3.3.8}$$

式中,ν_t 为涡黏性系数,$\overline{S_{ij}}=\left(\frac{\partial \bar{u}_i}{\partial x_j}+\frac{\partial \bar{u}_j}{\partial x_i}\right)/2$。采用上述假设的最大好处是使求解 $\bar{u}_i$ 的方程形式与求解 u_i 的方程形式完全一致,只需以 $\bar{p}+\delta_{ij}\tau_{kk}/3$ 代替 $\bar{p}$,以 $\nu+\nu_t$ 代替 ν,所以现有的各类求解非恒定 Navier-Stokes 方程的算法仍可以采用。

Smagorinsky 模型的第二个假设是：$\nu_t \propto l \cdot q_{SGS}$。$l$ 为亚格子涡运动的长度尺度，q_{SGS} 为对应的速度尺度。显然 Δ 可作为一个合适的长度尺度，可以进一步设 $l = C_s \Delta$。与普朗特的混合长假设相类似，速度尺度 q_{SGS} 与速度梯度直接相关，即 $q_{SGS} = l|\overline{S}| = l\sqrt{2\,\overline{S_{ij}}\,\overline{S_{ij}}}$。所以

$$\nu_t = (C_s \Delta)^2 \sqrt{2\,\overline{S_{ij}}\,\overline{S_{ij}}} \qquad (3.3.9)$$

对于各向同性紊流，在科尔莫戈罗夫能谱惯性子区范围内，可以推导出 C_s 的取值约为 0.18，但对大多数流动而言，数值试验已证明该值偏大，所以通常采用的 C_s 值都比 0.18 小，有时甚至低于 0.10。在实际应用中 C_s 的取值需要经过适当的调试。

Smagorinsky 模型自被提出以来得到广泛应用。主要原因是该方法概念简单且易于实施。该模型的缺点是 C_s 的取值受雷诺数、流型及数值离散方法等多种因素的影响，在实际应用中需要调试以获取其最优值。另外由式(3.3.9)决定的 ν_t 恒为正值，紊动被描述成严格耗散的过程，这与实际也有出入。因此，近年来在 Smagorinsky 模型基础上衍生出一系列新的模型，如动力亚格子模型、结构函数模型、尺度相似模型等，其中已有一些关于动力模型研究成果的报道，其与 Smagorinsky模型的区别在于前者将 Smagorinsky 常数 C_s 与求解过程相关联，由 Smagorinsky模型中的一个常数转变为动力模型中随时间及空间变化的函数。动力模型的计算工作量较 Smagorinsky 模型大很多，是一个极为耗时的计算模型。

3.3.3 结构函数模型

结构函数模型(structure-function model)是谱空间涡黏模型在物理空间的表达式(Lesieur et al.，1996)，形式如下：

$$\nu_t = 0.105 C_k^{-3/2} \Delta \sqrt{F_2} \qquad (3.3.10)$$

式中，$C_k = 1.4$ 为科尔莫戈罗夫常数；F_2 为可解尺度速度场的二阶结构函数，

$$F_2 = \langle [\overline{u}(x) - \overline{u}(x + \Delta)]^2 \rangle \qquad (3.3.11)$$

式中，$\langle \cdot \rangle$ 表示时间平均。结构函数模型也是由局部各向同性假设导出的，将其推广到一般的剪切紊流时模型系数需要调整。二阶纵向结构函数和纵向速度差的平方成正比，从而亚格子涡黏系数和纵向速度差成正比，因此，在近壁处其与垂直壁面距离的一次方成正比。在实际应用过程中 F_2 可用某计算网格点周边 6 个点可解速度差的平方的统计平均计算。对于各向同性紊流和自由剪切流，结构函数模型具有良好的效果。结构函数模型能够考虑紊流的间歇性，在小尺度紊动还未完全发展区域降低涡黏系数的计算值。与 Smagorinsky 模型相比，在涡量小于应变率张量的区域能够减轻约 20% 的能量耗散，然而在涡量大于应变率张量的区域(如涡心区域)相对于 Smagorinsky 模型能量耗散仍然偏大。

为了解决结构函数模型的上述缺陷，David(1993)提出了一种可选择结构函数(selective structure-function，SSF)模型。SSF 模型的基本思路为当紊流的三维特性不明显时不计算涡黏系数，只保留分子黏性。SSF 模型的涡黏系数计算如下：

$$\nu_{\mathrm{t}}^{\mathrm{SSF}} = 0.172\Phi_{20°}C_{\mathrm{k}}^{-3/2}\Delta\sqrt{F_2} \qquad (3.3.12)$$

式中，$\Phi_{20°}$为阶梯函数，当某个计算网格点的涡量与周边 6 个点的平均涡量矢量角度小于 20°时，$\Phi_{20°}$为 0，反之其值取为 1。SSF 模型不仅能够很好地模拟各向同性紊流和自由剪切流，对边界层流动和紊流的转捩模拟也有较好的效果。

3.3.4　动力亚格子模型

动力亚格子模型是一种动态确定基准模式系数的方法。基准模式系数如 Smagorinsky 模型中的 C_{s}，是由均匀各向同性的平衡能谱确定的，而动力亚格子模型通过可解尺度脉动的局部特性确定模式系数。实际上，动力模型并不是一种新的模型，其需要一个基准模型，然后用动态的方法来确定基准模型中的系数。下面以 Smagorinsky 模型为基准模型，导出其动力模型的系数。

Germano(1992)提出的动力模式的基本思想是通过两次过滤将紊流局部结构信息引入亚格子应力中。在计算网格尺度 Δ_1 上的过滤结果用"‾"表示，在试验网格 Δ_2 上的过滤结果用"ˆ"表示，假设滤波尺度都在惯性子区并且 $\Delta_2 > \Delta_1$。动量方程在 Δ_1 上滤波得到的亚格子应力为

$$\tau_{ij} = \overline{u_i u_j} - \overline{u}_i\,\overline{u}_j \qquad (3.3.13)$$

对动量方程在网格 Δ_1 和 Δ_2 上进行两次滤波后，得到的亚格子应力为

$$T_{ij} = \widehat{\overline{u_i u_j}} - \widehat{\overline{u}}_i\,\widehat{\overline{u}}_j \qquad (3.3.14)$$

上述 τ_{ij} 和 T_{ij} 表达式都无法用滤波后的速度场 $\overline{u}_i$ 表达。Germano(1992)提出下述恒等式：

$$L_{ij} = T_{ij} - \hat{\tau}_{ij} = \widehat{\overline{u}_i\,\overline{u}_j} - \widehat{\overline{u}}_i\,\widehat{\overline{u}}_j \qquad (3.3.15)$$

L_{ij} 称为可解应力(resolved stress)，它最主要的特征是可以通过滤波后的速度场 $\overline{u}_i$ 表示。根据式(3.3.8)，亚格子应力张量的 τ_{ij} 和 T_{ij} 的偏斜应力张量分别如下：

$$\tau_{ij}^{\mathrm{d}} = \tau_{ij} - \frac{1}{3}\delta_{ij}\tau_{kk} = -2\nu_{\mathrm{t}}\,\overline{S}_{ij} = -2c_{\mathrm{s}}\Delta_1^2\,|\overline{S}|\,\overline{S}_{ij} \qquad (3.3.16)$$

$$T_{ij}^{\mathrm{d}} = T_{ij} - \frac{1}{3}\delta_{ij}T_{kk} = -2\nu_{\mathrm{t}}\,\hat{\overline{S}}_{ij} = -2c_{\mathrm{s}}\Delta_2^2\,|\hat{\overline{S}}|\,\hat{\overline{S}}_{ij} \qquad (3.3.17)$$

注意，式中将系数 C_{s}^2 用 c_{s} 替代，由于滤波尺度都在惯性子区，因此式(3.3.16)和式(3.3.17)的模型系数相等。将式(3.3.16)和式(3.3.17)代入 Germano 等式(3.3.15)中得到可解应力的偏斜应力张量 L_{ij}^{d}：

$$L_{ij}^{d} = L_{ij} - \frac{1}{3}\delta_{ij}L_{kk} = 2c_{s}\Delta_{1}^{2} \mid \overline{S} \mid \widehat{\overline{S}_{ij}} - 2c_{s}\Delta_{2}^{2} \mid \hat{\overline{S}} \mid \hat{\overline{S}}_{ij} \tag{3.3.18}$$

定义

$$M_{ij} = 2\Delta_{1}^{2} \mid \overline{S} \mid \widehat{\overline{S}_{ij}} - 2\Delta_{2}^{2} \mid \hat{\overline{S}} \mid \hat{\overline{S}}_{ij} \tag{3.3.19}$$

因此,式(3.3.18)可简写为

$$L_{ij}^{d} = c_{s}M_{ij} \tag{3.3.20}$$

虽然式(3.3.20)中 L_{ij}^{d} 和 M_{ij} 中的未知量都可用滤波后的速度场 $\overline{u}_{i}$ 表达,但是由于该式为超定方程,无法直接求得模型系数 c_{s}。Lilly(1992)通过最小误差法确定模型系数 c_{s},令式(3.3.20)两端的平方差最小,可得

$$\frac{\partial}{\partial c_{s}}(L_{ij}^{d} - c_{s}M_{ij})^{2} = 0 \tag{3.3.21}$$

由式(3.3.21)可得

$$c_{s} = \frac{M_{ij}L_{ij}}{M_{kl}M_{kl}} \tag{3.3.22}$$

需要指出的是,上述方法确定 c_{s} 可能出现负值,这也可视为能量反向级串(back scatter)的一种模式。但是这种反馈能量的时间过长,可导致数值计算的不稳定;另外式(3.3.22)的分母可能很小,从而导致计算发散。为了克服上述困难,可对式(3.3.22)的计算结果进行滤波,如用前述的盒式滤波。也可在计算过程中,限定 $\nu_{t}+\nu \geqslant 0$,以便在物理上保证能量耗散为正。

3.4 直接数值模拟

由于最小尺度的涡在时间与空间上都变化很快,为能模拟湍流中的小尺度结构,数值方法必须具有非常高的精度。紊流直接数值模拟就是不用任何紊流模型,直接数值求解完整的三维非定常 Navier-Stokes 方程组[式(3.1.2)],计算包括脉动运动在内的紊流所有瞬时量在三维流场中的时间演变。直接数值模拟和各种紊流模型相比具有以下优点(是勋刚,1992):

(1)直接数值模拟直接求解 Navier-Stokes 方程,可认为是完全精确的,不包含任何人为假设或经验常数。

(2)能提供每一瞬时三维流场完整详尽的流动信息,包括许多迄今还无法用试验测量的量。

(3)可研究紊流的流动结构。由于有极高的时空分辨率,可描绘紊流中各种尺度涡结构的时间演变。

直接数值模拟的主要缺点是要求有非常大的计算机内存容量,机时耗费也很巨大。一般的估计如下:紊流中包含许多尺度不同的涡。为能模拟最小涡的运

动,计算网格的分辨率应足以分辨最小尺度的涡,即科尔莫戈罗夫微尺度。采用直接数值模拟模拟紊流,整个三维空间所需的网格点总数至少为 $N \propto (L/\eta)^3 \approx Re^{9/4}$。其中 L 为最大涡的尺度,η 为科尔莫戈罗夫微尺度。近年来,直接数值模拟已取得了惊人的成就,例如,对紊流结构的探索,对理论概念的评估,检验、改进并发展紊流模型,检验与校准测量仪器,同时,直接数值模拟也是探索紊流控制的新途径。

3.4.1　谱方法

谱方法是目前直接数值模拟用得最多的方法。简单说来,就是将所有未知函数在空间上用特征函数展开,例如:

$$u(x,t) = \sum_m \sum_n \sum_p a_{mnp}(t) \psi_m(x_1) \phi_n(x_2) \chi_p(x_3) \qquad (3.4.1)$$

式中,ψ_m、ϕ_n 与 χ_p 为已知的正交完备的特征函数族。在具有周期性或统计均匀性的空间方向一般都采用傅里叶级数展开,这是精度与效率最高的特征函数族。在其他情形,较多选用 Chebyshev 多项式展开,其实质上是在非均匀网格上的傅里叶展开。如将上述展开式代入 Navier-Stokes 方程组,就得到一组 $a_{mnp}(t)$ 所满足的常微分方程组。对时间的微分可用通常的有限差分法求解。求解得这组 $a_{mnp}(t)$,即可获得因变量函数 $u(x,t)$ 在时间及空间中的演化过程。

谱方法的优点是:①精度高。理论上一个无穷可微的周期函数的第 k 项傅里叶系数比 k 的任何负幂次方都衰减得更快。这样的精度通常称为指数阶精度或谱精度。②有准确的空间微分,对空间坐标的微分可在谱空间中以解析方式准确地求得。因而不存在数值黏性。这对研究转捩阶段的流动尤为重要。

谱方法的缺点主要是只适用于简单几何边界的情形。但从 20 世纪 70 年代末开始,发展出一些能将谱方法用于一般几何形状的新方法,例如,Orszag(1980)的拼块法与 Orszag 等(1983)的谱元法等,总的可称为区域分解法。其基本思想是将原流场区域分割成若干有简单形状的子区域,在每一子区域上使用谱方法,再在子区域间的界面上设法使相邻区域的解匹配。如再将坐标变换技术与上述分区法结合,则将具有更广泛的适用性。

3.4.2　高阶有限差分法

谱方法只能适用于简单的几何边界,对于空间发展的紊流和复杂几何边界的紊流则需要采用有限差分或有限体积离散方法。紊流的直接数值模拟需要高分辨率和高精度,又需要很长的推进时间,选用差分格式是很重要的。根据近十年来直接数值模拟的经验,紊流直接数值模拟应当采用高精度格式。高精度格式允许较大的空间步长,在同样的网格数条件下能够模拟较高雷诺数的紊流。

差分离散方法的基本思想是利用离散点上的函数值 f_i 的线性组合来逼近离散点上的导数值。其表达式称为导数的差分逼近式。设 F_i 为导数 $(\partial f/\partial x)_j$ 的差分逼近式,则有

$$F_j = \sum a_i f_i \tag{3.4.2}$$

式中,系数 a_i 由 Taylor 展开式的系数确定。也可以用离散点上函数值的线性组合来逼近离散点上导数值的线性组合,这种方法称为紧致格式:

$$b_j F_j = a_i f_i \tag{3.4.3}$$

将导数的逼近式代入控制流动的微分方程就得到了流动数值模拟的差分格式。

差分近似的精度依赖于函数 Taylor 级数展开的近似程度,例如,普通一阶精度格式的导数公式为

$$\left(\frac{\mathrm{d}f}{\mathrm{d}x}\right)_i = \frac{f_{i+1}-f_i}{\Delta x} + O(\Delta x) \tag{3.4.4}$$

二阶精度格式的导数公式为

$$\left(\frac{\mathrm{d}f}{\mathrm{d}x}\right)_i = \frac{-3f_{i-1}+4f_{i+1}-f_i}{2\Delta x} + O(\Delta x)^2 \tag{3.4.5}$$

以此类推,精度越高,导数的差分近似公式中包含的离散点越多,这为边界点及边界附近点的导数计算带来很大困难。而近年来广泛采用的紧致高精度格式能够在保证较高精度的情况下利用较少的离散点计算导数的近似值。例如,要计算一阶导数,可采用如下格式:

$$\sum_{k=-K_1^{(1)}}^{K_2^{(1)}} a_k F_{j+k} = \sum_{k=-K_1^{(0)}}^{K_2^{(0)}} b_k f_{j+k} \tag{3.4.6}$$

式中,F_{j+k} 为 $\left(\frac{\mathrm{d}f}{\mathrm{d}x}\right)_{j+k}$ 的差分逼近式,$j+k$ 表示在 $x=x_{j+k}$ 处的值。对于网格等间距的情况,有 $x_{j+k}=x_j+k\Delta x$。为确定 a_k 和 b_k(这里共有 $2+K_1^{(1)}+K_2^{(1)}+K_1^{(0)}+K_2^{(0)}$ 个数),利用 Taylor 展开,有

$$F_{j+k} \approx \left(\frac{\mathrm{d}f}{\mathrm{d}x}\right)_j + \left(\frac{\mathrm{d}^2f}{\mathrm{d}x^2}\right)_j k\Delta x + \cdots + \left(\frac{\mathrm{d}^{p+1}f}{\mathrm{d}x^{p+1}}\right)_j \frac{k^p \Delta x^p}{p!} + \cdots \tag{3.4.7}$$

$$f_{j+k} \approx (f)_j + \left(\frac{\mathrm{d}f}{\mathrm{d}x}\right)_j k\Delta x + \cdots + \left(\frac{\mathrm{d}^p f}{\mathrm{d}x^p}\right)_j \frac{k^p \Delta x^p}{p!} + \cdots \tag{3.4.8}$$

将它们代入 $\sum_{k=-K_1^{(1)}}^{K_2^{(1)}} a_k F_{j+k} = \sum_{k=-K_1^{(0)}}^{K_2^{(0)}} b_k f_{j+k}$ 可以得到

$$\sum_{l=1}^{\infty}\left[a_k \sum_{k=-K_1^{(1)}}^{K_2^{(1)}} \frac{k^{l-1}\Delta x^{l-1}}{(l-1)!}\left(\frac{\mathrm{d}^l f}{\mathrm{d}x^l}\right)_j\right] = \sum_{l=0}^{\infty}\left[b_k \sum_{k=-K_1^{(0)}}^{K_2^{(0)}} \frac{k^l \Delta x^l}{l!}\left(\frac{\mathrm{d}^l f}{\mathrm{d}x^l}\right)_j\right] \tag{3.4.9}$$

比较相同导数的系数得

$$\sum_{k=-K_1^{(0)}}^{K_2^{(0)}} b_k = 0 \qquad\qquad (3.4.10)$$

$$\sum_{k=-K_1^{(1)}}^{K_2^{(1)}} a_k \frac{k^{l-1}\Delta x^{l-1}}{(l-1)!} = \sum_{k=-K_1^{(0)}}^{K_2^{(0)}} b_k \frac{k^l \Delta x^l}{l!}, \quad l=1,2,\cdots \qquad (3.4.11)$$

a_k 和 b_k 方程都是齐次的线性方程组,为确定起见,$K_1^{(1)}+K_2^{(1)}+K_1^{(0)}+K_2^{(0)} \geqslant l$,另外再附加一个条件,如 $b_1=1$,就可以求出其他的 a_k, b_k。生成 2 阶导数格式的方法相同。若最大的 $l=p$,则一阶导数的精度是 $p-1$ 阶的;二阶导数的精度是 $p-2$ 阶的。由于差分近似中采用的网格点少,因此这种差分近似称为紧致高精度格式(张兆顺等,2005)。

3.5　定　解　条　件

　　3.2 节和 3.3 节中介绍的微分输运方程,只有在确定的边界条件下针对具体的问题才能求解。本节简要阐述水流输运问题中常见的各类边界条件。

3.5.1　边界的类型

　　流体力学问题一般是所谓的初边值问题,只有在适当的初始和边界条件下,问题才是适定的。前面已经给出了流动的控制方程和紊流模型,以射流和边界层流动数值模拟为例,控制方程都是相同的,但是射流和壁面流的流动形态不一样。出现差异的原因就是因为边界条件不同。不同的边界条件,有时还包括初始条件,使得求解同一个控制方程可以得到不同的特解。根据不同的问题,紊流的边界可以是固壁边界、自由表面,也可以是入流边界和出流边界。除了真实的物理边界,还可以采用数学方法对计算域施加特殊的边界条件,例如,如果水流对称,只需计算其 1/2,对称平面或对称线也可以作为计算区域的边界;如果流场具有周期性特征,还可以采用周期性边界。

3.5.2　固壁边界

　　原则上说,固壁边界可设置为不可滑移边界条件,即时均流速和脉动速度的各个分量均为 0,耗散率 ε 为一有限值。但是,这样规定边界条件就必须将微分方程对黏性底层积分,从而引起两方面的问题:①黏性底层中的速度梯度极高,为了得到理想的数值解,必须在黏性底层中布置极为细密的网格点,计算费用昂贵;②黏性底层中,黏性效应很重要,不能采用只适用于高雷诺数情况的紊流模型。

　　解决这一矛盾的方法是在黏性底层的外边缘规定相应的边界条件:这里的边

界条件可应用经验性的定律由壁面处的边界条件导出。

最常用的经验定律是所谓的壁面定律(law of the wall),如图 3.5 所示,可写为

$$u^+ = y^+, \quad y^+ < 5 \tag{3.5.1}$$

$$u^+ = \frac{1}{\kappa}\ln y^+ + B, \quad 30 < y^+ < 100 \tag{3.5.2}$$

式中,$u^+ = u/u_\tau$ 为平行于壁面的无量纲流速;u_τ 为摩阻速度;$y^+ = yu_\tau/\nu$ 为无量纲壁面单位,y 为到壁面的距离;$\kappa = 0.41$ 为卡门常数;B 为表征糙率的参数,对水力光滑壁面,可取 $B = 5.2$。$y^+ < 5$ 的区域为黏性底层(viscous sublayer),$30 < y^+ < O(10^2)$ 为对数律层(log-law region),在此之间为过渡层(buffer layer)。对数律层的厚度与壁面流惯性子区的范围有关。在大多数情况下,可将第一个计算网格点布置在对数律层范围内,采用式(3.5.1)作为时均流速的边界条件可取得足够精确的结果。靠近分离点和驻点区域,原则上不可采用式(3.5.1),但这些区域一般很小,对水流的总体影响甚微。

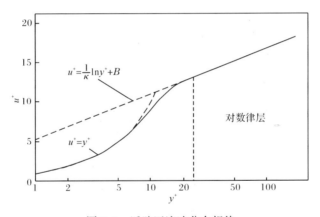

图 3.5　近壁区流速分布规律

对于温度和浓度的输运也有类似的定律,将壁面上的热(或质量)通量与壁面、黏性底层外边缘之间的温度(或浓度)差联系起来。但在大多数水流问题中,认为穿过壁面的通量极小,可以忽略不计,将边界条件取为

$$\frac{\partial \phi}{\partial x_n} = 0 \tag{3.5.3}$$

在前述 y^+ 的区域内,$\langle u_i' u_j' \rangle$ 的对流和扩散可以忽略,水流处于局部平衡状态,若无浮力影响,则 $P = \varepsilon$。据此,考虑到黏性底层中的剪应力近似等于壁面剪应力,可得

$$\frac{k}{u_\tau^2} = \frac{1}{\sqrt{C_\mu}} \tag{3.5.4}$$

式(3.5.4)通常作为单方程模型和双方程模型中计算紊动能 k 的边界条件。

由 $P=\varepsilon=u_\tau^2\dfrac{\partial\langle u\rangle}{\partial y}$，并将由式(3.5.2)得出的 $\dfrac{\partial\langle u\rangle}{\partial y}$ 代入，可得 ε 的边界条件为

$$\varepsilon=\frac{u_\tau^2}{\kappa y} \tag{3.5.5}$$

式(3.5.4)和式(3.5.5)均应对 y^+ 范围内的近壁点提出，作为边界条件。

上面提出的壁面边界条件，对光滑壁面和粗糙壁面同样适用，因为糙率的影响已通过 u_τ 反映在式(3.5.1)、式(3.5.2)、式(3.5.4)和式(3.5.5)中，而与黏性底层外流速的关系则由糙率参数 B 确定。

3.5.3 入流边界和出流边界

入流边界的速度和压强通常分别设置为 Dirichlet 型边界和 Neumann 型边界(Ferziger et al.，2002)，即指定入流边界的速度和进口压强的梯度为

$$U_{\text{inflow}}=f(U_0) \tag{3.5.6}$$

$$\frac{\partial p_{\text{inflow}}}{\partial x}=f(t) \tag{3.5.7}$$

式中，$f(U_0)$ 为入流速度分布函数；$f(t)$ 为指定的入流边界压强梯度变量。根据所求解的问题可以为均匀分布、指数分布、添加扰动信号的流速分布等。对于紊流边界层数值模拟，为了减小计算域长度，节约计算成本，通常在流向和展向区域采用周期性边界条件(periodic boundary condition)，使进口处的变量等于出口处的变量：

$$U_{\text{inflow}}=U_{\text{out}},\quad p_{\text{inflow}}=p_{\text{out}} \tag{3.5.8}$$

常用的出流边界分为两类：简单的连续性出流边界(continuative boundary condition)和对流型出流边界(convective boundary condition)。连续性出流边界假定出口处所有变量(速度、压强、温度等)沿出口法向的梯度为 0，即

$$\frac{\partial\phi}{\partial n}\bigg|_{\text{outflow}}=0 \tag{3.5.9}$$

需要注意的是，连续性出流边界适合恒定流问题，但是在处理波浪数值模拟以及具有涡结构的非恒定流动时会有明显的反射。此时对流型出流边界能够很好地处理非恒定流动，具体形式如下：

$$\frac{\partial\phi}{\partial t}+U_c\frac{\partial\phi}{\partial n}=0 \tag{3.5.10}$$

式中，特征速度 U_c 的选取和出口位置无关，不同的计算工况取值不同。模拟圆柱绕流时 U_c 可设置为自由来流流速；对于波浪模拟工况 U_c 可取为波浪传播的相速度；模拟台阶流动等复杂槽道紊流时可将 U_c 设置为 Poiseuille 流速分布(Olshanskii et al.，2000)。出流边界处 ϕ 值的计算不仅需要满足式(3.5.10)，还

要保证整个计算区域的质量守恒,即流出质量和流入质量相等(Sohankar et al.,1998)。

3.5.4　对称边界条件

某些流动具有明显的对称特征,例如,直径突然增大的管道流(图 3.6),在对称平面或对称线上,由于对称性,一些时均量的法向梯度必须为 0,同时,另一些量本身的数值必须为 0。前者包括所有的标量(Φ、k、ε、$\langle \phi'^2 \rangle$ 等)、平行于对称平面或对称线的速度分量、法向应力等。后者包括垂直于对称平面或对称线的速度分量、标量通量、剪应力等。对于这些具有对称特征的流动只需采用 1/2 的计算区域,在对称面上施加对称边界条件(symmetry boundary condition)即可降低计算成本。

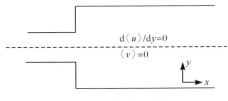

图 3.6　对称边界条件

3.5.5　自由表面边界条件

对自由表面提出合适的边界条件是比较复杂的问题,几乎形成了一个独立的子学科,因为自由表面上通常有风成剪应力,还有与大气层的热交换,物理机制相当复杂,准确地跟踪模拟极为困难,本书通过 3.6 节介绍目前常用的四种数值方法。

3.6　自由表面数值模拟

水利工程、环境工程、海洋工程以及机械工程中存在大量的自由表面流动,对自由表面流动问题的数值模拟一直是计算水力学和计算流体力学中的热点。对于自由表面的处理通常可分为两大类:界面跟踪方法(interface tracking method)和界面捕捉方法(interface capturing method)。

标高函数(height function)法属于界面跟踪方法,而标记网格(marker-and-cell,MAC)法、流体体积函数法(volume of fluid method,VOF)和水平集(level set)方法是当前流行的界面捕捉方法(林毅,2010)。本节将对上述方法进行介绍。

3.6.1　标高函数法

标高函数法认为水深是空间及时间坐标的单值函数：

$$z = H(x, y, t) \tag{3.6.1}$$

根据自由表面的运动边界条件 $DH/Dt = w$，标高函数 H 的局部变化量可以通过式(3.6.2)计算：

$$\frac{\partial H}{\partial t} = w - u\frac{\partial H}{\partial x} - v\frac{\partial H}{\partial y} \tag{3.6.2}$$

离散式(3.6.2)可以获得每个时间步的标高函数，自由表面的流速边界条件可以通过流体内部流速插值获得。值得注意的是，如果自由表面是空间坐标的多值函数，即 H 不仅和水平坐标相关，还与垂向坐标有关，则标高函数法不再适用，这意味着标高函数法不适合处理自由界面发生折叠、旋滚等强非线性情况，如波浪的破碎。

3.6.2　标记网格法

MAC 法是 1965 年由 Harlow 和 Welch 提出的，其主要思想是设想流场中分布着没有体积、没有质量的小颗粒，称为标记点，这些标记点以当地流场的速度随着流体一起运动。标记点的外包线(面)就是自由表面的位置。MAC 法就是通过确定这些标记点在不同时刻的空间位置来确定流体自由边界的运动位置。

标记点不直接参加流场的计算，也不影响流场中其他物理量的计算。对标记点位置的捕捉可得到"迹线"图像。流场中某个标记点在 $t+\Delta t$ 时刻的位置($x_p^{t+\Delta t}$, $y_p^{t+\Delta t}$, $z_p^{t+\Delta t}$)可根据 t 时刻该点的初始位置(x_p^t, y_p^t, z_p^t)数值积分得到，以 x 方向为例：

$$x_p^{t+\Delta t} = x_p^t + \int_t^{t+\Delta t} u_p \mathrm{d}t = x_p^t + \overline{u_p}\Delta t \tag{3.6.3}$$

式中，$\overline{u_p}$ 为该标记点在 Δt 时间步长内的平均速度，$\overline{u_p}$ 可取为($u_p^t + u_p^{t+\Delta t}$)/2。u_p^t 及 $u_p^{t+\Delta t}$ 可利用 t 时刻及 $t+\Delta t$ 时刻该标记点相邻欧拉网格上的流速插值得到。采用同样的方法可以获取 $y_p^{t+\Delta t}$ 和 $z_p^{t+\Delta t}$ 的值，最终就可得到所有标记点的瞬时位置。

MAC 法自 1965 年在美国 Los Alamos 国家实验室问世以来，受到计算流体力学界的广泛重视。其计算原理广泛应用于其他类型的计算方法，其典型算例已经被编入各种计算流体力学书籍中。MAC 法的突出优点在于可以处理自由表面是坐标多值函数的问题，能生动地描绘带自由表面水流的流态演化，这一特点对于精细地模拟流体力学中常见的一些复杂的水流现象具有重要意义。MAC 法的主要缺点在于必须储存所有标记点随时间变化的坐标数值，通常需要在一个流体计算网格内布置 16 个标记点以满足精度要求，因此使计算储存量显著增加；另外,对于非均匀流场在网格中会出现虚假的密度很高或很低的标记点,造成自由液面形状的失真。

3.6.3　流体体积函数法

流体体积函数法在常见的商业计算流体数值模拟软件,如 FLOW-3D、Gerris (software)、ANSYS Fluent、STAR-CCM 等,有着广泛应用。其基本思想是在整个流场中定义一个函数 C,其值等于流体体积与网格体积的比值,且满足对流方程,称为流体体积函数。空单元中 C 值为 0;满单元中 C 值为 1;C 值介于 0 到 1 的单元为界面单元。在任意时刻,通过求解 C 函数满足的输运方程,即可获得全场的流体体积函数分布,进而通过某种途径构造出运动界面(Hirt et al. ,1981)。流体体积函数 C 满足以下对流方程(VOF 方程):

$$\frac{\partial C}{\partial t} + \frac{\partial (u_i C)}{\partial x_i} = 0 \tag{3.6.4}$$

通过求解 VOF 方程,可以得到流体体积函数 C 的空间分布,即每个计算网格中的 C 值。根据某种规则和周边网格的 C 值,可以计算自由面的斜率、曲率,给出自由面更精确的描述。只要求出 C,就可以构造出每个网格上的自由面,然后进行控制方程的离散求解。

运动界面重构技术是 VOF 法的核心,常用的界面重构方法有直线近似方法(simple line interface calculation,SLIC)、两网格上斜直线近似方法(flux line-segment model for advection and interface reconstruction,FLAIR)以及单网格内的斜直线近似方法(piecewise linear interface calculation,PLIC)。现以直线近似方法为例介绍界面重构的过程,其主要思路是将网格中的自由界面分成垂直和水平两个方向进行重构。直线近似法将自由表面位置当做局部的单值函数 $Y(x)$ 和 $X(y)$,通过计算每个网格的 Y_i 值和 X_j 值估算每个网格上自由表面的斜率值 dX/dy 以及 dY/dx,然后根据流体体积函数和斜率的大小确定网格单元上的自由面位置和方向(图 3.7)。y 方向和 x 方向的表面位置计算如下:

$$Y_i = Y(x_i) = C_{i,j-1}\Delta y_{j-1} + C_{i,j}\Delta y_j + C_{i,j+1}\Delta y_{j+1} \tag{3.6.5}$$

$$X_j = X(y_j) = C_{i-1,j}\Delta x_{i-1} + C_{i,j}\Delta x_i + C_{i+1,j}\Delta x_{i+1} \tag{3.6.6}$$

自由表面的斜率值计算如下:

$$\left(\frac{dY}{dx}\right)_i = \frac{2(Y_{i+1} - Y_{i-1})}{\Delta x_{i+1} + 2\Delta x_i + \Delta x_{i-1}} \tag{3.6.7}$$

$$\left(\frac{dX}{dy}\right)_j = \frac{2(X_{j+1} - X_{j-1})}{\Delta y_{j+1} + 2\Delta y_j + \Delta y_{j-1}} \tag{3.6.8}$$

如果 $|dY/dx| < |dX/dy|$,即自由表面的水平梯度小于垂向梯度,则自由表面更加接近于水平面;反之,自由表面更加接近于竖直面。直线近似方法认为,如

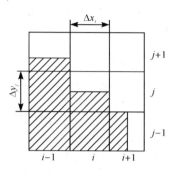

图 3.7　界面直线近似重构方法

果水平梯度小于垂向梯度,则该网格内的自由界面为水平直线段,否则为竖直直线段。如果采用 PLIC 等复杂界面重构技术,效果会更好(图 3.8)。

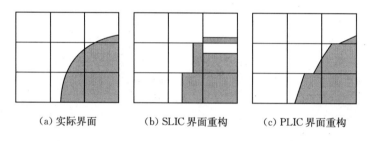

(a) 实际界面　　　　　　(b) SLIC 界面重构　　　　　(c) PLIC 界面重构

图 3.8　界面重构效果示意图

与标高函数法和 MAC 法相比较,VOF 法的优点在于:只用一个函数就可以描述自由表面的各种复杂变化,该方法既具有 MAC 法的优点,又克服了 MAC 法所用计算内存多和计算时间较长的缺点,同时也克服了标高函数法无法处理自由表面是坐标多值函数的缺点。

3.6.4　水平集方法

由 Osher 和 Sethian 于 1988 年引入的水平集(level set)方法也是一种界面捕捉方法。水平集函数 ϕ 通常定义为到自由表面的(带符号的)距离,自由面一侧的距离定义为正值,另一侧为负值,自由表面所对应的 ϕ 值为 0。level set 函数满足对流输运方程:

$$\frac{\partial \phi}{\partial t} + \frac{\partial (u_i \phi)}{\partial x_i} = 0 \qquad (3.6.9)$$

对于运动界面的法向量 n 以及曲率 k 可用式(3.6.10)计算:

$$n = \frac{\nabla \phi}{|\nabla \phi|}, \quad k = \nabla \frac{\nabla \phi}{|\nabla \phi|} \qquad (3.6.10)$$

由于微分方程所固有的数值耗散和数值色散效应,经过几个时间步长的计算求解后,ϕ 不再满足初始条件所定义的符号距离,这将失去 $\phi=0$ 等值面就是运动界面的意义。因此,为了保持 ϕ 的符号距离性质,需对其进行重新初始化,使其重新成为点到界面的符号距离。一种有效的方法是求解重新初始化方程:

$$|\nabla\phi| = 1 \tag{3.6.11}$$

求解该方程等同于求解下述初值问题的稳定解:

$$\frac{\partial\phi}{\partial\tau} = \text{sgn}(\phi_0)(1 - |\nabla\phi|) \tag{3.6.12}$$

式中,τ 为虚拟迭代时间;ϕ_0 为每个时间步所对应的初始 level set 函数。从式(3.6.12)可以看出 ϕ 与 ϕ_0 具有相同的零等值线。

level set 方法可以隐式地追踪界面,无论流场如何变化 level set 函数始终保持光滑,易于处理复杂界面变形或拓扑结构改变,但 level set 方法不是守恒方法,在计算过程中有物理量的损失,并且存在尖锐界面的抹平现象;VOF 方法能够很好地保证物理量的守恒,但是难以准确计算界面的法向和曲率,并且界面重构的方法复杂,向高维推广较为困难。针对以上问题,近年来兴起了一类界面追踪耦合方法(coupled level set and volume of fluid,CLSVOF)。CLSVOF 方法利用 level set 函数计算 VOF 体积份额,克服了 VOF 方法难以准确计算界面的法向和曲率的缺点;同时,利用 VOF 体积份额修正 level set 函数,克服了 level set 方法在计算过程中有物理量损失的缺点(廖斌等,2013)。

第4章 离散方法

模拟水流及其输运问题,可归结为求解不同形式的微分方程组。按照物理问题本身的复杂程度和工程应用所要求的精度不同,待求解的微分方程组可能具有各种不同的形式和组合,但不同形式的微分方程,都可以化作统一的形式,即第2章给出的通用微分方程(2.3.1)。本章将研究求解通用微分方程的数值计算方法,在加权余量法(method of weighted residuals)的概念下,分析主要计算方法的出发点和基本原理。

4.1 加权余量法

4.1.1 加权余量法的基本思想

设区域 Ω 中的微分方程为

$$L(u) = 0 \tag{4.1.1}$$

其初始条件为 $I(u)=0$,边界条件为 $B(u)=0$。

为了求解这一问题,不妨引入近似解 u_a。由于 u_a 是近似解,将其代入方程(4.1.1)和相应的初始条件及边界条件,将产生余量 R、R_I、R_B:

$$L(u_a) = R, \quad I(u_a) = R_I, \quad B(u_a) = R_B \tag{4.1.2}$$

近似解 u_a 可按各种不同的方式构造:①u_a 满足微分方程,使 $R=0$,但不满足边界条件。这类方法称为边界法。②u_a 满足边界条件,使 $R_B=0$,但不满足微分方程。这类方法称为内部法或区域法。③既不满足微分方程,也不满足边界条件。这类方法称为混合法。以下的叙述仅涉及区域法,但有关公式可直接推广到边界法和混合法。

在区域法中,可将近似解 u_a 写为

$$u_a(x,t) = u_0(x,t) + \sum_{j=1}^{N} a_j(t)\Phi_j(x) \tag{4.1.3}$$

式中,Φ_j 为已知的解析函数,通常称为试函数,式(4.1.3)相应地称为试解;a_j 为待求的系数。$u_0(x,t)$ 应适当选定,以满足初始条件和边界条件。

按式(4.1.3)构造 u_a,可将方程(4.1.1)简化为关于时间 t 的常微分方程。反之,若令 $\Phi_j=\Phi_j(t)$,$a_j=a_j(x)$,则可将方程(4.1.1)简化为关于 x 的常微分方程。如果 $\Phi_j=\Phi_j(x,t)$,或者原方程为恒定方程,则 a_j 为常数,原方程可简化为代数方

程组。

试函数 Φ_j 应为完整函数组中的线性独立函数;Φ_j 还应具有必要的连续阶数,才可保证余量 R 不为 0。

将式(4.1.3)代入方程(4.1.1),通常产生非零余量 R:

$$L(u_a) = R \neq 0 \tag{4.1.4}$$

如果 u_a 恰为精确解,则 R 为 0;对于近似解,R 不为 0。加权余量法的基本思想就是令余量 R 的加权积分为 0,从而得到待求的未知系数 a_j 的代数方程。其数学表达式为

$$\int R w_i(x)\,\mathrm{d}x = 0, \quad i = 1, 2, \cdots, N \tag{4.1.5}$$

式中,w_i 为权函数。如果权函数 w_i 也是完整函数组中的线性独立函数,数学上可以证明,当项数 N 趋于无穷大时,式(4.1.5)可以得到满足试解式(4.1.3)收敛的精确解。

向量空间的理论有助于深刻理解加权余量法的实质,也有助于理解下面叙述的各类方法的实质。按照向量空间的理论,线性独立的权函数组 $w_i(i=1,2,\cdots,N)$ 可构成 N 维空间。将余量 R 看成权函数空间中的矢量。该矢量为零矢量的充分必要条件是,矢量在各个空间坐标上的投影为 0,即该矢量与各个空间坐标矢量的内积为 0——这正是加权余量法基本表达式(4.1.5)的含义。式(4.1.5)左端恰为 R 与 w_i 的内积,故有时将式(4.1.5)等价地写为

$$(R, w_i(x)) = 0 \tag{4.1.6}$$

由此易于理解,权函数绝不是唯一的。余量 R 是否为 0,可以放到任意的多维空间中加以检验,只要构成该空间的向量(权函数)是线性独立的,且取自完整的函数组。选取不同的权函数组,可以形成不同的方法。有些看上去毫不相关的计算方法也可统一于加权余量法的概念之中。

4.1.2　子区域法

子区域法(subdomain method)过程如下:设计算区域可划分为 N 个可重叠但不重合的子区域 Ω_i,将权函数取为

$$w_i(x) = \begin{cases} 1, & x \in \Omega_i \\ 0, & x \notin \Omega_i \end{cases} \tag{4.1.7}$$

则对于 N 个不同的子区域,可得到 N 个方程

$$\int_{\Omega_i} R\,\mathrm{d}\Omega = 0, \quad i = 1, 2, \cdots, N \tag{4.1.8}$$

由此可解出 R 中所含的 N 个未知数 a_j。

例 4.1　采用子区域法求方程 $\dfrac{\mathrm{d}^2 u}{\mathrm{d}x^2} + u + x = 0$ 的数值解,边界条件为 $u(0) =$

$u(1)=0$。

取试函数 $\Phi_j(x)=x^{j-1}, j=1,2,\cdots,N$。设试解为

$$u = x(1-x)(a_1+a_2x+\cdots) \tag{a}$$

易知其满足边界条件 $u(0)=u(1)=0$。

作为第一次近似,取整个计算区域 $0<x<1$ 作为唯一的子区域,则有

$$u^{(1)} = x(1-x)a_1 \tag{b}$$

$$R^{(1)} = (-2+x-x^2)a_1 + x \tag{c}$$

加权余量积分为 0,并解出 a_1,有

$$u^{(1)} = \frac{3}{11}x(1-x) \tag{d}$$

作为第二次近似,取两个子区域 $0<x<\frac{1}{2}$ 和 $0<x<1$,可得

$$u^{(2)} = x(1-x)(a_1+a_2x)$$

加权余量积分为 0,并解得 a_1、a_2,有

$$u^{(2)} = x(1-x)\left(\frac{31+28x}{165}\right) \tag{e}$$

原方程的精确解为

$$u_{\text{exact}} = \frac{\sin x}{\sin 1} - x \tag{f}$$

表 4.1 列出 $u^{(1)}$、$u^{(2)}$ 和 u_{exact} 的数值,便于比较。

表 4.1　子区域法计算结果

x	$u^{(1)}$	$u^{(2)}$	u_{exact}
0.25	0.051	0.043	0.044016
0.50	0.068	0.068	0.069747
0.75	0.051	0.059	0.060056

前面将子区域法解释为权函数取作式(4.1.7)的加权余量法,还可以从不同于加权余量法的角度解释子区域法。余量 R 为 0 的充分必要条件是对不同的子区域积分皆为 0。据此可直接得出式(4.1.8)。本书采用的有限体积法实质就是子区域法。

4.1.3　配置法

若将权函数取为狄拉克(Dirac)函数 $\delta(x-x_i), i=1,2,\cdots,N$,则式(4.1.5)成为

$$\int R\delta(x - x_i)\mathrm{d}x = R(x_i) = 0, \quad i = 1, 2, \cdots, N \tag{4.1.9}$$

这就是说,余量 R 不是在全域平均的意义上为 0,而是在选定的 N 个空间点上为 0。这些点通常不必在计算区域中规则分布,即为配置法(collocation method)。

配置法的效果与有限差分法一致,都是使求解的微分方程在计算区域的若干点得到满足,而不计因变量在这些点之间的变化。从这个意义说,有限差分法可解释为没有试函数的配置法。

例 4.2　在图 4.1 所示的区域中求解泊松方程:

$$\frac{\partial^2 u}{\partial x^2} + \frac{\partial^2 u}{\partial y^2} = p \tag{a}$$

边界条件为

$$u = 0, \quad x = \pm a, \quad y = \pm b \tag{b}$$

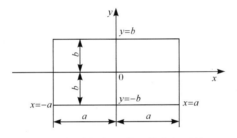

图 4.1　泊松方程的二维求解区域

取 u 的近似表达式为

$$u = (x^2 - a^2)(y^2 - b^2)\left[\alpha_1 + \alpha_2(x^2 + y^2) + \cdots\right] \tag{c}$$

为简单起见,设 $a = b$。

若取两项近似,则近似解和余量分别为

$$u^{(2)} = (x^2 - a^2)(y^2 - a^2)\left[\alpha_1 + \alpha_2(x^2 + y^2)\right] \tag{d}$$

$$\begin{aligned} R^{(2)} = &-p + 2\alpha_1(x^2 + y^2 - 2a^2) + \alpha_2\left[6x^2y^2 + 2(x^4 + y^4)\right.\\ &\left. - 12a^2(x^2 + y^2) + 4a^4\right] \end{aligned} \tag{e}$$

在 $(0, 0)$ 和 $\left(\dfrac{a}{2}, \dfrac{a}{2}\right)$ 两点令 $R^{(2)}$ 为 0,解得 α_1、α_2,即可得到近似解。

在点 $(0, 0)$,近似解 $u^{(2)}$ 和精确解 u_{exact} 分别为

$$u^{(2)} = -\frac{19a^2 p}{60} = -0.317a^2 p \tag{f}$$

$$u_{\text{exact}} = -\frac{36.64a^2 p}{\pi^4} \approx -0.376a^2 p \tag{g}$$

4.1.4　伽辽金法

伽辽金法(Galerkin method)是一种特殊的加权余量法,其权函数恰好取为试函数(Brenner et al.,2008),即

$$\omega_i(x) = \Phi_i(x), \quad i = 1, 2, \cdots, N \tag{4.1.10}$$

在伽辽金法中,式(4.1.5)成为

$$\int R\Phi_i(x)\,\mathrm{d}x = 0, \quad i = 1, 2, \cdots, N \tag{4.1.11}$$

例 4.3　二维两平板间的水流,y 方向的分速度 v 近似为 0,如图 4.2 所示,则由连续方程 $\dfrac{\partial u}{\partial x}+\dfrac{\partial v}{\partial y}=0$ 可知,x 方向的流速 u 仅为 y 的函数:$u=u(y)$。由此得到层流时 x 方向的动量方程为

$$-\frac{\partial p}{\partial x}+\mu\frac{\partial^2 u}{\partial y^2}=0 \tag{a}$$

式中,p 为压强。将式(a)对 y 积分两次,并由边界条件($y=0$ 时,$u=0$;$y=h$ 时,$u=0$)得

$$u=\frac{1}{2}\frac{h^2}{\mu}\left(\frac{\partial p}{\partial x}\right)\left(\frac{y^2}{h^2}-\frac{y}{h}\right) \tag{b}$$

式(b)即为两平板间的 Poiseuille 流的解。

现采用伽辽金法求解此问题。设 $\Phi_1(y)=\sin\dfrac{\pi y}{h}$,则解的形式为

$$u\approx u_{\mathrm{c}}\sin\left(\frac{\pi y}{h}\right) \tag{c}$$

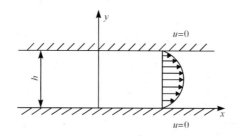

图 4.2　两平板间的 Poiseuille 流动

注意到式(c)满足边界条件。

将式(c)代入式(a)左端,得

$$R=-\mu u_{\mathrm{c}}\frac{\pi^2}{h^2}\sin\frac{\pi y}{h}-\frac{\partial p}{\partial x} \tag{d}$$

取 $w_1(x)=\Phi_1(x)$,则式(4.1.5)可写为

$$\int_0^h \left(-\mu u_c \frac{\pi^2}{h^2}\sin\frac{\pi y}{h}-\frac{\partial p}{\partial x}\right)\sin\frac{\pi y}{h}\mathrm{d}y=0 \tag{e}$$

即

$$-\frac{\partial p}{\partial x}\frac{2h}{\pi}-\mu\left(\frac{\pi}{h}\right)^2 u_c\frac{h}{2}=0 \tag{f}$$

解得

$$u_c=-\frac{4h^2}{\pi^3\mu}\frac{\partial p}{\partial x} \tag{g}$$

故

$$u=-\frac{4h^2}{\pi^3\mu}\left(\frac{\partial p}{\partial x}\right)\sin\left(\frac{\pi y}{h}\right) \tag{h}$$

当 $(h^2/\mu)(\partial p/\partial x)=1$ 时,可计算得精确解式(b)和近似解式(h)所得的速度分布,见表 4.2。

表 4.2　Poiseuille 流的伽辽金法计算结果

y	精确解	近似解
0.0	0	0
0.1	-4.5×10^{-2}	-3.98648×10^{-2}
0.2	-8.0×10^{-2}	-7.58275×10^{-2}
0.3	-0.105	-0.10436
0.4	-0.120	-0.12269
0.5	-0.126	-0.12900

伽辽金法及前面叙述的子区域法、配置法中试函数和权函数的关系,分别如图 4.3 所示。图中试函数设为帽形函数。

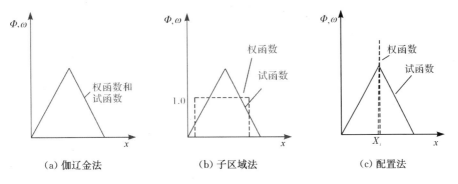

(a) 伽辽金法　　　(b) 子区域法　　　(c) 配置法

图 4.3　三种加权余量法的试函数和权函数

4.1.5　矩法

若将权函数取为级数 $1, x, x^2, x^3, \cdots$ 的各项,则式(4.1.5)成为

$$\int Rx^i \mathrm{d}x = 0, \quad i = 0, 1, \cdots, N \tag{4.1.12}$$

余量 R 的各阶矩被令为 0,矩法(method of moments)由此得名。

例 4.4　用矩法求解例 4.1 中用子区域法求解的常微分方程

$$\frac{\mathrm{d}^2 u}{\mathrm{d}x^2} + u + x = 0 \tag{a}$$

边界条件为 $u(0) = u(1) = 0$。

设近似解为

$$u = x(1-x)(a_1 + a_2 x + \cdots) \tag{b}$$

如果只取前两项,$u = x(1-x)(a_1 + a_2 x)$,则余量为

$$R = x + (-2 + x - x^2)a_1 + (2 - 6x + x^2 - x^3)a_2 \tag{c}$$

取权函数为 $\omega_1 = 1, \omega_2 = x$,根据加权余量法可写出

$$\int_0^1 R \mathrm{d}x = 0, \quad \int_0^1 Rx \mathrm{d}x = 0 \tag{d}$$

积分后解得 a_1、a_2,得到近似解为

$$u = x(1-x)\left(\frac{122}{649} + \frac{110}{649}x\right) \tag{e}$$

近似解与精确解 $u = \dfrac{\sin x}{\sin 1} - x$ 的比较见表 4.3。

表 4.3　矩法计算结果

x	近似解	精确解
0.25	0.043191	0.044016
0.50	0.068181	0.069747
0.75	0.059084	0.060056

4.1.6　最小二乘法

将权函数取为余量 R 对未知系数 a_i 的偏导数,就是最小二乘法(least-squares method):

$$\omega_i = \frac{\partial R}{\partial a_i} \tag{4.1.13}$$

易于理解,如此选取权函数并代入加权余量表达式(4.1.5)求解 a_i,其效果等价于令余量 R 的内积取得极小值:

$$\min(R, R) \tag{4.1.14}$$

正是从这个意义考虑,此法称为最小二乘法。最小二乘法由 Gauss 于 1875 年提出,是加权余量法中最古老的方法。值得注意的是,对于非恒定问题应用最小二乘法时,必须将试函数 Φ_i 表达为空间和时间的函数,从而使得未知系数 a_i 为常数。

4.2　各类计算方法的比较

4.2.1　谱方法和离散方法

　　4.1 节主要介绍了加权余量法中的权函数,说明选取不同的权函数可形成各种不同的计算方法。4.1 节的例题中采用了不同的试函数,但这些试函数有一个共同的特点,都是分布在整个计算区域上的连续函数。正因为如此,用加权余量法可以求出计算区域中任意一点因变量的数值。简言之,这种取试函数的方法给出了解的总体近似。易于理解,如果试函数取为所求解方程的本征函数,则这种总体近似的方法与数学物理方法中的分离变量法相一致。从这个意义考虑,采用总体近似法,又称为谱方法。

　　在实际工程问题中,关心的往往不是因变量在整个计算区域中的分布,而是在空间若干特定位置的数值。将因变量在给定点的数值直接作为未知数进行求解,正是一切离散方法的出发点。为了用因变量在特定点的数值来近似其在整个计算区域的分布,可将计算区域划分为许多子区域即单元,假设因变量在单元内的分布规律,据此将因变量在单元内的分布描述为单元节点上因变量数值的函数。这样总体近似被单元内的局部近似所代替,总体近似函数被单元内的插值函数(又称形函数)所代替,原先不具有具体意义的未知系数 a_i 被单元节点上因变量的未知数值所代替。这种近似称为局部近似,该方法称为离散方法。

　　著名的离散方法包括有限单元法、有限差分法、有限体积法等。由于离散的概念是根据试函数和未知系数不同的安排方法相对于谱方法而提出,同样的离散方法可与不同的权函数相配合,构成各类加权余量法。

4.2.2　各类加权余量法的比较

　　采用各类加权余量法求解同一个简单的算例来比较这些方法的精度、收敛速度和实现的难易程度。

　　设有常微分方程

$$\frac{\mathrm{d}y}{\mathrm{d}x} - y = 0, \quad 0 \leqslant x \leqslant 1 \tag{4.2.1}$$

边界条件为 $y(0)=1$,其精确解为 $y=\mathrm{e}^x$。

为了满足边界条件,设

$$y = \sum_{j=0}^{N} a_j x^j, \quad a_0 = 1 \tag{4.2.2}$$

将式(4.2.2)代入式(4.2.1),得到余量 R 为

$$R = -1 + \sum_{j=1}^{N} a_j (j x^{j-1} - x^j) \tag{4.2.3}$$

由于试函数取为 x^j,矩法等同于伽辽金法。在式(4.2.2)中取前三项,分别采用伽辽金法、最小二乘法、子区域法(分三区)、配置法(取三点)。

用四种方法解出的 a_1、a_2 和 a_3 的数值见表 4.4;原方程的解见表 4.5。近似解与精确解之间的误差可作为比较各类方法计算精度的参照。表 4.5 中的 $\| y - y_{\text{exact}} \|$ 定义为

$$\| y - y_{\text{exact}} \| = \Big[\sum_{i=1}^{6} (y - y_{\text{exact}})_i^2 \Big]^{\frac{1}{2}} \tag{4.2.4}$$

由 $\| y - y_{\text{exact}} \|$ 的数值可见,伽辽金法、最小二乘法和子区域法所得解均接近精确解,配置法精度较差。

表 4.4　四类方法计算得未知系数的比较

方法	系数		
	a_1	a_2	a_3
伽辽金法	1.0141	0.4225	0.2817
最小二乘法	1.0131	0.4255	0.2797
子区域法	1.0156	0.4219	0.2813
配置法	1.0000	0.4286	0.2857

表 4.5　四类方法计算结果与精确解的比较

x	伽辽金法	最小二乘法	子区域法	配置法	精确解
0	1.0000	1.0000	1.0000	1.0000	1.0000
0.2	1.2220	1.2219	1.2223	1.2194	1.2214
0.4	1.4913	1.4912	1.4917	1.4869	1.4918
0.6	1.8214	1.8214	1.8220	1.8160	1.8221
0.8	2.2259	2.2260	2.2265	2.2206	2.2255
1.0	2.7183	2.7183	2.7187	2.7143	2.7183
$\| y - y_{\text{exact}} \|$	0.00103	0.000105	0.00127	0.0094	—

在令加权余量为 0 的积分运算中,最小二乘法的被积函数阶数最高,伽辽金法次之,子区域法又次之。计算量相对较少是子区域法的优点之一。

用上述方法求解本征值问题、波动问题和热传导问题,结果表明,伽辽金法精

度高;最小二乘法适用于求解椭圆问题,精度与伽辽金法相当,但该法不适用于时间抛物问题和本征值问题;子区域法的精度接近伽辽金法,易于应用,且满足守恒定律,物理意义明确;配置法精度较差,但易于推演算式,如果采用正交配置法也能获得较高的精度。

由以上分析可见,子区域法计算量小、精度高,物理概念上等价于有限体积法。本书后续章节将着重介绍基于子区域法的有限体积方法。

4.3 有限体积法

4.3.1 有限体积法基本思路

有限体积法又称为控制体积法,其基本思路是:将计算区域划分为一系列不重复的控制体积,并使每个网格点周围有一个控制体积;将待解的微分方程对每一个控制体积积分,得到一组离散方程,其中的未知数是网格点上因变量 Φ 的数值。为了求出控制体积的积分,必须假定 Φ 值在网格点之间的变化规律。即设定 Φ 值在各分段的分布。从积分区域的选取方法来看,有限体积法属于加权余量法中的子区域法;从未知解的近似方法看,有限体积法属于采用局部近似的离散方法。简言之,子区域法加离散就是有限体积法的基本思想。

有限体积法得出的离散方程要求因变量的积分守恒对任意一组控制体积都得到满足,即使在粗网格情况下,也显示出准确的积分守恒。这是有限体积法的最大优点。

就离散方法而言,有限体积法可视作有限单元法和有限差分法的中间产物。有限单元法必须假定 Φ 值在网格点之间的变化规律(即插值函数),并将其作为 Φ 的近似值。有限差分法只考虑网格点上 Φ 值而不考虑 Φ 值在网格点之间如何变化。有限体积法只求解 Φ 的节点值,但又必须假定 Φ 值在网格点之间的分布。在有限体积法中,插值函数只用于计算对控制体积的积分,而且可以对微分方程中不同的项采用不同的插值函数。

下面以恒定一维热传导问题为例,用有限体积法导出离散方程。

恒定一维热传导问题的控制方程为

$$\frac{\mathrm{d}}{\mathrm{d}x}\left(K\frac{\mathrm{d}T}{\mathrm{d}x}\right)+S=0 \tag{4.3.1}$$

式中,K 为导热系数,J/(m·K);T 为温度;S 为单位时间单位体积内热量的产生量。

取图 4.4 所示的网格点,节点 P 的两个相邻点为 E(表示东侧,即 x 的正向)和 W(表示西侧,即 x 的负向)。P 点控制体积的交界面为 e 和 w。现在不必深究交界面的准确位置。对于一维问题,不妨假设 y 和 z 方向的厚度为一个单位,故图中所示控制体的体积为 $\Delta x \times 1 \times 1$。将方程(4.3.1)对该控制体积分,可得

$$\left(K\frac{\mathrm{d}T}{\mathrm{d}x}\right)_e - \left(K\frac{\mathrm{d}T}{\mathrm{d}x}\right)_w + \int_w^e S\mathrm{d}x = 0 \qquad (4.3.2)$$

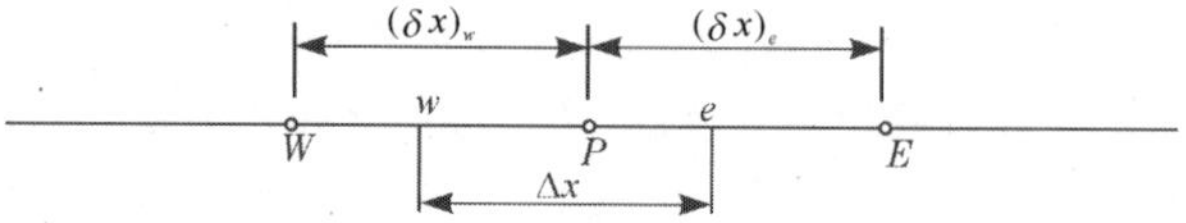

图 4.4　一维问题的网格点

为了求出式(4.3.2)中的导数,需要描述 T 值在节点间的变化规律。两个最简单的插值假设如图 4.5 所示。图 4.5(a)假设节点上的 T 值就是该点周围控制体积内的数值,得出阶梯形分布。但采用这种分布假设,$\mathrm{d}T/\mathrm{d}x$ 在控制体积交界面 e 或 w 上没有定义。图 4.5(b)采用线性插值函数,得出分段线性分布,则可求出交界面上的导数值。采用分段线性分布计算式(4.3.2)中的导数,得

$$\frac{K_e(T_E - T_P)}{(\delta x)_e} - \frac{K_w(T_P - T_W)}{(\delta x)_w} + \bar{S}\Delta x = 0 \qquad (4.3.3)$$

式中,$\bar{S}$ 为 S 在控制体积中的平均值。

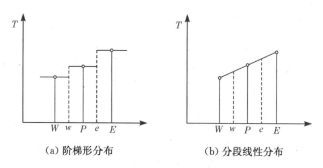

(a) 阶梯形分布　　　　　(b) 分段线性分布

图 4.5　两种简单的插值函数

若令

$$a_E = \frac{K_e}{(\delta x)_e} \qquad (4.3.3\text{a})$$

$$a_W = \frac{K_w}{(\delta x)_w} \qquad (4.3.3\text{b})$$

$$a_P = a_E + a_W \qquad (4.3.3\text{c})$$

$$b = \bar{S}\Delta x \qquad (4.3.3\text{d})$$

则式(4.3.3)可写成如下形式:

$$a_P T_P = a_E T_E + a_W T_W + b \qquad (4.3.4)$$

式中,中心节点的温度 T_P 出现在方程的左边,相邻点的温度和源项产生的常数项 b 形成方程右端各项。在二维和三维的情况下,相邻节点的数目增加,但离散方程仍保持式(4.3.4)的形式。式(4.3.4)还可写为

$$a_P T_P = \sum a_{nb} T_{nb} + b \tag{4.3.5}$$

式中,脚标 nb 表示相邻节点,求和记号表示对所有节点求和。

在推导式(4.3.4)的过程中,采用线性插值公式计算 dT/dx,这并不意味着线性插值是唯一可行的选择;事实上,许多其他形式的插值函数都是可行的,而且不必对方程中的各项采用相同的插值公式。但还应注意不是任意插值公式均可用来推导有限体积法的离散公式。插值公式的选择,须使得离散方程的解即使在粗网格情况下也能保证物理的合理性和总体平衡。

物理的合理性是指数值解应与精确解具有同样的定性变化趋势,例如,在无热源的热传导过程中,计算区域内任意一点的温度不应在边界温度限制的范围之外。否则,该数值解即为不合理。

总体平衡的要求是指整个计算区域的积分守恒。不仅指网格极其细密的情况,对于任何数目的网格,热通量、质量通量和动量通量与相应的源或汇都须满足总体平衡要求。在慎重选择计算控制体积界面通量的公式的情况下,有限体积法一般能保证满足总体平衡要求。

为了保证解的合理性和满足总体平衡,4.3.2 节将提出四条基本要求,用以指导选择插值公式和具体的离散分析。在此之前,还应讨论源项的处理问题。

式(4.3.1)中的源项通常是因变量 T 的函数,在构造离散方程时需要知道源项和因变量的函数关系。为了能使离散方程是易于求解的线性代数方程,希望将源项写成因变量的线性函数。这里暂将平均值 $\overline{S}$ 写成

$$\overline{S} = S_C + S_P T_P \tag{4.3.6}$$

式中,S_C 为 $\overline{S}$ 的常数部分;S_P 为 T_P 的系数。这种表示源项的方法,实质上是假定 P 点的温度 T_P 在整个控制体积中占主导作用。换言之,即是采用图 4.5(a)所示的阶梯形断面分布计算体积源项,同时采用图 4.5(b)所示的分段线性假设计算 dT/dx。

将源项线性化后,离散方程仍形如式(4.3.4),但系数 a_P 和 b 的定义发生了变化,其中

$$a_P = a_E + a_W - S_P \Delta x \tag{4.3.7}$$

$$b = S_C \Delta x \tag{4.3.8}$$

4.3.2 有限体积法离散的基本要求

有限体积法概念清晰,易于实现。为了保证离散方程物理上合理并满足总体

平衡,离散过程需要注意以下几点。

1. 控制体积交界面的一致性

当一个表面为相邻的两个控制体积所共有时,在这两个控制体积的离散方程中,通过该表面通量的表达式需相同。

显然,通过某特定表面离开一个控制体积的热量通量,必须等于通过该表面进入相邻控制体积的热量,否则,总体平衡就得不到满足。不同插值方法的选择会影响交界面的一致性。对于图 4.4 所示 P 点的控制体积,也可采用通过 T_W、T_P 和 T_E 的抛物线插值公式并据此计算交界面的热通量 $K dT/dx$。这样,对于 E 点周围的控制体积,就应根据通过 T_P、T_E 和 T_{EE} 的抛物线计算 e 交界面上的梯度 dT/dx。从而导致热通量 $K \dfrac{dT}{dx}$ 与 P 控制体积中的计算结果不一致,如图 4.6 所示。由此可见,二次抛物线插值函数可能得出不合理的计算结果。此时,节点间线性插值将是更合理的选择。

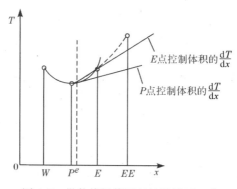

图 4.6　抛物线插值引起的通量不一致

如果在计算界面热通量时将交界面的导热系数 K 简单地取作控制体积内节点的导热系数,也会使交界面上的热通量不一致,考虑 P 点周围的控制体积时,交界面 e 的热通量为 $K_P(T_P - T_E)/(\delta x)_e$;而当考虑 E 点周围的控制体积时,该面的热通量却为 $K_E(T_P - T_E)/(\delta x)_e$。为避免这种不一致,应当将热通量看作交界面本身的属性,取交界面处的导热系数。

2. 正系数

在大多数水流输运问题中,节点上因变量的数值只通过对流过程和扩散过程受到相邻节点的影响,因此,当其他条件不变时,一个节点上数值的增加,会引起相邻节点数值的增加。在方程(4.3.4)中,若 T_E 增加导致 T_P 增加,则系数 a_E 和 a_P 同号。由通用方程(4.3.5)可知,相邻节点系数 a_{nb} 和中心节点系数 a_P 同号。

系数的数值可以全为正值或全为负值,不妨规定离散方程的系数皆为正值。

根据式(4.3.3)可知,式(4.3.4)中各项系数均应为正值。这是求得合理数值解的重要保证。如果相邻节点的系数为异号,就可能会导致不合理的结果,例如,边界温度的增加引起相邻节点温度的降低。

3. 源项的负坡线性化

考察式(4.3.7)中定义的各项系数可见,即使相邻节点的系数皆为正值,由于 S_P 项的作用,中心节点的系数 a_P 仍可能为负。如果要求 S_P 恒不为正,便可避免这种可能。因此可要求将源项线性化写为 $\bar{S}=S_C+S_PT_P$ 时,系数 S_P 须小于或等于 0。

对源项的上述要求也反映了物理过程的客观规律。在大多数物理过程中,源项与因变量的确存在负坡关系;如果 S_P 为正值,物理过程有可能不稳定。例如,在热传导问题中,S_P 为正,意味着 T_P 增加时热源也增加,这反过来又引起 T_P 的增高。从数值计算角度来看,保持 S_P 为负,有助于计算结果稳定合理。

4. 相邻节点的系数之和

对于源项不含因变量的微分方程,若函数 T 满足方程,则 $T+C(C$ 为任一常数)也满足该方程。为使离散方程具有类似的性质,由式(4.3.5)可见,a_P 应等于各邻点的系数之和。

$$a_P = \sum a_{\text{nb}} \tag{4.3.9}$$

显而易见,方程(4.3.4)满足式(4.3.9)。由式(4.3.4)和式(4.3.9)可见,中心节点的数值 T_P 是各相邻节点 T_{nb} 的加权平均。方程(4.3.7)中的系数不满足式(4.3.9),因为当源项依赖于 T 时,原来的 T 和 $T+C$ 均不满足微分方程。

满足系数和要求,就能保证边界温度增加,则各节点的温度也将增加;还可保证在无源项且各相邻节点温度相等的情况下,中心节点的温度 T_P 等于相邻节点的温度。

上述四条基本要求完全出于物理的考虑,但其结果却与纯粹的数学分析结果完全一致。

第 5 章　热传导方程的数值解

本章阐述以有限体积法为基础的数值计算方法,以求解控制水流输运现象的通用微分方程(2.3.1)。为叙述方便,暂略去通用微分方程中的对流项,仅考虑含非恒定项、扩散项、源项的控制方程的求解。

略去对流项以后,通用微分方程(2.3.1)就简化为纯扩散方程。热传导是典型的扩散问题。为了阐明数值计算的原理和方法,本章从热传导问题出发,这是因为其物理过程易于理解,数学上也较简单。但是,热传导方程不仅仅描述热传导现象,本章介绍热传导问题的数值解法,其重要意义主要表现在以下方面:

水流输运过程中的不少现象可由热传导方程描述,如势流、物质扩散、通过孔隙介质的流动以及一些充分发展的管流、明渠流等。本章中的数值计算技术可直接求解这些问题。

从物理概念分析,动量的扩散输运机理与热输运的机理相类似。从这个意义上说,速度与温度也有相通之处。正因为这种概念上的统一,热传导问题的求解可作为水流输运计算的基础。

5.1　恒定一维热传导问题

在 4.3 节中,作为说明有限体积法基本思想的例题,已经导出了一维恒定热传导方程的离散方程。

网格点 P、E 和 W 如图 4.4 所示。控制体积交界面 e 和 w 位于中心节点 P 和相邻节点之间,其位置暂设为已知,其定位方法将在后面讨论。S_C 和 S_P 源于将源项 S 线性化的过程。例题中采用分段线性插值公式计算 dT/dx,计算源项积分时采用阶梯形剖面。值得注意的是,只要符合四项基本要求,也可以选择其他形式的断面分布假设,分段线性是最简单的插值公式。

5.1.1　网格问题

对于图 4.4 所示的网格,无须要求 $(\delta x)_e$ 等于 $(\delta x)_w$。为了提高计算效率,通常采用不均匀网格。一般说来,在其他条件不变的情况下,网格越细密,数值模拟结果精度越高。在求解工程问题时,通常在因变量变化比较缓慢的区域布设比较粗疏的网格,因变量变化陡峻的区域,布设高密度网格。网格的疏密程度应视因变量在计算区域内的变化方式而定,与因变量的变化梯度相适应。

在获得物理问题的数值解之前,T 随 x 的分布未知,如何确定 Δx 的最大值和最小值,尚无通用的规则可循。解决的方法有两种:①求解之前,根据经验和对物理问题的理解,对待解因变量的梯度分布进行预测;②先采用粗疏网格解出 $T\text{-}x$ 大致的变化规律,据此布设疏密得当的非均匀网格;③依据数值格式的稳定性条件,选择与时间步长一致的空间步长。

5.1.2 交界面的热传导系数

式(4.3.3)中,K_e、K_w 分别表示控制体积交界面 e、w 处的导热系数。如果导热系数处处相等,则无需讨论 K_e、K_w 如何取值。在水流输运问题中,导热系数 K 即为扩散系数,通常不为常数。在求解水流输运通用微分方程时,扩散系数 Γ 可能代表紊动黏性系数 ν_t,也可能代表紊动扩散系数 ν_t/σ_t,在空间的分布极为复杂。因此,准确计算交界面上的导热系数 K 或扩散系数 Γ 是十分重要的。

如果 K 是 x 的函数,通常已知 K 在节点的值 K_P、K_E、K_w 等。据此计算 K_e 最简便的方法是假设 K 在 P 点和 E 点之间线性变化,则有

$$K_e = f_e K_P + (1 - f_e) K_E \tag{5.1.1}$$

式中,插值因子 f_e 定义为图 5.1 所示两段距离 $(\delta x)_e^+$ 和 $(\delta x)_e$ 的比值:

$$f_e = \frac{(\delta x)_e^+}{(\delta x)_e} \tag{5.1.2}$$

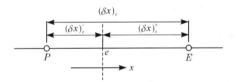

图 5.1 与交界面 e 有关的距离

如果交界面 e 正好位于节点 P、E 的中间,则 $f_e = 0.5$,K_e 为 K_P 和 K_E 的算术平均值。

在工程实际中,按式(5.1.1)计算 K_e 有时会出现错误的结果,而且不能处理 K 在 P、E 两点之间发生突变的问题。例如,$K_E = 0$,即 E 控制体积介质绝热,则界面 e 的热通量 q_e 应为 0,但由式(5.1.1)可知 $q_e = \dfrac{K_P}{2} \cdot \dfrac{T_E - T_P}{(\delta x)_e} \neq 0$。因此,本节给出另一种更为优越且不复杂的方法。

我们的目标是寻求 K_e 的表达式,以求出交界面上的热通量 q_e:

$$q_e = \frac{K_e(T_P - T_E)}{(\delta x)_e} \tag{5.1.3}$$

设节点 P、E 周围控制体积中介质的导热系数分别为 K_P 和 K_E。根据 $q=$

$-K\dfrac{\mathrm{d}T}{\mathrm{d}x}$，$\displaystyle\int_P^E\dfrac{q_e}{K}\mathrm{d}x=-\int_P^E\mathrm{d}T$，可得

$$q_e=\dfrac{T_P-T_E}{\dfrac{(\delta x)_e^-}{K_P}+\dfrac{(\delta x)_e^+}{K_E}}\qquad(5.1.4)$$

由式(5.1.3)、式(5.1.4)可得

$$K_e=\left(\dfrac{1-f_e}{K_P}+\dfrac{f_e}{K_E}\right)^{-1}\qquad(5.1.5)$$

若交界面 e 位于 P、E 两点之间的中间位置，$f_e=0.5$，则有

$$K_e^{-1}=0.5(K_P^{-1}+K_E^{-1})\qquad(5.1.6a)$$

即

$$K_e=\dfrac{2K_PK_E}{K_P+K_E}\qquad(5.1.6b)$$

式(5.1.6)表明，K_e 是 K_P 和 K_E 的调和平均值，而不是 $f_e=0.5$ 时式(5.1.1)给出的算术平均值。

将式(5.1.5)代入式(4.3.3a)，可得

$$a_E=\left[\dfrac{(\delta x)_e^-}{K_P}+\dfrac{(\delta x)_e^+}{K_E}\right]^{-1}\qquad(5.1.7)$$

由式(5.1.7)可见，系数 a_E 反映了 P、E 两点之间介质的热传导性能。

对于 a_W，可写出类似于式(5.1.7)的表达式。由下面两种极端情况可明显看出式(5.1.5)的优越性。

(1) 在式(5.1.5)中令 $K_E\rightarrow0$，则有

$$K_e\rightarrow0\qquad(5.1.8)$$

式(5.1.8)的物理意义是绝热表面的热能量为 0。算术平均公式(5.1.1)在这种情况下却得出不合理的结果——绝热表面的热能量不为 0。

(2) 在式(5.1.5)中，若 $K_P\gg K_E$，则有

$$K_e\rightarrow\dfrac{K_E}{f_e}\qquad(5.1.9)$$

式(5.1.9)表明，交界面的导热系数与 K_P 无关。这是因为 P 点周围介质导热性较好，其对热流的阻抗与 E 点周围的介质相比可以忽略。将式(5.1.9)代入式(5.1.3)，便可得出热通量为

$$q_e=\dfrac{K_E(T_P-T_E)}{(\delta x)_e^+}\qquad(5.1.10)$$

这种情况下，中心节点的温度 T_P 无阻尼地漫延到交界面 e，温差 T_P-T_E 发生在距离 $(\delta x)_e^+$ 之上，而不是发生在 $(\delta x)_e$ 上，式(5.1.9)中的 $1/f_e$，实质上是对距离而不是对导热系数进行了修正。

以上两例充分表明，按式(5.1.5)处理交界面的导热系数，可妥善解决介质性

质突变的问题,而不需要在不同介质的交界区加密计算网格。式(5.1.5)由恒定一维无源的情况导出,且假设导热系数呈阶梯形分布,但计算实践证明,即使在源项不为 0 或导热系数在空间连续变化的情况下,式(5.1.5)也比式(5.1.1)适用性更强。

5.1.3　边界条件

考虑图 5.2 所示的计算网格。两个边界上各有一个节点,称为边界点;其余节点称为内点,每个内点周围都有一个控制体积。对每个内点及周围的控制体积均可写出一个形同式(4.3.5)的离散方程,方程的个数与内点的个数相同。但 I 点和 E 点的离散方程中包含边界点的温度,需将已知的边界条件代入离散方程,才能求出内点的温度。

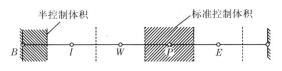

图 5.2　内点和边界点的控制体积

热传导问题中有三种典型的边界条件:①第一类边界条件——已知边界温度;②第二类边界条件——已知边界热通量;③第三类边界条件——已知边界热通量与周围流体温度和导热系数的关系。

这里只对与第一个内点 I 相邻的左端边界点进行研究。如果已知边界温度 T_B,则将 T_B 代入内点 I 的离散方程即可;如果 T_B 未知,就需要写出关于 T_B 的附加代数方程。把控制方程对图 5.2 所示的半控制体积积分,就得到关于 T_B 的附加方程。B 点的控制体积只向一方延伸,故称为半控制体积,其放大图如图 5.3 所示。积分结果为

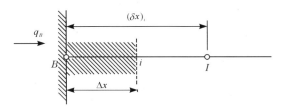

图 5.3　靠近边界处的半控制体积

$$q_B - q_i + (S_C + S_P T_B)\Delta x = 0 \qquad (5.1.11)$$

式中已将源项线性化。将式(5.1.3)代入式(5.1.11),得

$$q_B - \frac{K_i(T_B - T_I)}{(\delta x)_i} + (S_C + S_P T_B)\Delta x = 0 \qquad (5.1.12)$$

如果边界条件属于第二类,即热流通量 q_B 为已知,则由式(5.1.12)可得出关于 T_B 的附加代数方程:

$$a_B T_B = a_I T_I + b \qquad (5.1.13)$$

式中

$$a_I = \frac{K_i}{(\delta x)_i} \qquad (5.1.14a)$$

$$b = S_C \Delta x + q_B \qquad (5.1.14b)$$

$$a_B = a_I - S_P \Delta x \qquad (5.1.14c)$$

如果边界条件属于第三类,如

$$q_B = h(T_f - T_B) \qquad (5.1.15)$$

式中,h 为热交换系数;T_f 为周围流体的温度。这时,将式(5.1.15)代入式(5.1.12),整理后得到关于 T_B 的方程为

$$a_B T_B = a_I T_I + b \qquad (5.1.16)$$

式中

$$a_I = \frac{K_i}{(\delta x)_i} \qquad (5.1.17a)$$

$$b = S_C \Delta x + h T_f \qquad (5.1.17b)$$

$$a_B = a_I - S_P \Delta x + h \qquad (5.1.17c)$$

增加了关于 T_B 的附加代数方程后,即可得到与未知温度个数一致的关于未知温度的离散方程,求解离散方程组成的代数方程组,即可得出各节点的温度值。

5.2　非线性问题和源项的线性化

如果导热系数 K 不依赖于温度 T,且源项 S 是 T 的线性函数,则经 5.1 节离散所得的方程组是线性方程组。反之,离散方程中的系数将成为 T 的函数,所得方程组将是非线性方程组。

通常采用迭代法求解非线性方程组,其主要步骤如下:

(1) 给出所有网格点上 T 的初始值。

(2) 根据假设的 T 值计算离散方程中的系数。

(3) 求解离散方程构成的线性代数方程组,得出新的 T 值。

(4) 把解得的 T 值作为新的近似值,转向步骤(2)。重复此方法,直到重复计算不再明显改变 T 的数值为止。

T 的数值不再变化的状态,称为迭代过程的收敛。在迭代过程中,有时 T 的数值不断摆动且幅度不断增加,这样的过程与收敛相反,称为发散。好的数

值计算方法应使发散的可能性最小。前述四项基本要求有利于保证数值计算的收敛。

源项 S 常依赖于温度 T。若 S-T 关系为线性关系,则可将其写为式(4.3.6)的形式,并适当地选择 S_C 和 S_P。若 S-T 关系为非线性函数,则必须将其线性化。将源项线性化的过程,应能很好地反映原 S-T 的关系,并保证 S_P 不为正值,以使代数方程组具有收敛解。

将源项线性化的方法很多,下面举例加以说明。设 T_P^* 表示 T_P 的预测值或前次迭代所得的当前值。

例 5.1 已知 $S=5-4T$,有以下几种选择 S_C 和 S_P 的方法:

(1) $S_C=5$,$S_P=-4$,这种形式最简单,也是推荐采用的形式。

(2) $S_C=5-4T_P^*$,$S_P=0$,将已知的 S 整个纳入 S_C,并令 S_P 为 0。当 S 的表达式相当复杂时,这种方法可能是唯一的选择。

(3) $S_C=5+7T_P^*$,$S_P=-11$,这样给出的源项 S 随时间 T 的变化较原 S-T 关系更为快速,会使收敛速度减慢。

例 5.2 已知 $S=3+7T$,有以下几种方法:

(1) $S_C=3$,$S_P=7$,此法不可取,因为 S_P 为正。在采用迭代法求解离散方程时,S_P 为正值可能会使计算发散。

(2) $S_C=3+7T_P^*$,$S_P=0$,当已知的 S_P 为正值时,此法比较切实可行。

(3) $S_C=3+9T_P^*$,$S_P=-2$,同前,这样选取 S_C 和 S_P 会降低收敛速度。

例 5.3 已知 $S=4-5T^3$,将其线性化的方法如下:

(1) $S_C=4-5T_P^{*3}$,$S_P=0$,这种处理方法没有利用已知的 S-T 关系,但符合 S_P 不为正值的要求。

(2) $S_C=4$,$S_P=-5T_P^{*2}$,此法似乎比较正确,但所得的 S-T 关系曲线比原有关系曲线平缓一些。

(3) 建议以 S-T 曲线在 T_P^* 点的切线方程作为 S 线性化的方程,故有

$$S = S^* + \left(\frac{\mathrm{d}S}{\mathrm{d}T}\right)^* (T_P - T_P^*) = 4 - 5T_P^{*3} - 15T_P^{*2}(T_P - T_P^*)$$

$$= 4 + 10T_P^{*3} - 15T_P^{*2}T_P$$

从而得出

$$S_C = 4 + 10T_P^{*3}, \quad S_P = -15T_P^{*2}$$

(4) $S_C=4+20T_P^{*3}$,$S_P=-25T_P^{*2}$,同前,这样线性化会减慢收敛过程。

图 5.4 所示为例 5.3 中四种线性化方案和已知的 S-T 曲线,显而易见,取已知曲线在 T_P^* 点的切线[图 5.4(3)]作为 S-T 曲线的线性近似是最好的选择。

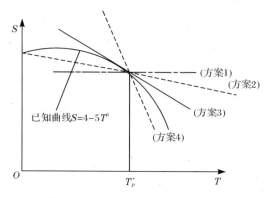

图 5.4　例 5.3 中的四种线性化方案

5.3　线性代数方程组的求解

采用有限体积法对恒定一维热传导方程进行离散所得到的代数方程组,每个方程中均含有三个相邻节点的未知温度。方程组的系数矩阵中,所有非零元素都沿着矩阵的三条对角线排列,构成三对角矩阵。对于这样的线性方程组,采用标准的高斯消元法求解,消元过程转化为相当简单的计算程式,称为三对角矩阵计算程式(tridiagonal matrix algorithm,TDMA)。

设一维计算区域内未知节点标号依次为 $1,2,\cdots,N$,点 1 和点 N 代表边界点。离散方程组可写为

$$a_i T_i = b_i T_{i+1} + c_i T_{i-1} + d_i, \quad i = 1,2,\cdots,N \qquad (5.3.1)$$

为使式(5.3.1)对边界点 1 和 N 同样有意义,不妨令

$$c_1 = 0, \quad b_N = 0 \qquad (5.3.2)$$

由式(5.3.1)和式(5.3.2)可见,$i=1$ 时方程简化为 T_1 和 T_2 的关系式,因而可用 T_2 表示 T_1;$i=2$ 时的方程(5.3.1)是关于 T_1、T_2 和 T_3 的关系式,但因为 T_1 可用 T_2 的函数表示,故该关系式可写为 T_2 和 T_3 的关系式,用 T_3 表示 T_2;依此类推,当 $i=N$ 时,可用 T_{N+1} 表示 T_N,但 T_{N+1} 没有意义,此步代入的实际结果是得到 T_N 的数值。上述过程称为前代。得出 T_N 的数值之后,根据前述原理,按相反的方向回代,可由 T_N 求出 T_{N-1},由 T_{N-1} 求出 T_{N-2},$\cdots$,最后由 T_2 求出 T_1。这就是 TDMA 方法的基本原理。

设前代过程中 T_i 和 T_{i+1} 的关系可写为

$$T_i = P_i T_{i+1} + Q_i \qquad (5.3.3)$$

则有

$$T_{i-1} = P_{i-1} T_i + Q_{i-1} \qquad (5.3.4)$$

将式(5.3.4)代入式(5.3.1),得

$$a_i T_i = b_i T_{i+1} + c_i(P_{i-1}T_i + Q_{i-1}) + d_i \qquad (5.3.5)$$

将式(5.3.5)重新写成式(5.3.3)的形式,即写为 T_i 和 T_{i+1} 的关系式,即可得出系数 P_i 和 Q_i 为

$$P_i = \frac{b_i}{a_i - c_i P_{i-1}} \qquad (5.3.6a)$$

$$Q_i = \frac{d_i + c_i Q_{i-1}}{a_i - c_i P_{i-1}} \qquad (5.3.6b)$$

据此,可由 P_{i-1} 和 Q_{i-1} 推求 P_i 和 Q_i,这类公式称为递推公式。

当 $i=1$ 时,由于 $c_1=0$,由式(5.3.1)可知

$$P_1 = \frac{b_1}{a_1}, \quad Q_1 = \frac{d_1}{a_1} \qquad (5.3.7)$$

由此开始,利用递推公式可算出 P_N、Q_N。由于 $b_N=0$,故 $P_N=0$,由式(5.3.3)得

$$T_N = Q_N \qquad (5.3.8)$$

至此即完成前代过程。根据以上所述,TDMA 的计算过程如下:

(1) 由式(5.3.7)计算 P_1 和 Q_1。

(2) 用递推公式(5.3.6)求出 $i=2,3,\cdots,N$ 时的 P_i 和 Q_i。

(3) 令 $T_N=Q_N$,完成前代过程。

(4) 在式(5.3.3)中,令 $i=N-1,N-2,\cdots,3,2,1$,得出 $T_{N-1},T_{N-2},\cdots,T_3$, T_2,T_1,完成回代过程。

对于系数矩阵为三对角矩阵的代数方程组,TDMA 是极为有效、方便、无需迭代的解法,该方法所需的计算机储存容量和计算时间均与 N 成正比,而一般的矩阵变换法则与 N^2 或 N^3 成正比。

5.4　非恒定一维热传导问题

5.3 节处理了一维情况下通用微分方程中的扩散项和源项,本节研究非恒定项,求解非恒定一维热传导问题。

5.4.1　离散方程

5.3 节已研究过源项的处理方法。因此本节暂不考虑源项,则非恒定一维无源热传导问题的控制方程为

$$\rho c \frac{\partial T}{\partial t} = \frac{\partial}{\partial x}\left(K \frac{\partial T}{\partial x}\right) \qquad (5.4.1)$$

式中,c 为比热容,设 ρc 为常数。

时间 t 是单程坐标,故可沿时间轴采用步进法,从已知的初始温度出发,逐时

步计算各节点的温度值。计算过程归结为：已知时刻 t 各节点的温度 T，求出时刻 $t+\Delta t$ 各节点的温度，如此循环往复，直至得出恒定温度场或计算得整个时间域内各节点的温度分布。

将方程(5.4.1)对图 4.4 所示的控制体积积分，并对时间间隔 $[t, t+\Delta t]$ 积分，得

$$\rho c \int_w^e \int_t^{t+\Delta t} \frac{\partial T}{\partial t} \mathrm{d}t \mathrm{d}x = \int_t^{t+\Delta t} \int_w^e \frac{\partial}{\partial x}\left(K \frac{\partial T}{\partial x}\right) \mathrm{d}x \mathrm{d}t \qquad (5.4.2)$$

式中的积分次序按被积函数的性质选定。设控制体积内的温度处处等于中心节点处的温度(即设温度为阶梯分布)，则式(5.4.2)的左端为

$$\rho c \int_w^e \int_t^{t+\Delta t} \frac{\partial T}{\partial t} \mathrm{d}t \mathrm{d}x = \rho c \Delta x (T_P^1 - T_P^0) \qquad (5.4.3)$$

式中，上标"0"表示上一时刻的数值，上标"1"表示当前时刻的数值。

按照 5.3 节中对恒定状态下 $K \dfrac{\partial T}{\partial x}$ 的处理方法，式(5.4.2)可写为

$$\rho c \Delta x (T_P^1 - T_P^0) = \int_t^{t+\Delta t}\left[\frac{K_e(T_E - T_P)}{(\delta x)_e} - \frac{K_w(T_P - T_W)}{(\delta x)_w}\right]\mathrm{d}t \quad (5.4.4)$$

为了得出式(5.4.4)右端的积分，需假定 T_P、T_E 和 T_W 在时间间隔 $[t, t+\Delta t]$ 中如何随 t 变化，有多种假设公式，其通式可写为

$$\int_t^{t+\Delta t} T_P \mathrm{d}t = [f T_P^1 + (1-f) T_P^0]\Delta t \qquad (5.4.5)$$

式中，f 为权系数，$f \in [0,1]$。对于 T_E 和 T_W 的积分可应用类似于式(5.4.5)的表达式。代入式(5.4.4)可得

$$\begin{aligned}
\rho c \frac{\Delta x}{\Delta t}(T_P^1 - T_P^0) = & f\left[\frac{K_e(T_E^1 - T_P^1)}{(\delta x)_e} - \frac{K_w(T_P^1 - T_W^1)}{(\delta x)_w}\right] \\
& + (1-f)\left[\frac{K_e(T_E^0 - T_P^0)}{(\delta x)_e} - \frac{K_w(T_P^0 - T_W^0)}{(\delta x)_w}\right]
\end{aligned}$$
$$(5.4.6)$$

整理式(5.4.6)并略去上标"1"(此后 T_P、T_E、T_W 表示时刻 $t+\Delta t$ 的"新"值)，得

$$\begin{aligned}
a_P T_P = & a_E[f T_E + (1-f) T_E^0] + a_W[f T_W + (1-f) T_W^0] \\
& + [a_P^0 - (1-f)a_E - (1-f)a_W]T_P^0
\end{aligned}$$
$$(5.4.7)$$

式中

$$a_E = \frac{K_e}{(\delta x)_e} \qquad (5.4.8a)$$

$$a_W = \frac{K_w}{(\delta x)_w} \qquad (5.4.8b)$$

$$a_P^0 = \frac{\rho c \Delta x}{\Delta t} \qquad (5.4.8c)$$

$$a_P = f a_E + f a_W + a_P^0 \tag{5.4.8d}$$

5.4.2　显式格式、Crank-Nicolson 格式和全隐格式

式(5.4.7)中的权系数 f 取某些特定的数值,就转化为求解抛物型偏微分方程常见的离散格式:$f = 0$ 为显式格式;$f = 0.5$ 为 Crank-Nicolson格式;$f = 1$ 为全隐格式。

图 5.5 所示的 T_P-t 关系,表明各种不同的 f 值的物理意义。在显式格式中,除时刻 $t + \Delta t$,上一时刻的数值 T_P 控制着整个时间步长。

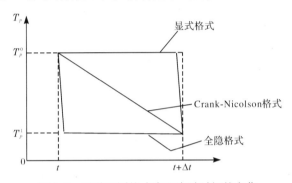

图 5.5　三种不同格式中温度随时间的变化

在全隐格式中,T_P 在时刻 t 突然由 T_P^0 变化到 T_P^1,在整个时间步长 Δt 内保持不变,温度特性由"新"时刻的数值表征。Crank-Nicolson 格式则假设 T_P 在整个时间步长 Δt 内线性变化。初看起来,Crank-Nicolson 格式似乎最合理,其实不然。

$f = 0$ 时,由式(5.4.7)得到显式计算式为

$$a_P T_P = a_E T_E^0 + a_W T_W^0 + (a_P^0 - a_E - a_W) T_P^0 \tag{5.4.9}$$

式(5.4.9)表明,T_P 可由已知温度 T_P^0、T_E^0 和 T_W^0 直接算出,与其他未知数(如 T_E 和 T_W)无关。任何 $f \neq 0$ 的格式都有隐式成分。在隐式代数方程中,未知量(如 T_P、T_E 和 T_W)互相牵连,不能像显式那样各自独立地直接求解,必须联立求解代数方程组。考察式(5.4.9),将 T_P^0 视为 T_P 在时间轴上的邻点,就会发现,T_P^0 的系数可能为负,有可能不满足正系数要求。为使 T_P^0 的系数恒为正值,时间步长 Δt 必须取得足够小,以使 $a_P^0 > a_E + a_W$。若传导系数均匀且 $(\delta x)_e = (\delta x)_w = \Delta x$,则这一条件可写为

$$\Delta t < \frac{\rho c (\Delta x)^2}{2K} \tag{5.4.10}$$

式(5.4.10)即为著名的显式稳定准则。违背这一准则,就有可能得出物理上不合理的结果,这是因为 T_P^0 的系数为负意味着较高的邻点值 T_P^0 反而得出较低的 T_P。为了满足这一准则,如果减小 Δx 以提高计算精度,就不得不采用很小的 Δt,

从而降低计算效率。值得注意的是,这里是根据基本要求 2,从物理问题的物理意义出发得出的显式稳定准则。

通常认为 Crank-Nicolson 格式是无条件稳定的。无条件稳定并不意味着无论取多大的时间步长总能得到物理上合理的数值计算结果。从数学意义来说,稳定性意味着解的数值振荡最终将消失,但不能保证最后的数值解在物理上是合理的。由式(5.4.7)可见,若 $f=0.5$,则 T_P^0 的系数为 $a_P^0-(a_E+a_W)/2$,对于均匀导热系数和均匀网格的情况,该系数又可写为 $\rho c \dfrac{\Delta x}{\Delta t}-\dfrac{K}{\Delta x}$。只要时间步长 Δt 不是足够小,T_P^0 的系数仍可能为负。所以,Crank-Nicolson 格式只是在 Δt 较小的情况下才能合理地表示温度-时间关系。

全隐格式可适用于 Δt 较大的情况。由式(5.4.7)可知,$f=1$ 可保证 T_P^0 的系数不为负,此即为全隐格式。本书以后的内容将采用全隐格式。

必须指出,当 Δt 较小时,全隐格式可能不如 Crank-Nicolson 格式精确,因为实际的 $T\text{-}t$ 曲线在较小的时间间隔内近似为 Crank-Nicolson 格式所取的直线。Patankar 等(1978)提出了指数格式以便综合两者的优点、避免两者的缺点。因篇幅限制,这里不再赘述。

5.4.3 全隐格式离散方程

对式(5.4.7)取全隐格式,并引入源项的积分离散结果,可得到

$$a_P T_P = a_E T_E + a_W T_W + b \tag{5.4.11}$$

式中

$$a_E = \frac{K_e}{(\delta x)_e} \tag{5.4.12a}$$

$$a_W = \frac{K_w}{(\delta x)_w} \tag{5.4.12b}$$

$$a_P^0 = \frac{\rho c \Delta x}{\Delta t} \tag{5.4.12c}$$

$$b = S_C \Delta x + a_P^0 T_P^0 \tag{5.4.12d}$$

$$a_P = a_E + a_W + a_P^0 - S_P \Delta x \tag{5.4.12e}$$

可以看出,$\Delta t \rightarrow \infty$ 时,式(5.4.11)可简化为恒定问题的离散方程。

全隐格式的主要特点是,"新"时刻 T_P 的值控制着整个时间步长。所以,如果导热系数 K_P 依赖于温度,构成非线性问题,就应根据 T_P 的数值计算出 K_P,再按恒定问题的方法进行迭代计算。因此,求解非恒定问题的其他技巧,如边界条件、源项的线性化、求解线性代数方程组等,均与恒定问题相同。

5.5　非恒定二维、三维热传导问题

5.3 节和 5.4 节详细讨论了一维热传导问题的有限体积数值解法。本节将一维的方法推广到二维和三维空间中。

5.5.1　二维离散方程

图 5.6 表示二维网格的一部分。对于中心节点 P、E 和 W 是其 x 方向东西侧的邻点，N（表示北侧）和 S（表示南侧）为 y 方向的邻点。P 点周围的控制体积如阴影部分所示；控制体积在 z 方向的厚度假定为 1。图 4.4 中采用的记号，如 Δx，$(\delta x)_e$ 等，现扩展为二维的情况。本节推导的离散方程对交界面位于节点之间任意位置的情况均适用。

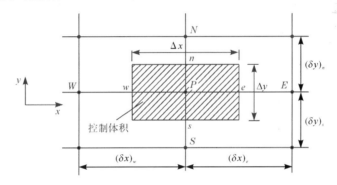

图 5.6　二维问题的控制体积示意图

非恒定二维热传导问题的控制方程为

$$\rho c \frac{\partial T}{\partial t} = \frac{\partial}{\partial x}\left(K \frac{\partial T}{\partial x}\right) + \frac{\partial}{\partial y}\left(K \frac{\partial T}{\partial y}\right) + S \tag{5.5.1}$$

用 5.4 节的方法可计算出交界面 e 上的热通量 q_e，由此可类似地计算出通过其他交界面 w、n 和 s 上的热通量，并得出以下的离散方程：

$$a_P T_P = a_E T_E + a_W T_W + a_N T_N + a_S T_S + b \tag{5.5.2}$$

式中

$$a_E = \frac{K_e \Delta y}{(\delta x)_e} \tag{5.5.3a}$$

$$a_W = \frac{K_w \Delta y}{(\delta x)_w} \tag{5.5.3b}$$

$$a_N = \frac{K_n \Delta x}{(\delta y)_n} \tag{5.5.3c}$$

$$a_S = \frac{K_s \Delta x}{(\delta y)_s} \qquad\qquad (5.5.3d)$$

$$a_P^0 = \frac{\rho c \Delta x \Delta y}{\Delta t} \qquad\qquad (5.5.3e)$$

$$b = S_C \Delta x \Delta y + a_P^0 T_P^0 \qquad\qquad (5.5.3f)$$

$$a_P = a_E + a_W + a_N + a_S + a_P^0 - S_P \Delta x \Delta y \qquad (5.5.3g)$$

其中,$\Delta x \Delta y$ 为控制体的体积。

5.5.2　三维离散方程

从二维情况推广到三维情况,只需将控制体积取为三维,并增设两个邻点 T(表示顶部)和 B(表示底部),离散方程的推导过程和基本形式均与二维情况相同。离散方程为

$$a_P T_P = a_E T_E + a_W T_W + a_N T_N + a_S T_S + a_T T_T + a_B T_B + b \quad (5.5.4)$$

式中

$$a_E = \frac{K_e \Delta y \Delta z}{(\delta x)_e} \qquad\qquad (5.5.5a)$$

$$a_W = \frac{K_w \Delta y \Delta z}{(\delta x)_w} \qquad\qquad (5.5.5b)$$

$$a_N = \frac{K_n \Delta z \Delta x}{(\delta y)_n} \qquad\qquad (5.5.5c)$$

$$a_S = \frac{K_s \Delta z \Delta x}{(\delta y)_s} \qquad\qquad (5.5.5d)$$

$$a_T = \frac{K_t \Delta x \Delta y}{(\delta z)_t} \qquad\qquad (5.5.5e)$$

$$a_B = \frac{K_b \Delta x \Delta y}{(\delta z)_b} \qquad\qquad (5.5.5f)$$

$$a_P^0 = \frac{\rho c \Delta x \Delta y \Delta z}{\Delta t} \qquad\qquad (5.5.5g)$$

$$b = S_C \Delta x \Delta y \Delta z + a_P^0 T_P^0 \qquad\qquad (5.5.5h)$$

$$a_P = a_E + a_W + a_N + a_S + a_T + a_B + a_P^0 - S_P \Delta x \Delta y \Delta z \qquad (5.5.5i)$$

式中,相邻节点的系数 a_E、a_W、a_N、a_S、a_T、a_B 反映 P 点与邻点之间介质的导热(扩散)性能;$a_P^0 T_P^0$ 表示控制体积在时刻 t 所含的内能。常数项 b 由两部分组成:控制体积的内能和热源 S_C 产生的热量。中心点系数 a_P 是所有邻点(包括时间轴上的邻点 T_P^0)系数之和,再加上源项线性化产生的贡献。

易于理解,前述一维、二维离散方程和恒定问题的离散方程均可视为非恒定三维问题离散方程的特例:在三维方程(5.5.4)和方程(5.5.5)中令 $\Delta z = 1, a_T =$

$a_B = 0$，便得到二维离散方程(5.5.2)和方程(5.5.3)；令 $\Delta z = \Delta y = 1, a_T = a_B = a_N = a_S = 0$，便得到一维离散方程(5.4.11)和方程(5.4.12)；令 $\Delta t \to \infty$，则 $a_P^0 \to 0$，即得到相应恒定问题的离散方程。另外，本节各种格式所得到的离散方程也均可以写成式(4.3.5)的形式。

5.6　线性代数方程组的迭代解

5.5 节将一维热传导问题扩展到二维和三维问题，得出了相应的离散方程。但是，在一维问题中求解代数方程组的 TDMA 法，却不能直接用来求解二维、三维问题的离散方程组。因为二维、三维问题离散方程组的系数矩阵不再是三对角矩阵。

求解线性代数方程组的方法很多，可归结为直接法和迭代法两类。高斯消元法就是典型的直接法，而 TDMA 法正是将高斯消元法用于三对角系数矩阵的特殊产物。原则上说可以采用高斯消元法求解多维问题的离散方程。但是，直接法需要较多的计算机内存和计算时间。

迭代法从方程组的假定近似解开始，利用待求解的方程组得出改进的数值解，逐步重复这种迭代格式，最后得出逼近精确解的近似解。本节只介绍两种迭代解法：Gauss-Seidel 法和交替方向隐格式法。

5.6.1　Gauss-Seidel 法

Gauss-Seidel 方法是最简单的迭代法，其求解步骤如下。

(1) 将离散方程式(4.3.5)写为

$$T_P = \frac{\sum a_{nb} T_{nb}^* + b}{a_P} \tag{5.6.1}$$

式中，T_{nb}^* 为邻点温度的预测值或前一次迭代的所得值。

(2) 对所有节点的温度赋予初始预测值。

(3) 按式(5.6.1)计算各节点的温度，完成一次迭代。

(4) 重复步骤(3)，直至所得结果满足收敛准则。收敛准则通常为

$$\max_{1 \leqslant i \leqslant N} |T_i^{(k)} - T_i^{(k-1)}| < \varepsilon \tag{5.6.2}$$

式中，$\varepsilon > 0$ 为预先给定的允许误差；T_i 的上标表示迭代的次数。

为了演示这一算法，考虑两个极简单的算例。

例 5.4　方程为

$$\begin{cases} T_1 = 0.4 T_2 + 0.2 \\ T_2 = T_1 + 1 \end{cases} \tag{5.6.3}$$

迭代过程及求解结果见表 5.1。

表 5.1　例 5.4 的 Gauss-Seidel 迭代过程和求解结果

迭代序数	0	1	2	3	4	5	⋯	∞
T_1	—	0.2	0.68	0.872	0.942	0.980	⋯	1.0
T_2	0	1.2	1.68	1.872	1.949	1.980	⋯	2.0

由此可见:①从任意的预测值开始,均可得到正确的结果;②迭代的中间阶段精度不很高,但误差最终将趋于消失。

例 5.5　方程为

$$\begin{cases} T_1 = T_2 - 1 \\ T_2 = 2.5T_1 - 0.5 \end{cases} \tag{5.6.4}$$

迭代过程及求解结果见表 5.2。

表 5.2　例 5.5 的 Gauss-Seidel 迭代过程和求解结果

迭代序数	0	1	2	3	4
T_1	—	-1	-4	-11.5	-30.25
T_2	0	-3	-10.5	-29.25	-76.13

由此可见,迭代过程将发散,无法得到合理的结果。然而值得注意的是,方程(5.6.4)是方程(5.6.3)改写的结果;但对方程(5.6.3),Gauss-Seidel 法得出了收敛解。

由此可见,Gauss-Seidel 法并非无条件收敛,该方法收敛的充分条件为 $\sum |a_{nb}| \leqslant |a_P|$ 对所有方程均成立,且至少对其中一个方程,$\sum |a_{nb}| < |a_P|$ 成立。

据此可以理解,遵循第 4 章提出的四条基本要求构造离散方程,可保证使用 Gauss-Seidel 法求解时得出收敛的数值解。例如,基本要求 3 规定 S_P 为负值,即可保证 $\dfrac{\sum a_{nb}}{a_P} < 1$。再如,基本要求 2 规定各项系数为正,如果部分系数为负,则 a_P 的数值可能小于 $\sum a_{nb}$(因为此时 $\sum a_{nb} < \sum |a_{nb}|$),此时,就不能保证收敛。Gauss-Seidel 法的主要缺点是收敛很慢,当节点数较多时尤其如此。最根本的原因是每进行一次迭代,边界条件的信息只能越过一个网格间距,在计算区域内传播极有限的距离。

5.6.2　交替方向隐格式法

交替方向隐格式(alternating direction implicit, ADI)法,又称逐行法,其基本思想是将 Gauss-Seidel 法与适用于一维情况的 TDMA 法结合起来。在图 5.7 所示的二维计算网格中,考察沿某个方向(如 y 方向)的一条网格线上所有节点(图中用·表示)的离散方程。这些方程含有两条同方向的相邻网格线上节点(图中用×表示)的未知温度。在用 Gauss-Seidel 法求解过程中,将×节点温度的当前值代入·节点的离散方程,则·节点的离散方程就类同于一维离散方程,沿着·节点所在的网格线,即可采用 TDMA 法求解。对于 y 方向的所有网格线均可施行这种运算。然后,对于 x 方向的网格线也可进行类似的运算,这样就称为完成一次迭代过程。在不同方向交替进行一维隐式求解,就是交替方向隐格式法得名的原因。显然,ADI 法不仅适用于二维情况,也适用于三维情况。

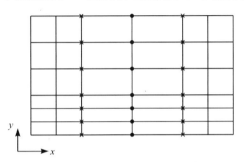

图 5.7　交替方向隐格式 ADI 法计算思路示意图

ADI 法的突出优点是收敛快。在一条网格线上,无论有多少节点,来自网格线两端的边界条件信息可以通过 TDMA 法一次传入内部区域。虽然另一个方向的信息传递速度与 Gauss-Seidel 法相似,但是,在不同方向交替使用 TDMA 法可以将所有边界信息迅速传递到整个计算区域内部。

为了尽可能提高收敛速度,应针对具体问题适当地选择首先使用 TDMA 的方向和 TDMA 的推进方向(也称"扫"的方向)。例如,计算区域的几何特性或介质的性质可能会使某个方向的系数远大于其他方向的系数,图 5.8 所示的狭长区域和网格布设方式使得 y 方向的系数远大于 x 方向的系数,参见式(5.5.2)和式(5.5.3)。在这种情况下,应选择 y 方向作为首先使用 TDMA 的方向。

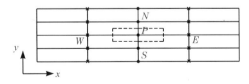

图 5.8　y 方向系数远大于 x 方向系数的网格布设方式

选择系数较大的方向首先使用 TDMA,可明显地加快收敛速度,因为若 a_S、a_N 较大,说明 T_P 主要受 T_N、T_S 的影响。适当地选择"扫"的方向也能提高收敛速度。对于二维热传导问题,假设矩形计算区域左边界为第一类边界条件,已知温度;右边界为绝热边界,属于第二类边界条件。如果以左边界作为使用 TDMA 的第一条网格线再向右逐步移动到其他网格线实施 TDMA 求解,即从左向右"扫",就能把左边界的已知温度迅速传入区域,因为右边界没有给出温度值。对于存在对流运输的问题,"扫"的方向尤其重要。显然,从上游"扫"向下游,收敛速度比逆流而"扫"要快得多。

最后还需指出,在用迭代法求解代数方程组的过程中,适当地选择式(5.6.3)中的允许误差 ε 也有重要意义。一般来说,ε 越小,所需迭代的次数越多。求解线性方程组,不妨选取较小的 ε,以求出比较精确的数值解。求解非线性方程组,对于一组由初始值计算的系数,则不必要求迭代结果达到较高的精度,采用通常的精度和迭代次数,计算出系数之后再通过较多次数的迭代以求出较高精度的数值解,常可达到较高的计算效率。

5.7　超松弛和欠松弛

用迭代法求解代数方程组的过程中,或是在处理非线性问题的迭代过程中,常常要求因变量的数值随着迭代过程的进行而加速变化或减缓变化。使变量加速和减缓变化的过程,分别称为超松弛(over-relaxation)和欠松弛(under-relaxation)。超松弛常与 Gauss-Seidel 法联合使用,以加速其收敛,所得计算程式称为逐步超松弛(successive over-relaxation, SOR),超松弛很少与 ADI 法联合使用。在用迭代法求解强非线性方程组时,欠松弛技术是避免发散的有力工具。

超松弛或欠松弛技术可采用多种方法实现,这里介绍一种实际应用中常用的方法。如前所述,热传导问题离散方程组的一般形式是式(4.3.5),该式可写为

$$T_P = \frac{\sum a_{nb} T_{nb} + b}{a_P} \tag{5.7.1}$$

令 T_P^* 表示 T_P 在迭代过程中的当前值,并将式(5.7.1)再改写为

$$T_P = T_P^* + \left[\frac{\sum a_{nb} T_{nb} + b}{a_P} - T_P^* \right] \tag{5.7.2}$$

式中,括号中的两项之差表示当前的迭代所引起的 T_P 的改变。为了增大或减小 T_P 的改变量,可将其乘以松弛系数 α:

$$T_P = T_P^* + \alpha \left[\frac{\sum a_{nb} T_{nb}}{a_P} - T_P^* \right] \tag{5.7.3}$$

或

$$\frac{a_P}{\alpha} T_P = \sum a_{nb} T_{nb} + b + (1-\alpha) \frac{a_P}{\alpha} T_P^* \tag{5.7.4}$$

当 $0<\alpha<1$ 时,其作用是欠松弛,使 T_P 的数值接近于 T_P^*;α 的数值很小时,

T_P 的变化极其缓慢。当 $\alpha > 1$ 时,其作用是超松弛,使 T_P 变化加快。

当迭代收敛,$T = T_P^*$ 时,方程(5.7.3)表明,T 的收敛解满足原先的代数方程(4.3.5)。这是松弛格式都具有的性质。

如何选取最佳的 α 值,尚无通用的准则可循,因为 α 的最优值取决于诸多因素,如待求解物理问题自身的特性、网格间距、节点个数、迭代方法及数值格式等。通常根据经验或尝试性的计算寻求合适的 α 值。

另一种实现超松弛或欠松弛的途径是在式(4.3.5)中引入惰性系数 i:

$$(a_P + i)T_P = \sum a_{nb} T_{nb} + b + i T_P^* \qquad (5.7.5)$$

i 取正值,式(5.7.5)的效果是欠松弛;i 取负值,则为超松弛。如何选取最佳的 i 值,并无通用的准则,只能凭经验选定。由式(5.7.5)可以推断,i 应与 a_P 同数量级;i 的绝对值越大,松弛的效应越强。

利用非恒定问题的离散方程,经过沿时间轴的逐步推进,可得出恒定问题的数值解。在该计算过程中,时间步长的作用与迭代相似,上一时刻的数值 T_P^0 就相当于前一次迭代所得值 T_P^*。从这个意义上说,方程(5.5.5h)中的 $a_P^0 T_P^0$ 与方程(5.7.5)中的 $i T_P^*$ 的作用相类似,a_P^0 与惰性系数 i 相类似。这种相似,即提供了选取 i 合理数值的方法,也可以将根据非恒定方程求解恒定问题的计算过程视为一种特殊的欠松弛过程。

第6章 对流-扩散方程的数值解

第5章详细讨论了含有非恒定项、扩散项和源项的通用微分方程的数值求解方法。在此基础上,本章将介绍包含对流项的通用微分方程的求解方法。

对流作用来源于流体的流动。对流输运就是被输运物质伴随流体一同运动而形成的输运现象。流动的流体是被输运物质的载体。因此,求解对流输运问题的前提是已知流体运动的流场——在水流输运问题中,即水流的速度场。本章是在已知水流速度场的情况下,采用有限体积法求解通用变量 ϕ 所满足的通用微分方程(2.3.1)。

对流项与扩散项是流体运动两个不可分割的物理机制。对流项和扩散项的相互影响,曾经是求解 Navier-Stokes 方程过程中极为困难的问题之一。在许多计算流体力学著作中,常将不含源项的非恒定对流-扩散方程(又称伯格斯方程)作为典型算例加以分析。

这里所说的扩散具有一般的意义,不局限于浓度梯度引起的物质扩散。通用变量 ϕ 表示不同的物理量,其对应的扩散通量 $\Gamma\dfrac{\partial\phi}{\partial x_i}$ 和扩散项 $\dfrac{\partial}{\partial x_i}\left(\Gamma\dfrac{\partial\phi}{\partial x_i}\right)$ 就具有不同的内涵。例如,当 ϕ 分别表示浓度、温度和动量时,$\Gamma\dfrac{\partial\phi}{\partial x_i}$ 分别表示质量通量、热通量和黏性应力,$\dfrac{\partial}{\partial x_i}\left(\Gamma\dfrac{\partial\phi}{\partial x_i}\right)$ 则表示物质、热量和动量的扩散。

6.1 恒定一维对流-扩散问题和中心差分疑难

6.1.1 恒定一维对流-扩散方程的离散

首先考虑恒定、一维、不含源项的对流-扩散问题,其控制微分方程为

$$\frac{\mathrm{d}}{\mathrm{d}x}(\rho u\phi) = \frac{\mathrm{d}}{\mathrm{d}x}\left(\Gamma\frac{\mathrm{d}\phi}{\mathrm{d}x}\right) \tag{6.1.1}$$

式中,u 为 x 方向的流速。一维连续方程为

$$\frac{\mathrm{d}}{\mathrm{d}x}(\rho u) = 0$$

即

$$\rho u = 常数 \tag{6.1.2}$$

采用图 6.1 所示的网格离散计算区域并推导离散方程。第 5 章已经说明,控制体积交界面 e 和 w 的具体位置不会影响离散公式的形式,为方便起见,不妨假设 e 位于 P 和 E 的中间位置,w 位于 P 和 W 的中间位置。对图中所示的控制体(阴影部分)积分式(6.1.1),得

$$(\rho u \phi)_e - (\rho u \phi)_w = \left(\Gamma \frac{d\phi}{dx}\right)_e - \left(\Gamma \frac{d\phi}{dx}\right)_w \tag{6.1.3}$$

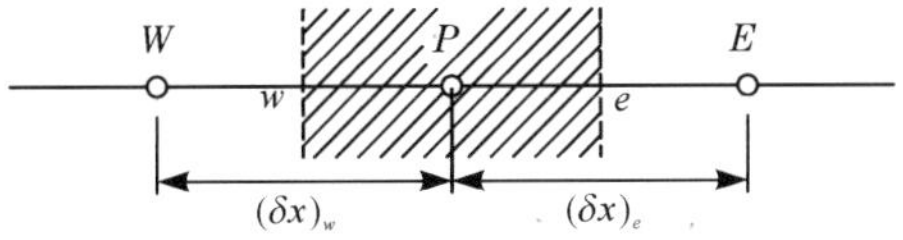

图 6.1　一维问题的区域网格剖分

第 5 章曾采用分段线性分布假设来计算 $\Gamma \frac{d\phi}{dx}$。若采用同样的分布假定计算式(6.1.3)左端的对流项,并考虑到控制体积交界面位于相邻节点的中间位置,可得

$$\phi_e = 0.5(\phi_E + \phi_P), \quad \phi_w = 0.5(\phi_P + \phi_w) \tag{6.1.4}$$

于是,式(6.1.3)可写为

$$\frac{1}{2}(\rho u)_e(\phi_P + \phi_E) - \frac{1}{2}(\rho u)_w(\phi_P + \phi_w) = \frac{\Gamma_e(\phi_E - \phi_P)}{(\delta x)_e} - \frac{\Gamma_w(\phi_P - \phi_w)}{(\delta x)_w} \tag{6.1.5}$$

式中,Γ_e 和 Γ_w 可按 5.1 节所述方法算出。在以后的叙述中,若无特殊说明,扩散系数 Γ 在交界面的数值均按此法计算。令

$$F = \rho u, \quad D = \frac{\Gamma}{\delta x} \tag{6.1.6}$$

式中,F 为对流强度,也称流动强度;D 为扩散率或传导率。F 和 D 因次相同,但 D 恒为正值,F 则按水流流动方向的不同,可取正值或负值。

采用式(6.1.6)的记号后,离散方程(6.1.5)可写为

$$a_P \phi_P = a_E \phi_E + a_w \phi_w \tag{6.1.7}$$

式中

$$a_E = D_e - \frac{F_e}{2} \tag{6.1.8a}$$

$$a_W = D_w + \frac{F_w}{2} \tag{6.1.8b}$$

$$a_P = D_e + \frac{F_e}{2} + D_w - \frac{F_w}{2} = a_E + a_w + (F_e - F_w) \tag{6.1.8c}$$

由连续方程(6.1.2)可知,当连续方程得到满足时,$F_e = F_w$,故 $a_P = a_E + a_W$。

一般来说,只要连续方程得到满足,有限体积法得出的离散方程总可满足第 4 章所述基本要求 4 关于邻点系数之和的要求。事实上,不难证明,在流场满足连续方程

$$\frac{\partial \rho}{\partial t} + \frac{\partial}{\partial x_i}(\rho u_i) = 0 \qquad (6.1.9)$$

的条件下,通用微分方程

$$\frac{\partial}{\partial t}(\rho \phi) + \frac{\partial}{\partial x_i}(\rho u_i \phi) = \frac{\partial}{\partial x_i}\left(\Gamma \frac{\partial \phi}{\partial x_i}\right) + S \qquad (6.1.10)$$

可等价地写为

$$\rho \frac{\partial \phi}{\partial t} + \rho u_i \frac{\partial \phi}{\partial x_i} = \frac{\partial}{\partial x_i}\left(\Gamma \frac{\partial \phi}{\partial x_i}\right) + S \qquad (6.1.11)$$

此时,对式(6.1.11)写出离散方程,基本要求 4 总能得到满足,因为式(6.1.11)中隐含着流体质量守恒的要求。因此,式(6.1.11)又被称为式(6.1.10)的守恒形式(conservative form)。

6.1.2　中心差分疑难

事实上,求解离散方程组(6.1.7)并不能保证得到物理上合理的数值解。例如,设 $D_e = D_w = 1$,$F_e = F_w = 4$,当 $\phi_E = 200$,$\phi_w = 100$ 时,由式(6.1.7)、式(6.1.8)解得 $\phi_P = 50$;当 $\phi_E = 100$,$\phi_w = 200$ 时,解得 $\phi_P = 250$。

两种情况下解得的 ϕ_P 值均在相邻节点值的区间[100,200]之外,在无源的情况下,显然该计算结果是不合理的。考虑式(6.1.8a)和式(6.1.8b)易知,当

$$|F| > 2D \qquad (6.1.12)$$

时,a_E 或 a_w 的数值将可能为负。这就违背了基本要求 2 关于系数为正的要求,因此有可能得出不合理的数值结果。从求解线性代数方程组的观点来看,a_E 或 a_w 为负时,有

$$a_P = \sum a_{nb} < \sum |a_{nb}| \qquad (6.1.13)$$

不能满足 Scarborough 收敛准则,用迭代法求解离散所得的代数方程组有可能导致发散。

从有限差分法的观点来看,在用有限体积法推导离散方程的过程中对因变量 ϕ 采用分段线性假设,其离散结果等价于采用中心差分格式的结果。不难验证,式(6.1.7)、式(6.1.8)完全等价于方程(6.1.1)的中心差分离散格式。在计算流体力学的发展过程中,人们发现,采用中心差分格式求解对流-扩散问题或求解 Navier-Stokes 方程,都受到网格雷诺数 $Re = \dfrac{u \delta x}{\mu / \rho}$ 的限制:网格雷诺数较大,如大于 2 时,或计算发散,或计算结果在物理上不合理。该问题称为中心差分疑难。由

式(6.1.12),当 Γ 表示分子黏性系数 μ 时,$Re=\dfrac{F}{D}$,就不难理解本节的算例在 $Re>$ 2 时计算结果不合理的原因了。

为了克服中心差分疑难,多种离散格式应运而生。

6.2　上风格式和指数格式

6.2.1　上风格式

解决中心差分疑难的一个著名的方法就是采用上风格式离散对流项,上风格式也称为迎风差分格式、上游差分格式、施主网格法等。

上风格式认为,6.1 节所述离散方法的关键在于计算对流项时采用了分段线性分布假设,当交界面 e 处于相邻节点 P、E 中间位置时,ϕ_e 是 ϕ_P 和 ϕ_E 的算术平均值,该计算方法适用于计算扩散项,但不符合对流项的物理性质。据此,上风格式保持扩散项的计算方法不变,但在对流项的计算中,交界面上因变量的数值取作该交界面上风一侧节点上的数值,即

$$\phi_e = \phi_P, \quad F_e > 0 \tag{6.2.1a}$$

$$\phi_e = \phi_E, \quad F_e < 0 \tag{6.2.1b}$$

对于 ϕ_w 的数值,可作类似定义。

令 $[A,B]$ 表示 A、B 之中的较大值,则式(6.2.1)可以更紧凑地写为

$$F_e\phi_e = \phi_P[F_e,0] - \phi_E[-F_e,0] \tag{6.2.2}$$

将式(6.2.2)代替式(6.1.4),代入式(6.1.3),得到下列离散方程:

$$a_P\phi_P = a_E\phi_E + a_W\phi_W \tag{6.2.3}$$

式中

$$a_E = D_e + [-F_e,0] \tag{6.2.4a}$$

$$a_W = D_w + [F_w,0] \tag{6.2.4b}$$

$$a_P = D_e + [F_e,0] + D_w + [-F_w,0] = a_E + a_W + (F_e - F_w) \tag{6.2.4c}$$

按式(6.2.4)得出的离散方程,系数不会出现负值,基本可保证得到物理上合理的数值解;Scarborough 收敛准则也得到满足,可保证求解代数方程不发散。

但是,上风格式仍有明显缺陷。分析方程(6.1.1)的精确解,便可看出上风格式的缺陷。

当 Γ 为常数时,可用解析法得到方程(6.1.1)的精确解。若求解域取为 $x\in[0,L]$,边界条件取为

$$\phi(0) = \phi_0 \tag{6.2.5a}$$

$$\phi(L) = \phi_L \tag{6.2.5b}$$

则方程(6.1.1)的精确解为

$$\frac{\phi - \phi_0}{\phi_L - \phi_0} = \frac{\exp\left(\dfrac{Pe \cdot x}{L}\right) - 1}{\exp(Pe) - 1} \qquad (6.2.6)$$

式中

$$Pe = \frac{\rho u L}{\Gamma} \qquad (6.2.7)$$

称为贝克来数,是对流强度和扩散强度之比。特别地,在动量方程中,当 Γ 表示分子黏性 μ 时,贝克来数等价于网格雷诺数。

图 6.2 给出贝克来数取不同数值时,由式(6.2.6)得出的 ϕ 随 x 变化曲线。由图可见:①当 $Pe = 0$ 时,即在纯扩散(或纯传导)问题中,ϕ-x 呈线性关系。②当 $Pe > 0$ 时,流动沿着 x 的正方向,$[0, L]$ 内 ϕ 值较多地受到上游值 ϕ_0 的影响;Pe 越大,则 ϕ 值受上游值 ϕ_0 影响越明显。③当 $Pe < 0$ 时,流动沿着 x 的负方向,ϕ_L 成为上游值,控制着区间 $[0, L]$ 内的 ϕ 值;若 $|Pe|$ 越大,对区域内 ϕ 值影响越大。

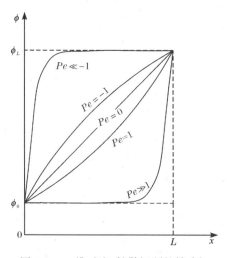

图 6.2　一维对流-扩散问题的精确解

由此可知,仅当 $|Pe|$ 很小时,ϕ-x 关系接近线性关系。这是第 5 章纯扩散问题中采用分段线性假设得以成功的原因,也是 6.1 节在对流-扩散问题中采用分段线性分布假设当 $|Pe|$ 较大时产生中心差分疑难的根本原因。采用上风格式处理对流-扩散问题,相对于中心差分格式是一个进步。当 $|Pe|$ 较大时,在控制体积交界面 $x = L/2$ 处,ϕ 的数值近似等于上游节点的 ϕ 值,这是上风格式处理对流-扩散问题得以成功的原因。由图 6.2 所示的精确解可以看出,上风格式的缺点主要表现在:①上风格式对于一切 Pe 值均令交界面处的 ϕ 值等于上游节点的 ϕ 值,事实

上,当$|Pe|$不很大时,这种假定与精确解相去甚远;②当$|Pe|$很大时,在$x=L/2$处,精确解的$\mathrm{d}\phi/\mathrm{d}x$近似为0;扩散几乎不存在,但上风格式仍按照$\phi$-$x$的分段线性分布假设计算扩散项,因而又过多地估算了扩散效应。

6.2.2　指数格式

根据图6.2所示的精确解得出离散方程,这样的计算格式可避免上风格式的不足。这种格式称为指数形式(exponential scheme)。

为导出指数格式的离散方程,考虑由对流通量$\rho u \phi$和扩散通量$-\Gamma\dfrac{\mathrm{d}\phi}{\mathrm{d}x}$组成的总通量$J$:

$$J = \rho u \phi - \Gamma \frac{\mathrm{d}\phi}{\mathrm{d}x} \tag{6.2.8}$$

方程(6.1.1)可写为

$$\frac{\mathrm{d}J}{\mathrm{d}x} = 0 \tag{6.2.9}$$

将式(6.2.9)对图6.1所示的控制体积积分,得

$$J_e - J_w = 0 \tag{6.2.10}$$

在式(6.2.6)中,用ϕ_P和ϕ_E分别代替ϕ_0和ϕ_L,用距离$(\delta x)_e$代替L,再将其代入方程(6.2.8),得出J_e的表达式为

$$J_e = F_e\left[\phi_P + \frac{\phi_P - \phi_E}{\exp(Pe_e) - 1}\right] \tag{6.2.11}$$

式中,Pe_e表示e点的贝克来数:

$$Pe_e = \frac{(\rho u_e)(\delta x)_e}{\Gamma_e} = \frac{F_e}{D_e} \tag{6.2.12}$$

式中,Γ_e仍按5.1节所述方法计算。可以证明,在对流-扩散问题中,Γ_e的精确形式与热传导情况所得式(5.1.5)相同。由式(6.2.11)可见,J_e的数值与P、E两点之间交界面的位置无关,这是满足方程(6.2.9)的精确解所具有的性质。

将式(6.2.11)及与之类似的J_w的表达式代入式(6.2.10),得到

$$F_e\left[\phi_P + \frac{\phi_P - \phi_E}{\exp(Pe_e) - 1}\right] - F_w\left[\phi_w + \frac{\phi_w - \phi_P}{\exp(Pe_w) - 1}\right] = 0 \tag{6.2.13}$$

写成标准形式为

$$a_P\phi_P = a_E\phi_E + a_W\phi_W \tag{6.2.14}$$

式中

$$a_E = \frac{F_e}{\exp\left(\dfrac{F_e}{D_e}\right) - 1} \tag{6.2.15a}$$

$$a_W = \frac{F_w \exp\left(\dfrac{F_w}{D_w}\right)}{\exp\left(\dfrac{F_w}{D_w}\right) - 1} \tag{6.2.15b}$$

$$a_P = a_E + a_W + (F_e - F_w) \tag{6.2.15c}$$

式(6.2.14)和式(6.2.15)即为指数格式的离散公式。对于恒定一维对流-扩散问题,采用这种格式可保证在任意 Pe 和任意数量节点的情况下,均得到物理上合理的数值解。

虽然指数格式有很多优点,但并未得到广泛应用。其主要原因是指数格式系由恒定一维、无源的情况导出,对于二维、三维和源项非零的情况,指数格式并不精确。

满足实际需要的计算格式应具有指数格式的定性性质又便于推广应用于多维情况。

6.3　混合格式和幂函数格式

6.3.1　混合格式

混合格式(hybrid scheme)由 Spalding 于 1972 年提出。此前,Patankar 等(1970)也提及此格式。

为了更深入地考察 Pe_e 对系数的影响,将基于精确解的指数格式的系数表达式(6.2.15a)写为

$$\frac{a_E}{D_e} = \frac{Pe_e}{\exp(Pe_e) - 1} \tag{6.3.1}$$

系数 a_E 的无因次形式 a_E/D_e 随 Pe_e 的变化情况如图 6.3 所示。由图可见,当 $Pe_e > 0$ 时,节点 E 为下游邻点,其影响随着 Pe_e 的增大而减小;当 $Pe_e < 0$ 时,E 为上游邻点,E 点的影响甚为明显。而且在特定情况下,a_E/D_e-Pe_e 曲线有如下特殊的性质。

(1) 当 $Pe_e \to +\infty$ 时

$$\frac{a_E}{D_e} \to 0 \tag{6.3.2a}$$

(2) 当 $Pe_e \to -\infty$ 时

$$\frac{a_E}{D_e} \to -Pe_e \tag{6.3.2b}$$

(3) 在 $Pe_e = 0$ 处的切线方程为

$$\frac{a_E}{D_e} = 1 - \frac{Pe_e}{2} \tag{6.3.2c}$$

上述三条直线绘在图 6.3 中。这三条直线可看成 a_E/D_e 与 Pe_e 关系的精确曲线的外包线,因而可作为精确曲线的合理近似。混合格式就是用这三条直线近似地表示 a_E/D_e-Pe_e 的精确曲线,既保留了指数格式的定性性质又便于计算。混合格式可表示为

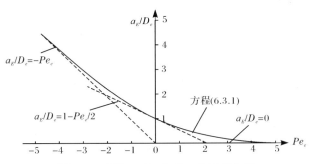

图 6.3　系数 a_E/D_e 与 Pe_e 的关系曲线

$$\frac{a_E}{D_e} = \begin{cases} -Pe_e, & Pe_e < -2 \\ 1 - \dfrac{Pe_e}{2}, & -2 \leqslant Pe_e \leqslant 2 \\ 0, & Pe_e > 2 \end{cases} \tag{6.3.3}$$

采用记号 [　],可将式(6.3.3)写为

$$a_E = D_e\left[-Pe_e, 1 - \frac{Pe_e}{2}, 0\right] \tag{6.3.4}$$

或

$$a_E = \left[-F_e, D_e - \frac{F_e}{2}, 0\right] \tag{6.3.5}$$

式中,[　]表示取三项中的最大值。从有限差分法的观点考察混合格式可见:①当 $Pe_e \in [-2, 2]$ 时,混合格式与中心差分格式完全一致;②当 Pe_e 在 $[-2, 2]$ 之外时,混合格式蜕化为完全忽略扩散作用的上风格式。混合格式既克服了大贝克来数时中心差分疑难,又避免了上风格式在小贝克来数时完全忽略扩散作用的缺点。虽然混合格式是精确解三条直线的外包近似,但本质上混合格式是中心差分格式和上风格式的综合。

采用混合格式可得方程(6.1.1)的离散方程为

$$a_P\phi_P = a_E\phi_E + a_W\phi_W \tag{6.3.6}$$

式中

$$a_E = \left[-F_e, D_e - \frac{F_e}{2}, 0\right] \tag{6.3.7a}$$

$$a_W = \left[F_w, D_w + \frac{F_w}{2}, 0\right] \tag{6.3.7b}$$

$$a_P = a_E + a_W + (F_e - F_w) \tag{6.3.7c}$$

以上离散方程适用于控制体积交界面位于相邻节点之间任意位置的情况。

6.3.2　幂函数格式

混合格式仍有一些缺点:在 $Pe_e = \pm 2$ 处,混合格式与精确曲线之间的误差较大,如图 6.3 所示。

Patankar(1981)提出用幂函数近似表示 a_E/D_e-Pe_e 曲线,构成幂函数格式(the power-law scheme)。

a_E 的幂函数表达式可写为

$$\frac{a_E}{D_e} = \begin{cases} -Pe_e, & Pe_e < -10 \\ (1+0.1Pe_e)^5 - Pe_e, & -10 \leqslant Pe_e < 0 \\ (1-0.1Pe_e)^5, & 0 \leqslant Pe_e \leqslant 10 \\ 0, & Pe_e > 10 \end{cases} \tag{6.3.8}$$

式(6.3.8)可写为

$$a_E = D_e\left[0, \left(1 - \frac{0.1|F_e|}{D_e}\right)^5\right] + [0, -F_e] \tag{6.3.9}$$

比较式(6.3.8)和式(6.3.3)可见,当 $|Pe_e| > 10$ 时,幂函数格式与混合格式完全一样。幂函数格式的优点是在 $Pe_e \in [-10,10]$ 时,可以更精确地逼近指数曲线 (a_E/D_e)-Pe_e。表 6.1 列出了按幂函数格式和指数格式计算得到的系数值;两种格式之间的差别太小,以至于无法作图比较。虽然幂函数格式比混合格式略复杂,但幂函数格式得到很多研究者的推荐,是因为幂函数格式提供了指数格式极好的近似,计算量却比指数格式小得多。

表 6.1　幂函数格式和指数格式计算系数的比较

Pe_e	a_E/D_e		Pe_e	a_E/D_e	
	幂函数格式	指数格式		幂函数格式	指数格式
-20	20.0	20.0	0.5	0.7738	0.7707
-10	10.0	10.0	1	0.5905	0.5820
-5	5.031	5.034	2	0.3277	0.3130
-4	4.078	4.075	3	0.1681	0.1572
-3	3.168	3.157	4	0.0778	0.0746
-2	2.328	2.313	5	0.0313	0.0339
-1	1.590	1.582	10	0	0.00045
-0.5	1.274	1.271	20	0	4.1×10^{-8}
0	1	1			

6.4　各类格式的比较和通用格式

为了进一步比较前述各类离散格式并建立对流-扩散问题的通用离散格式，本节先说明离散公式中的系数所共有的性质。

考虑图 6.4 所示相距为 δ 的两个节点 i 和 $i+1$，两节点间总通量 J 的通用表达式。在方程(6.2.8)中，令 $J^* = \dfrac{J\delta}{\Gamma}$，得

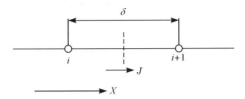

图 6.4　两节点间的总通量 J

$$J^* = \frac{J\delta}{\Gamma} = Pe\phi - \frac{\mathrm{d}\phi}{\mathrm{d}(x/\delta)} \tag{6.4.1}$$

式中，Pe 为贝克来数，$Pe = \dfrac{\rho u\delta}{\Gamma}$。在式(6.4.1)中，交界面上的 ϕ 值应为 ϕ_i 和 ϕ_{i+1} 的加权平均，梯度 $\dfrac{\mathrm{d}\phi}{\mathrm{d}(x/\delta)}$ 应为 $(\phi_{i+1}-\phi_i)$ 与某因子的乘积。据此，不妨假设

$$J^* = Pe[\alpha\phi_i + (1-\alpha)\phi_{i+1}] - \beta(\phi_{i+1} - \phi_i) \tag{6.4.2}$$

式中，α 和 β 为依赖于 Pe 的无因次乘子。式(6.4.2)可进一步简写为

$$J^* = B\phi_i - A\phi_{i+1} \tag{6.4.3}$$

式中，无因次系数 A 和 B 是 Pe 的函数；在图 6.4 所示的坐标系中，A 与交界面前方节点 $i+1$ 相联系，B 则与交界面后方节点 i 相联系。系数 A、B 具有以下两个特性：

(1) 若 $\phi_i = \phi_{i+1}$，则扩散通量为 0，总通量 J 只是对流通量 $\rho u\phi_i$，即

$$J^* = Pe\phi_i = Pe\phi_{i+1} \tag{6.4.4}$$

联立式(6.4.3)和式(6.4.4)，得

$$B = A + Pe \tag{6.4.5}$$

事实上，由式(6.4.2)和式(6.4.3)可知，$B = Pe \cdot \alpha + \beta$，$A = Pe \cdot \alpha + \beta - Pe$，也可得出式(6.4.5)。

(2) 若改变坐标轴的方向，则 Pe 换为 $-Pe$，A 和 B 相互替换，故函数 $A(Pe)$ 和 $B(Pe)$ 之间必有对称性，即

$$A(-Pe) = B(Pe) \tag{6.4.6a}$$

$$B(-Pe) = A(Pe) \tag{6.4.6b}$$

由方程(6.4.6)可导出 $A(Pe)$ 和 $B(Pe)$ 的准确关系式,如图 6.5 所示。图中两条曲线具有前面分析的两条性质:A 曲线和 B 曲线之间的垂向距离为 Pe,且关于直线 $Pe=0$ 对称。根据 A、B 的这两条性质,只要知道 Pe 为正值时的函数 $A(Pe)$(即图 6.5 中粗线表示的一段曲线),便可确定整个函数 $A(Pe)$、$B(Pe)$。例如,对于 $Pe<0$,可得

$$\begin{aligned} A(Pe) &= B(Pe) - Pe \\ &= A(-Pe) - Pe \\ &= A(|Pe|) - Pe \end{aligned} \tag{6.4.7}$$

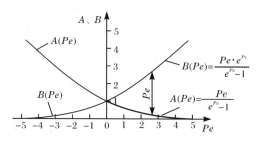

图 6.5　$A(Pe)$ 和 $B(Pe)$ 函数曲线及其关系

对于任意 Pe 值,无论其为正为负,可得

$$A(Pe) = A(|Pe|) + [-Pe, 0] \tag{6.4.8}$$

对于 B,利用式(6.4.5),可得

$$B(Pe) = A(|Pe|) + [Pe, 0] \tag{6.4.9}$$

将式(6.4.5)代入式(6.4.3),还可得出

$$J^* - Pe\phi_i = A(\phi_i - \phi_{i+1}) \tag{6.4.10}$$

$$J^* - Pe\phi_{i+1} = B(\phi_i - \phi_{i+1}) \tag{6.4.11}$$

将式(6.4.8)和式(6.4.9)代入式(6.4.3),再按其计算交界面 e 和 w 处的通量,便得出对流-扩散问题的通用离散格式:

$$a_P\phi_P = a_E\phi_E + a_W\phi_W \tag{6.4.12}$$

式中

$$a_E = D_e A(|Pe_e|) + [-F_e, 0] \tag{6.4.13a}$$

$$a_W = D_w A(|Pe_w|) + [F_w, 0] \tag{6.4.13b}$$

$$a_P = a_E + a_W + (F_e - F_w) \tag{6.4.13c}$$

式(6.4.12)、式(6.4.13)为 6.2 节和 6.3 节所述各类格式的通用离散格式。前述各类离散格式均可视为通用离散格式对函数 $A(|Pe|)$ 做出不同选择的产物,见表 6.2。各类离散格式对应的函数 $A(|Pe|)$ 如图 6.6 所示,与精确解指数函数相比较,可清楚地判断各类离散格式的优劣和近似程度。

表 6.2　各类离散格式的函数 $A(|Pe|)$ 表达式

离散格式	$A(|Pe|)$
中心差分	$1-0.5|Pe|$
上风	1
混合	$[0,1-0.5|Pe|]$
幂函数	$[0,(1-0.1|Pe|)^5]$
指数(精确解)	$|Pe|/[\exp(|Pe|)-1]$

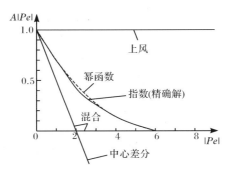

图 6.6　各类离散格式的函数 $A(|Pe|)$

最后,以具体的算例对各类离散格式进行比较。不失一般性,令 $\phi_E=1$,$\phi_w=0$,并令 $(\delta x)_e=(\delta x)_w$,由不同的离散格式均可得出 ϕ_P-Pe 曲线,如图 6.7 所示。图中明显可见,中心差分格式所得结果最差,部分结果越出了边值区间 $[0,1]$,物理上不合理。其他格式给出的结果物理上均属合理,其中幂函数格式所得结果最好,与精确解几乎重合。

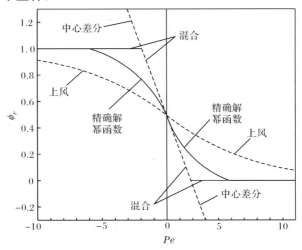

图 6.7　各类离散格式计算所得 ϕ_P-Pe 曲线

6.5　二维通用微分方程的离散方程

至此已经详细介绍了水流输运问题的通用微分方程(2.3.1)中各项的处理方法及其相互间的影响。综合前述各章节,即可写出通用微分方程(2.3.1)的离散方程。本节先讨论二维问题,在 6.6 节中将推广到三维问题。

方程(2.3.1)即方程(6.1.10)的二维形式可写为

$$\frac{\partial}{\partial t}(\rho\phi) + \frac{\partial J_x}{\partial x} + \frac{\partial J_y}{\partial y} = S \tag{6.5.1}$$

式中,J_x 和 J_y 分别为 x 方向和 y 方向的总通量,即对流通量和扩散通量之和:

$$J_x = \rho u\phi - \Gamma\frac{\partial\phi}{\partial x} \tag{6.5.2a}$$

$$J_y = \rho v\phi - \Gamma\frac{\partial\phi}{\partial y} \tag{6.5.2b}$$

式中,u、v 分别为 x、y 方向的速度分量。

考虑图 6.8 所示的控制体积,按照一维问题中计算总通量 J_e 的方法,假设在面积为 $\Delta y\times 1$ 的控制体积的交界面上 J_e 均匀分布,将方程(6.5.1)对图中所示的控制体积积分,得出

$$\frac{(\rho_P\phi_P - \rho_P^0\phi_P^0)\Delta x\Delta y}{\Delta t} + J_e - J_w + J_n - J_s = (S_C + S_P\phi_P)\Delta x\Delta y$$

$$\tag{6.5.3}$$

式中,源项已按常用方法做了线性处理,非恒定项采用全隐式,假定 $t+\Delta t$ 时刻的 ρ_P 和 ϕ_P 控制着整个控制体积。上标 0 表示 t 时刻的值,不带上标的量均表示 $t+\Delta t$ 时刻的值。J_e、J_w、J_n 和 J_s 为通过相应交界面的总通量,例如,J_e 表示对交界面 e 的积分 $\int J_x \mathrm{d}y$ 等。

在一维问题的讨论中已经注意到,只有当已知的流速场满足连续方程时,所得连续方程的系数 a_P 才等于 a_E 与 a_W 之和,关于相邻节点系数之和的基本要求 4 才能得到满足。因此,在推导通用微分方程的离散方程过程中须同时考虑连续方程,使所得的离散方程也满足连续方程。

将连续方程(6.1.9)对图 6.8 所示的控制体积积分,得

$$\frac{(\rho_P - \rho_P^0)\Delta x\Delta y}{\Delta t} + F_e - F_w + F_n - F_s = 0 \tag{6.5.4}$$

式中,F_e、F_w、F_n 和 F_s 为通过控制体积各交界面质量流的流量。设 e 点的 ρu 值控制整个交界面 e,可得

$$F_e = (\rho u)_e\Delta y \tag{6.5.5a}$$

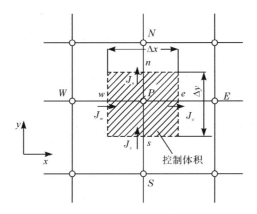

图 6.8　二维问题的控制体积

类似的有

$$F_w = (\rho u)_w \Delta y \tag{6.5.5b}$$

$$F_n = (\rho v)_n \Delta x \tag{6.5.5c}$$

$$F_s = (\rho v)_s \Delta x \tag{6.5.5d}$$

为了得到同时满足连续方程的离散方程,将式(6.5.4)乘以 ϕ_P,再用式(6.5.3)减去式(6.5.4),得

$$(\phi_P - \phi_P^0)\frac{\rho_P^0 \Delta x \Delta y}{\Delta t} + (J_e - F_e\phi_P) - (J_w - F_w\phi_P) + (J_n - F_n\phi_P) - (J_s - F_s\phi_P)$$

$$= (S_C + S_P\phi_P)\Delta x \Delta y \tag{6.5.6}$$

利用 6.4 节导出的式(6.4.10)和式(6.4.11),可将式(6.5.6)中的 $(J_e - F_e\phi_P)$,$(J_w - F_w\phi_P)$ 等项写为

$$J_e - F_e\phi_P = a_E(\phi_P - \phi_E) \tag{6.5.7a}$$

$$J_w - F_w\phi_P = a_W(\phi_W - \phi_P) \tag{6.5.7b}$$

式中

$$a_E = D_e A(|Pe_e|) + [-F_e, 0] \tag{6.5.8a}$$

$$a_w = D_w A(Pe_w) + [F_w, 0] \tag{6.5.8b}$$

对 $J_n - F_n\phi_P$ 和 $J_s - F_s\phi_P$ 写出类似的表达式,即可得出二维通用微分方程的离散方程:

$$a_P\phi_P = a_E\phi_E + a_W\phi_W + a_N\phi_N + a_S\phi_S + b \tag{6.5.9}$$

式中

$$a_E = D_e A(|Pe_e|) + [-F_e, 0] \tag{6.5.10a}$$

$$a_W = D_w A(|Pe_w|) + [F_w, 0] \tag{6.5.10b}$$

$$a_N = D_n A(|Pe_n|) + [-F_n, 0] \tag{6.5.10c}$$

$$a_S = D_s A(|Pe_s|) + [F_s, 0] \tag{6.5.10d}$$

$$a_P^0 = \frac{\rho_P^0 \Delta x \Delta y}{\Delta t} \tag{6.5.10e}$$

$$b = S_C \Delta x \Delta y + a_P^0 \phi_P^0 \tag{6.5.10f}$$

$$a_P = a_E + a_W + a_N + a_S + a_P^0 - S_P \Delta x \Delta y \tag{6.5.10g}$$

式中,ϕ_P^0 和 ρ_P^0 表示 t 时刻的已知值,所有无上标的数值,如 ϕ_P、ϕ_E、ϕ_W、ϕ_N、ϕ_S 等,均表示 $t+\Delta t$ 时刻的未知值。对流强度 F_e、F_w、F_n 和 F_s 的定义见式(6.5.5)。扩散率 D_e、D_w、D_n 和 D_s 定义为

$$D_e = \frac{\Gamma_e \Delta y}{(\delta x)_e} \tag{6.5.11a}$$

$$D_w = \frac{\Gamma_w \Delta y}{(\delta x)_w} \tag{6.5.11b}$$

$$D_n = \frac{\Gamma_n \Delta x}{(\delta y)_n} \tag{6.5.11c}$$

$$D_s = \frac{\Gamma_s \Delta x}{(\delta y)_s} \tag{6.5.11d}$$

Pe 定义为

$$Pe_e = \frac{F_e}{D_e}, \quad Pe_w = \frac{F_w}{D_w}, \quad Pe_n = \frac{F_n}{D_n}, \quad Pe_s = \frac{F_s}{D_s} \tag{6.5.12}$$

函数 $A(|Pe|)$ 可根据所需要的离散格式在表 6.2 中进行选择,推荐采用幂函数格式:

$$A(|Pe|) = [0, (1 - 0.1|Pe|)^5] \tag{6.5.13}$$

二维问题的有限体积法离散方程(6.5.9)中各项系数的物理意义:邻点系数 a_E、a_W、a_N 和 a_S 表示控制体积的四个交界面上对流和扩散的影响,$a_P^0 \phi_P^0$ 是 P 节点时间邻点 ϕ_P^0 的影响。类似地,可解释其余各项。物理概念清晰是有限体积法的突出优点之一。

6.6　三维通用微分方程的离散方程

根据二维通用微分方程的离散方程可以类似推导出三维通用微分方程的离散方程。在下列三维离散方程中,T 和 B 表示 z 方向的顶部和底部的相邻节点。

$$a_P \phi_P = a_E \phi_E + a_W \phi_W + a_N \phi_N + a_S \phi_S + a_T \phi_T + a_B \phi_B + b \tag{6.6.1}$$

式中

$$a_E = D_e A(|Pe_e|) + [-F_e, 0] \tag{6.6.2a}$$

$$a_W = D_w A(|Pe_w|) + [F_w, 0] \tag{6.6.2b}$$

$$a_N = D_n A(|Pe_n|) + [-F_n, 0] \tag{6.6.2c}$$

$$a_S = D_s A(|Pe_s|) + [F_s, 0] \qquad\qquad (6.6.2\text{d})$$

$$a_T = D_t A(|Pe_t|) + [-F_t, 0] \qquad\qquad (6.6.2\text{e})$$

$$a_B = D_b A(|Pe_b|) + [F_b, 0] \qquad\qquad (6.6.2\text{f})$$

$$a_P^0 = \frac{\rho_P^0 \Delta x \Delta y \Delta z}{\Delta t} \qquad\qquad (6.6.2\text{g})$$

$$b = S_C \Delta x \Delta y \Delta z + a_P^0 \phi_P^0 \qquad\qquad (6.6.2\text{h})$$

$$a_P = a_E + a_W + a_N + a_S + a_T + a_B + a_P^0 - S_P \Delta x \Delta y \Delta z \qquad (6.6.2\text{i})$$

对流强度和扩散率定义为

$$F_e = (\rho u)_e \Delta y \Delta z, \quad D_e = \frac{\Gamma_e \Delta y \Delta z}{(\delta x)_e} \qquad\qquad (6.6.3\text{a})$$

$$F_w = (\rho u)_w \Delta y \Delta z, \quad D_w = \frac{\Gamma_w \Delta y \Delta z}{(\delta x)_w} \qquad\qquad (6.6.3\text{b})$$

$$F_n = (\rho v)_n \Delta z \Delta x, \quad D_n = \frac{\Gamma_n \Delta z \Delta x}{(\delta y)_n} \qquad\qquad (6.6.3\text{c})$$

$$F_s = (\rho v)_s \Delta z \Delta x, \quad D_s = \frac{\Gamma_s \Delta z \Delta x}{(\delta y)_s} \qquad\qquad (6.6.3\text{d})$$

$$F_t = (\rho w)_t \Delta x \Delta y, \quad D_t = \frac{\Gamma_t \Delta x \Delta y}{(\delta z)_t} \qquad\qquad (6.6.3\text{e})$$

$$F_b = (\rho w)_b \Delta x \Delta y, \quad D_b = \frac{\Gamma_b \Delta x \Delta y}{(\delta z)_b} \qquad\qquad (6.6.3\text{f})$$

Pe 为 F 和 D 的比值,如 $Pe_e = \dfrac{F_e}{D_e}$ 等。各种格式函数 $A(|Pe|)$ 见表 6.2,推荐采用幂函数形式。

6.7　单程空间坐标和出流边界条件

坐标可分为单程坐标和双程坐标。时间是单程坐标,就可以沿时间轴采用步进法来简化求解过程。对流-扩散问题的离散公式表明,在强对流条件下,与对流方向一致的空间坐标也是单程坐标。

由图 6.3 和图 6.5 可见,当 Pe 较大时,下游邻点的系数变得很小;当 $Pe > 10$ 时,在幂函数格式中,下游邻点的系数 a_E 为 0。混合格式中,当 $Pe > 2$ 时,下游邻点的系数为 0。a_E 为 0 意味着 ϕ_E 对 ϕ_P 没有影响。在图 6.9 所示的二维情况下,设 x 的正方向存在较高的对流强度,Pe 较大,则对于所有沿着 y 方向直线上的节点 P,下游邻点的系数 a_E 均为 0。换言之,这些节点的 ϕ_P 值依赖于 ϕ_W、ϕ_N 和 ϕ_S,而与 ϕ_E 无关。上游点的 ϕ 值不受任何下游值的影响,在这种情况下 x 坐标为单程坐标,在 x 方向可采用步进法。

如果某个空间坐标在整个计算区域或部分区域内具有单程性质,也可利用这种单程性质确定边界条件,简化计算过程。

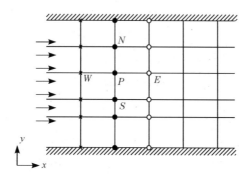

图 6.9 x 方向具有单程性的流动

一般来说,处理热传导方程边界条件的方法均可用来处理对流-扩散方程的边界条件。但是,在对流-扩散问题中,出流边界条件有其特殊性,不可用前述方法处理。出流边界是流体离开计算区域的边界,其位置在选取计算区域时是人为划定的。在出流边界上,ϕ 和 ϕ 通量的数值通常皆为未知,无法提出任何一类边界条件。例如,在图 6.10 所示的出流边界,温度或热通量皆为未知,没有任何信息可作为提出边界条件的依据。考虑到出流边界附近的区域内 x 坐标的局部单程性,对于出流边界前一列的所有节点 P,当 Pe 足够大时,其下游邻点系数 a_E 为 0,无论对出流边界的节点赋予任何数值都不影响出流边界前一列的节点值 ϕ_P。因此,目前常用的商用软件在缺少出流边界条件时,采用零梯度条件,常可得到合理的计算结果。

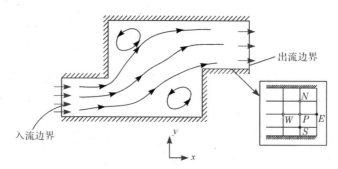

图 6.10   强对流出流边界示意图

事实上,可以得出更简洁、更广义的命题:单程坐标不需要出流边界条件。时间是单程坐标,求解非恒定的微分方程时,只需提出初始条件和边界条件,不需要也不可能提出时间坐标的终止条件。同理,具有单程性或局部单程性的空间坐标也不需要出流条件。

　　上面的讨论是针对 Pe 足够大的情况。如果没有关于出流边界条件的信息，不知道出流边界的 Pe 是否足够大，只能假设出流边界的扩散系数足够小，按照大 Pe 的情况进行计算。如果这种假设不符合实际情况，低估出流边界的扩散作用就会影响计算的精确程度。自然界和水利工程中的水流常形成大小不等的回流。回流是黏性扩散或紊动扩散作用压倒对流作用的典型流动。出流边界不宜置于回流区，而应布置在水流平顺，对流起主导作用的区域，如图 6.10 所示。

　　对流-扩散问题边界条件的处理方法可总结如下：①对于无流体穿越的边界，边界上只有扩散通量，可按第 5 章的方法处理各类边界条件。②有流体穿越的边界，该边界为入流边界或出流边界。入流边界的 ϕ 或其导数的数值需已知，否则问题不适定；强对流出流边界不需提出边界条件。③既有入流又有出流的边界不宜作为计算区域的边界。

6.8　人 为 扩 散

　　人为扩散(artificial diffusion)，又称虚扩散(false diffusion)，曾经在计算流体力学界引起众多的争论、混淆和误解。例如，中心差分格式具有二阶精确度，而上风格式只有一阶精度，但上风格式引起严重的人为扩散等。

　　用 Taylor 级数展开可以证明，中心差分格式截断误差的数量级为 $O(\Delta x^2)$，而上风格式截断误差的数量级为 $O(\Delta x)$。但是，在 6.2 节～6.4 节的讨论中可以看出，对流-扩散方程得出的 ϕ-x 曲线是指数曲线，当且仅当网格 Pe 很小时，截断的 Taylor 级数才能较好地近似表示指数曲线；对于实际问题中网格 Pe 较大的情况，Taylor 级数分析会导致错误的结果，这时，采用上风格式才能得出物理上合理的解。

　　人为扩散概念的提出，是将中心差分格式视为比较理想的高精度格式，并以此为标准，衡量其他离散格式的结果。比较中心差分格式的系数式(6.1.8)和上风格式的系数式(6.2.4)可见，上风格式相当于用 $\left(\varGamma+\rho u\dfrac{\delta x}{2}\right)$ 代替中心差分格式中的扩散系数，因此，认为上风格式引入了人为扩散。对于水流问题，$\varGamma$ 相当于分子黏性系数或紊动系数，$\rho u\dfrac{\delta x}{2}$ 相应地称为人为黏性(artificial viscosity)。若将中心差分格式视为精确的表达式，自然认为上风格式引入了人为扩散。不仅如此，用这种观点看问题，精确解和指数格式也引入了人为扩散。大量数值试验已表明，在 Pe 较大的情况下，引入人为扩散是必要的，否则便不能克服中心差分疑难，不能得到物理上合理的解。

应当指出,当 Pe 较小时,中心差分格式的确比上风格式更为精确,从物理机理考虑,当 Pe 较小时,扩散效应占主导地位,即使存在人为扩散问题,其效应与实际扩散相比也可忽略。只有在 Pe 较大的情况下,人为扩散问题才显得比较重要。

为了理解人为扩散的正确含义及其影响因素,考虑图 6.11 所示的情况。两股速度相同的平行流相汇合。如果流体的导热系数 Γ 不为 0,则两股平行流将汇合形成混合层。在混合层中,温度梯度沿流向由高到低,混合层的横向宽度沿流向逐渐增大,如图 6.11(a)所示。如果 $\Gamma=0$,则不会形成混合层,两股平行流之间的温度不连续面将保持到下游,如图 6.11(b)所示。$\Gamma=0$ 的算例可用来验证数值方法是否引入了人为扩散:如果某种计算格式在 $\Gamma=0$ 的情况下得出了互相掺混的温度分布,则可认为该计算格式引入了人为扩散,因为仅当 $\Gamma\neq0$ 时才可能得出互相掺混的温度分布。

当 $\Gamma=0$ 时,中心差分格式得出 $a_P=0$,其离散方程不可采用迭代法求解;若采用直接法求解离散方程,其结果是得不到唯一解或得到不合理的解。

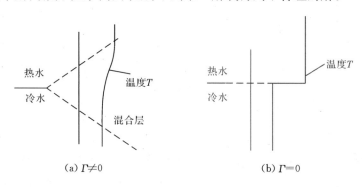

(a) $\Gamma\neq0$　　　　　　　　　　(b) $\Gamma=0$

图 6.11　有扩散和无扩散的温度分布

采用上风格式求解同样的问题,选取坐标和布设网格时,令 x 方向与两股平行流的流动方向一致,如图 6.12 所示。左侧边界已知的温度呈不连续分布。在这种情况下,因为 y 方向没有速度分量且 $\Gamma=0$,故系数 a_N、a_S 为 0,下游邻点的系数 a_E 为 0,并且 $a_P=a_W$,离散方程简化为

$$\phi_P = \phi_W \tag{6.8.1}$$

意味着在同一条水平网格线上,左端边界的已知温度值将无变化地传递给下游相邻节点,左侧边界上不连续的温度分布也将传递到下游,不形成混合层。虽然采用了上风格式,但并未引入任何人为扩散。

若将 x 轴和与之平行的网格线取为与流动方向斜交,夹角为 45°,求解同样的问题,结果却大不相同。为方便起见,采用 $\Delta x=\Delta y$ 的正方形网格。这时,x 和 y

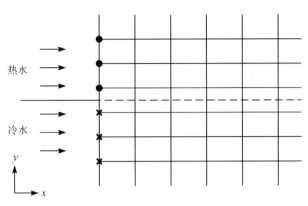

图 6.12　流动与 x 方向一致的情况

方向的流速相等,结果上游邻点的系数 $a_S = a_W$,下游邻点的系数 $a_E = a_N = 0$,离散方程简化为

$$\phi_P = 0.5(\phi_W + \phi_S) \tag{6.8.2}$$

在图 6.13 所示的流动问题中,左侧边界温度为 100℃,底部边界温度为 0℃。如果没有人为扩散,在计算区域对角线以上的节点温度为 100℃,对角线以下温度为 0℃。但是,上风格式得到了冷热水互相掺混的温度分布,与图 6.11(a)所示温度分布相似。计算所得的内节点的温度值,如图 6.13 所示。在这种情况下,上风格式确实引入了人为扩散。

根据前述讨论和两个典型算例,可得出以下结论:

(1)造成人为扩散的原因并不在于上风格式本身。当流体的流动方向与网格线斜交且因变量在垂直于流动的方向上具有非零梯度时,采用上风格式才会引入人为扩散。Davis 等(1972)给出了二维情况下人为扩散系数 Γ_a 的近似表达式:

$$\Gamma_a = \frac{\rho u \Delta x \Delta y \sin 2\theta}{4(\Delta y \sin^3\theta + \Delta x \cos^3\theta)} \tag{6.8.3}$$

式中,u 为流体速度;θ 为速度矢量与 x 方向的夹角,定义在 $0° \sim 90°$。由式(6.8.3)可见,当网格线与流动方向一致($\theta = 0°$ 或 90°)时,不存在人为扩散,当网格线与流动方向夹角为 45°时,人为扩散最为严重。

(2)中心差分格式并不能减弱和避免人为扩散。事实上,当 Pe 较大时,上风格式远比中心差分格式合理。减弱和避免人为扩散的有效方法是加密网格(减小 Δx 和 Δy),使网格线尽可能与流体流动方向一致;另外,如果所求解的问题是扩散占主导地位,人为扩散与真正的物理扩散相比占次要地位,因此也不必担心人为扩散问题。

最后应当指出,形成人为扩散的根本原因,是在推导多维问题离散方程的过

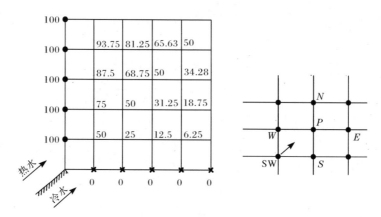

图 6.13　流动方向与网格线方向成 45°夹角的情况

程中,将通过控制体积各个不同交界面的流动人为地处理为若干个局部一维问题,再将一维结果叠加为多维的结果。例如,在图 6.13 所示的情况下,节点 P 的 ϕ 值由流体斜向运动的对流输运所形成,实际上来自网格角点 SW。但是,在推导离散方程的过程中,斜向对流输运被处理为来自节点 W 和 S 的两股独立流动的对流作用的叠加。人为扩散是一种多维现象。减弱或避免人为扩散的根本方法是在离散格式中纳入更多的相邻节点,并考虑流动的多维性质。

第 7 章　Navier-Stokes 方程的数值解

第 6 章在已知水流速度场的条件下建立了水流输运通用微分方程(2.3.1)的数值求解方法,本章将阐述如何求解水流的速度场和压力场,从而解决数值求解水流输运问题。

7.1　压力场 ω-ψ 法和原始变量法

Navier-Stokes 方程是水流输运通用微分方程(2.3.1)的特例。在通用微分方程(2.3.1)中令 $\phi=u_i$,$\Gamma=\rho\nu$,$S=-\dfrac{\partial p}{\partial x_i}+\rho B_i$,便得到 Navier-Stokes 方程(2.2.7)。但是,第 6 章所述离散方程却不能用来求解 Navier-Stokes 方程(动量方程)。

问题并不在于动量方程中的对流项,非线性的对流项可以用迭代法解决。从速度场的初始预测值开始,用迭代法求解动量方程,通常可以得出速度场的收敛解。

计算速度场的困难在于计算未知的压力场。压力梯度是动量方程中源项的组成部分之一,但并没有可用以直接求解压力的方程。在可压缩流体的连续方程中含有密度 ρ,因而可把 ρ 视为连续方程中的独立变量进行求解,再根据状态方程求出压力。水流输运问题不能采用该方法,因为水的压缩性极小,可以忽略不计,水的连续方程中通常可以忽略密度变化率项。对于不可压缩流体,压力的作用表现在对速度而非密度的影响。

从分析动量方程和连续方程构成的方程组可知,不可压缩流体的压力场是通过连续方程确定的。将压力场代入动量方程,得出的速度场就能满足连续方程。

为了避免求解压力场的困难,可采用旋度-流函数法(ω-ψ 法)。ω-ψ 法的基本思想是将求解动量方程和连续方程的问题转化为求解旋度 ω 和流函数 ψ 的问题,再由流函数的分布解出流速分布,从而避免求解压力场。

旋度 ω 定义为

$$\omega = \nabla \times U = \begin{vmatrix} i & j & k \\ \dfrac{\partial}{\partial x} & \dfrac{\partial}{\partial y} & \dfrac{\partial}{\partial z} \\ U & V & W \end{vmatrix} \tag{7.1.1}$$

式中,i、j、k 分别为 x、y、z 方向的单位矢量。

ω 的分量式为

$$\omega_x = \frac{\partial W}{\partial y} - \frac{\partial V}{\partial z} \tag{7.1.2a}$$

$$\omega_y = \frac{\partial U}{\partial z} - \frac{\partial W}{\partial x} \tag{7.1.2b}$$

$$\omega_z = \frac{\partial V}{\partial x} - \frac{\partial U}{\partial y} \tag{7.1.2c}$$

在二维情况下旋度 ω 转化为标量 ω_z。此时，ω_x、ω_y 为 0。由式(7.1.2c)可知，将 V 方程对 x 求导并将 U 方程对 y 求导，再相减，便可得出不含压力项 ω_z 的输运方程的矢量式：

$$\frac{\partial \omega_z}{\partial t} + U \frac{\partial \omega_z}{\partial x} + V \frac{\partial \omega_z}{\partial y} = \frac{\partial}{\partial x}\left(\nu\frac{\partial \omega_z}{\partial x}\right) + \frac{\partial}{\partial y}\left(\nu\frac{\partial \omega_z}{\partial y}\right) + \frac{\partial B_y}{\partial x} - \frac{\partial B_x}{\partial y} \tag{7.1.3}$$

式中，B_x 和 B_y 分别为体积力 B 在 x 和 y 方向的分量。更一般地，对动量方程的矢量式

$$\frac{\mathrm{D}U}{\mathrm{D}t} = -\frac{1}{\rho}\nabla p + \nu\nabla^2 U + B \tag{7.1.4}$$

两边分别取旋度，因梯度无旋，可得

$$\nabla\times\left(\frac{\mathrm{D}U}{\mathrm{D}t}\right) = \nabla\times(\nu\nabla^2 U) + \nabla\times B \tag{7.1.5}$$

再由

$$\nabla\times\left(\frac{\mathrm{D}U}{\mathrm{D}t}\right) = \frac{\partial \omega}{\partial t} + U\cdot\nabla\omega - \omega\cdot\nabla U \tag{7.1.6a}$$

$$\nabla\times(\nu\nabla^2 U) = \nabla^2(\nu\nabla\times U) = \nabla^2(\nu\omega) \tag{7.1.6b}$$

便可得出 ω 的矢量方程为

$$\frac{\partial \omega}{\partial t} + U\cdot\nabla\omega = \omega\cdot\nabla U + \nabla^2(\nu\omega) + \nabla\times B \tag{7.1.7a}$$

在二维情况下 $\omega\cdot\nabla U = 0$，ω 的矢量方程简化为

$$\frac{\partial \omega}{\partial t} + U\cdot\nabla\omega = \nabla^2(\nu\omega) + \nabla\times B \tag{7.1.7b}$$

其张量式为

$$\frac{\partial \omega_i}{\partial t} + U_j\frac{\partial \omega_i}{\partial x_j} = \nu\frac{\partial^2 \omega_i}{\partial x_j\partial x_j} + (\mathrm{rot}B)_i \tag{7.1.7c}$$

由此可见，旋度 ω 的输运方程仍包含四项：变化率项、对流项、扩散项和源项；其形式与通用微分方程(2.3.1)的形式相同，可采用第 6 章所述方法求解。

在二维情况下流函数 ψ 定义为

$$\frac{\partial \psi}{\partial x} = -V, \quad \frac{\partial \psi}{\partial y} = U \tag{7.1.8}$$

由式(7.1.2c)和式(7.1.8)可得

$$\frac{\partial^2 \psi}{\partial x^2} + \frac{\partial^2 \psi}{\partial y^2} = -\omega_z \qquad (7.1.9)$$

$\omega\text{-}\psi$ 法的计算步骤如下：①由方程(7.1.7c)解出旋度场；②求解流函数的泊松方程(7.1.9)得出流函数 ψ 的分布；③由式(7.1.8)求出流速场。求解方程(7.1.9)的方法已在第 5 章进行了阐述。由于方程(7.1.7)中含有未知的速度场，因此实际求解过程不可避免地要对速度场进行迭代运算；先给出速度场的初始预测值，再重复以上步骤，因此不断修正速度场，直至满足收敛准则。

$\omega\text{-}\psi$ 法在二维情况下具有一些优点：①ω 方程和 ψ 方程中不出现压力项，只要求解式(7.1.7c)和式(7.1.9)两个方程便可得出旋度和流函数，从而得出流速场；不采用 $\omega\text{-}\psi$ 法则应求解两个动量方程和一个连续方程。②在某些情况下，ω 的边界条件比 U 更容易确定，例如，当计算区域的外部为无旋流时，令边界上的旋度为 0 就是恰当的边界条件，这比确定 U 的边界条件简单方便。

$\omega\text{-}\psi$ 法也有明显的缺点：①不易推广到三维情况，因为三维水流不存在流函数。大多数实际水流都是三维问题，这使 $\omega\text{-}\psi$ 法的应用受到很大限制。②在很多情况下，压力场本身就是重要的计算结果。这时采用 $\omega\text{-}\psi$ 法求出流速场之后，再根据流速场求解压力场，就不具有优越性了。③水利工程中经常遇到固体壁面上的旋度，此时的边界条件极难确定。没有适宜固体壁面上的边界条件，往往使 ω 方程的数值求解过程发散或得到不合理的求解结果。

鉴于此，$\omega\text{-}\psi$ 法虽然消去了压力梯度项，在二维情况下可以减少一个方程，却未能在计算流体力学领域得到广泛应用。目前常用的各类计算方法均将动量方程和连续方程中原有的变量 U、V、W、P 取作因变量进行求解。区别于 $\omega\text{-}\psi$ 法，这类直接求解 U、V、W、P 的数值计算方法通称为原始变量法(method of primitive variables)。

原始变量法有很多种，但其总目标都是把连续方程中关于压力的间接信息转化为压力的直接计算方程或转化为对于流速场的修正，使流速场满足连续方程。

7.2　交　错　网　格

7.2.1　压力梯度项的离散问题

对于图 7.1 所示的一维情况，x 方向动量方程的离散需要对 $-\mathrm{d}P/\mathrm{d}x$ 对控制体进行积分。显然此项积分对离散方程的贡献是压力差 $P_w - P_e$，即作用于横截面为一个单位面积的控制体积上的净压力。为了用节点压力表示 $P_w - P_e$，假设压力按分段线性分布，并设控制体积交界面 e 和 w 位于相邻节点的中间位置，则有

$$P_w - P_e = \frac{P_W + P_P}{2} - \frac{P_P + P_E}{2} = \frac{1}{2}(P_W - P_E) \qquad (7.2.1)$$

控制体积
W
w
P
e
E
x

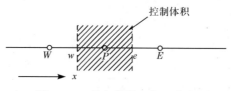

图 7.1　一维问题的相邻三节点

式(7.2.1)意味着，动量方程的离散方程所含的压力差，不是相邻节点之间的压力差，而是相间节点之间(跳过节点 P)的压力差，换言之，求解压力的网格比区域剖分的网格尺度更大。这会影响数值解的精度。图 7.2 所示为一个假想的波状压力场。因为相间节点的压力值处处相等，在式(7.2.1)的计算过程中，将被视为均匀压力场。

P=100
500
100
500
100
500

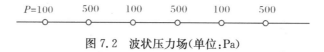

图 7.2　波状压力场(单位:Pa)

这种离散困难在二维情况下表现更突出。如同 x 方向动量受 P_W-P_E 的影响一样，y 方向的动量受 P_S-P_N 的影响，中心节点 P 的压力 P_P 不起任何作用。将图 7.2 的一维情况扩展到图 7.3 所示的二维情况，可知图 7.3 所示的棋盘格式极不均匀的压力场在 x 方向和 y 方向的动量方程的离散方程中均不产生任何压力差，如同均匀压力场一样对动量平衡，从而对流速分布不产生任何影响。假设在迭代过程中出现这种压力场，它就会被保持到收敛为止，因为离散方程将它视为均匀压力场。

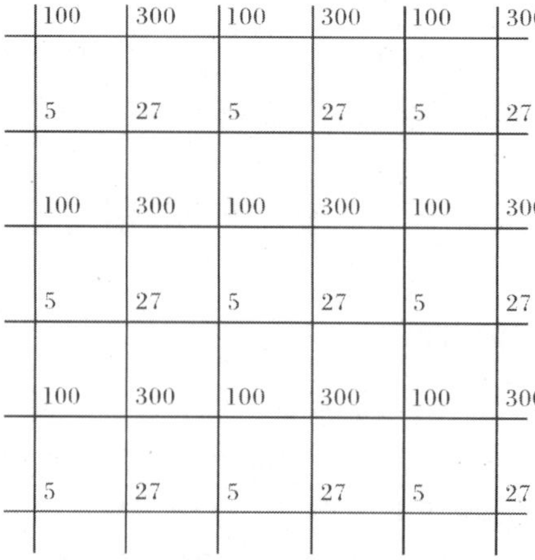

100 300 100 300 100 300
5 27 5 27 5 27
100 300 100 300 100 300
5 27 5 27 5 27
100 300 100 300 100 300
5 27 5 27 5 27

图 7.3　棋盘格式不均匀压力场(单位:Pa)

在三维情况下,离散的动量方程将一种更加复杂的不均匀压力场视为均匀压力场。

值得注意的是,图 7.2 和图 7.3 中的具体数值并无任何特殊意义,这些数值只是表明不均匀压力场的某种分布方式:一维波状分布;二维棋盘格式分布。一般来说,如果数值计算已经得出某个确定的压力场,那么,把任何的棋盘格式不均匀压力场迭加到该数值解上,便可得出任意多组有效解,且这些解像原先的解一样都能满足离散的动量方程。这就是压力梯度项离散的困难所在。

推导式(7.2.1)时,假定控制体积的交界面位于相邻节点的中间位置。如果控制体积交界面不在相邻节点的中间位置,上述问题依然存在,只是表现方式略有不同。

7.2.2 连续方程的离散问题

在连续方程离散过程中,也会遇到类似的问题。一维不可压缩流体的恒定、一维连续方程为

$$\frac{\mathrm{d}U}{\mathrm{d}x} = 0 \tag{7.2.2}$$

将式(7.2.2)对图 7.1 所示的控制体积积分,得

$$U_e - U_w = 0 \tag{7.2.3}$$

采用分段线性假设并设控制体积交界面位于相邻节点的中间位置,便会得出

$$\frac{U_P + U_E}{2} - \frac{U_W + U_P}{2} = 0 \tag{7.2.4}$$

即

$$U_E - U_W = 0 \tag{7.2.5}$$

可见,离散的连续方程要求相间节点(而不是相邻节点)的速度相等。图 7.4 所示不合理的波状速度场也能满足连续方程离散式(7.2.5)。将此结果类似地推广到二维、三维问题,可以发现数值计算过程中存在着同样的问题:满足离散的连续方程的速度场有可能是极不合理的解。

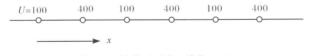

图 7.4 波状速度场(单位:m/s)

由第 6 章关于对流项离散问题和本节关于压力梯度项和连续方程的离散问题可见,数值计算中的难点几乎总是与因变量的一阶导数相关联:对流项、压力梯度项和连续方程都由流速或压力的一阶导数所构成,至于微分方程中的二阶导数项往往更易于离散模拟。

为了采用原始变量法求解流速场和压力场,需解决压力梯度项和连续方程的离散问题。解决该问题最常用的方法是采用交错网格。

7.2.3　交错网格布置方法

描述不同的标量在空间的分布可以采用不同的网格系统,甚至同一个标量也可以采用不同的网格系统进行描述。如果有必要可以为每个变量建立一个不同的计算网格。

将速度分量 U_i 网格系统与其他变量(压力 P、温度 T、浓度 C、紊动黏性系数 ν_t 等)的网络系统错开,形成交错网格(staggered grid),就能彻底解决压力梯度项和连续方程离散过程中的波状或棋盘分布问题。

交错网格又称为移动网格(displaced grid),Harlow 等在其提出的著名的MAC 算法中首先采用了交错网格。一经提出,就得到广泛应用,著名的商用软件如 Delft-3D 等都采用了交错网格技术。

采用交错网格的具体方法,是将计算速度分量的网格点布置在控制体积相应的交界面上,例如,x 方向的速度分量 U 的节点位置如图 7.5 中短箭头所示,图中的小圆圈表示控制体积的中心点——此后称为主网格点,虚线表示控制体积交界面。应当注意,对于主网格点,U 的位置只在 x 方向交错,换言之,U 的位置在 x 方向的两个相邻主网格点的连线上。U 的位置是否恰好在相邻主网格点的中间位置,取决于控制体积的布置方法。无论交界面是否恰好在相邻主网格点的中间位置,U 的位置必须在控制体积的交界面上,而且是在垂直于 U 方向的交界面上。

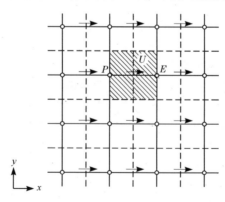

图 7.5　U 的交错网格

同样,可布置速度分量 V 和 W 的交错网格。图 7.6 表示二维交错网格的示意图。U 和 V 的位置分别在控制体积相应的交界面上。据此,不难布置三维问题的交错网格。

在第 6 章建立通用微分方程的离散方程时,为了计算控制体积交界面处的对

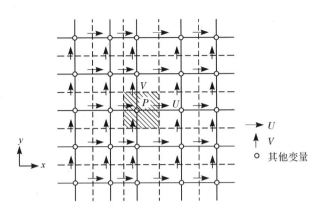

图 7.6　U 和 V 的交错网格及主控制体积

流强度,即式(6.6.2)和式(6.6.3)中的 F_e、F_w、F_n、F_s、F_t、F_b,需对相邻节点上的速度分量进行插值运算,以便得出交界面 e、w、n、s、t、b 处的速度分量。采用交错网格之后,就无需进行插值运算,因为各速度分量的位置就在相应的控制体积交界面上。交错网格的重要意义还表现在以下两个方面:

(1) 交错网格可避免波状流速场。在图 7.6 中阴影部分的主控制体积上积分,离散的连续方程将包含相邻流速节点的速度差,而不是相间节点的速度差。图 7.4 所示的波状流速场不再满足离散的连续方程。

(2) 交错网格可避免波状压力场。采用交错网格之后,相邻主节点之间的压力场成为位于该相邻主节点之间的速度分量的驱动力。图 7.2 和图 7.3 所示的压力场不可能再被视作均匀压力场,也不可能被接受为合理的数值解。

综上所述,压力梯度项和连续方程的离散问题,起源于在同样的节点上计算所有的变量;采用交错网格就可以解决这些问题。

在采用交错网格时,求解一维问题将有两组网格(主网格及 U 网格),相应地求解二维问题将有三组网格(主网格及 U、V 网格)、求解三维问题将有四组网格(主网格及 U、V、W 网格)。计算程序中需包括各速度分量的定位信息,还需进行必要的插值运算。

在采用交错网格方法编写计算程序时应对各类节点进行编号,一个简单有效的编号方法是:以速度节点矢量箭头指向的主节点的编号作为该速度节点的编号,对如图 7.7 的一维问题(先布置控制体积、后布置节点),有 L 个主节点,则速度 U 的编号为 $U(2)\sim U(L)$,如图 7.7 所示。另外,应保证主控制体积及各速度控制体积均覆盖整个计算区域,在靠近边界处可能出现半控制体积的情况,对此需要针对半控制体积进行控制方程的积分离散。

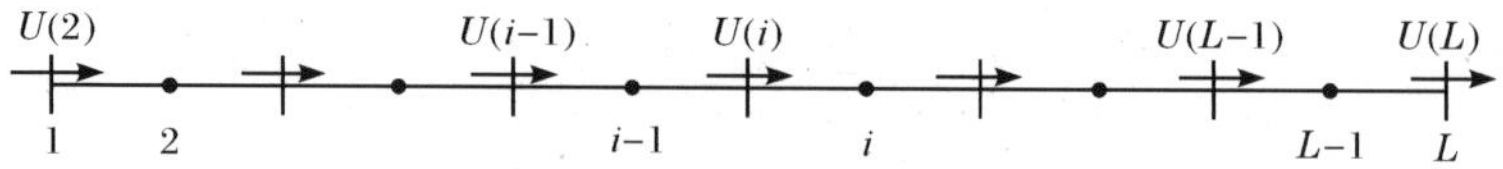

图 7.7　速度节点编号示意图

7.3　压力泊松方程法

将动量方程的矢量式写为

$$\frac{1}{\rho} \nabla P = -\frac{\partial U}{\partial t} - U \cdot \nabla U + \nu \nabla^2 U + B \tag{7.3.1}$$

两边取散度，得

$$\frac{1}{\rho} \nabla^2 P = \nabla \cdot \left(-\frac{\partial U}{\partial t} - U \cdot \nabla U + \nu \nabla^2 U + B \right) \tag{7.3.2}$$

式(7.3.2)为压力泊松方程。方程右边的源项为速度场、速度随时间的变化率和体积力场的函数。如果右端括号里的各项均为已知，则通过数值求解方程(7.3.2)，可得到压力 P 在空间和时间的分布：

$$P = P(x, y, z, t) \tag{7.3.3}$$

但是，在数值求解过程中，通常只知道时刻 t 的速度场 U^n 和体积力场 B^n，需求出时刻 $t+\Delta t$ 的速度场 U^{n+1}，而速度变化率 $\frac{\partial U}{\partial t}$ 恒为未知。因此，形同式(7.3.2)的压力泊松方程不能直接用来求解压力场。有两种方法可将压力泊松方程转化为可供使用的形式。

第一种方法，先将动量方程写为

$$\frac{\partial U}{\partial t} = -\frac{1}{\rho} \nabla P + (-U \cdot \nabla U + \nu \nabla^2 U + B) \tag{7.3.4}$$

将式(7.3.4)从时刻 t 到时刻 $t+\Delta t$ 积分，在 Δt 很小时，可写为

$$U^{n+1} = -\Delta t \frac{1}{\rho} \nabla p^n + \Delta t [(-U \cdot \nabla U + \nu \nabla^2 U + B)^n] + U^n \tag{7.3.5}$$

式中，上标 n 和 $n+1$ 分别表示时刻 t 和时刻 $t+\Delta t$。若令

$$\Gamma^n = \Delta t [(-U \cdot \nabla U + \nu \nabla^2 U + B)^n] + U^n \tag{7.3.6}$$

则式(7.3.5)可简写为

$$\frac{1}{\rho} \nabla P^n = \frac{1}{\Delta t} (\Gamma^n - U^{n+1}) \tag{7.3.7}$$

对式(7.3.7)左右两边取散度，并按照连续方程的要求，U^{n+1} 的散度应为 0，可得

$$\nabla^2 P^n = \frac{\rho}{\Delta t} \nabla \cdot \Gamma^n \tag{7.3.8}$$

式(7.3.8)即为可以利用的压力泊松方程,因为:①方程右端各量均为时刻 t 的已知值,式(7.3.8)可解;②在式(7.3.8)的推导过程中,已令

$$\nabla \cdot U^{n+1} = 0 \tag{7.3.9}$$

所以,由式(7.3.8)解出的时刻 t 的压力 P^n 可保证时刻 $t+\Delta t$ 的流速场满足连续方程。

　　这种求解压力泊松方程(7.3.8)的方法曾应用于著名的 MAC 法和其他许多计算流体算法中。

　　第二种方法,在方程(7.3.4)中令

$$F(U) = -U \cdot \nabla U + \nu \nabla^2 U + B \tag{7.3.10}$$

则动量方程可写为

$$\frac{\partial U}{\partial t} = -\frac{1}{\rho} \nabla P + F(U) \tag{7.3.11}$$

易于证明,$-\dfrac{1}{\rho}\nabla P$ 的旋度为 0,散度不为 0;而 $F(U)$ 的散度为 0,旋度不为 0。可见速度场随时间演化的过程可"分裂"为 $F(U)$ 和 $-\dfrac{1}{\rho}\nabla P$ 分别作用的两个子过程:前一子过程中,$F(U)$ 的作用效应是改变流速场的旋度而不改变其散度;后一子过程中,$-\dfrac{1}{\rho}\nabla P$ 的作用效应是改变流速场的散度而不改变其旋度。这两个子过程分别称为散度自由(divergence-free)过程和旋度自由(curl-free)过程,其相应的项 $F(U)$ 和 $-\dfrac{1}{\rho}\nabla P$ 则分别称为散度自由和旋度自由。

　　先求解散度自由,得出辅助流速(auxiliary velocity)U^{aux}:

$$U^{aux} = U^n + \Delta t \left[F(U) \right]^n \tag{7.3.12}$$

与正确解 U^{n+1} 相比,U^{aux} 具有正确的旋度和不正确的散度。

　　按式(7.3.13)得出 U^{n+1}:

$$U^{n+1} = U^{aux} - \Delta t \frac{1}{\rho} \nabla P \tag{7.3.13}$$

这样得出的解 U^{n+1} 既具有正确的旋度又具有正确的散度。

　　为给出式(7.3.13)中的压力场,对式(7.3.13)左右两边取散度,并结合式(7.3.9),便得出另一种形式的压力泊松方程:

$$\nabla^2 P = \frac{\rho}{\Delta t} \nabla \cdot U^{aux} \tag{7.3.14}$$

　　这种形式的压力泊松方程本质上与式(7.3.8)相类似,其特点在于将动量方程分裂为散度自由和旋度自由两部分,先解出辅助流速 U^{aux},将 U^{aux} 的散度场作为压力泊松方程的源项。该方法的优点是压力泊松方程的源项比较简单,边界条件也更容易处理。

7.4　压力校正法

与求解压力泊松方程的方法一样,压力校正法是目前数值求解 Navier-Stokes 方程的常用方法之一。压力校正法的实质是迭代法。在每一时间步长的运算中先给出压力场的初始预测值,据此求出预测的速度场,再求解根据连续方程导出的压力校正方程,对预测的压力场和速度场进行修正。循环迭代,最终可得出压力场和速度场的收敛解。

图 7.8 表示 x 方向动量方程的控制体积。如果只注意 U 的位置,则这个控制体积并无特别之处。但是相对于主网格点周围的控制体积,U 控制体积在且仅在 x 方向是交错的。这种布置使垂直于 x 方向的交界面通过主网格点 P 和 E 实现了交错网格的一个主要优点:差值$(P_P - P_E)$恰为作用在 U 的控制体积上的压力。

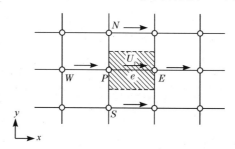

图 7.8　U 的控制体积

为了计算 U 控制体积交界面上的扩散系数和质量通量,可采用第 6 章给出的计算公式进行适当的插值运算。得出的离散方程可写为

$$a_e U_e = \sum a_{nb} U_{nb} + b + (P_P - P_E)A_e \tag{7.4.1}$$

式中,邻点项的个数取决于待解问题的维数,对于图 7.8 所示的二维问题,有 4 个邻点,对于三维问题,则应包含 6 个邻点。邻点系数 a_{nb} 计入了控制体积交界面上的对流和扩散的综合影响。b 的定义方式与式(6.5.10f)或式(6.2.2h)相同,但压力梯度项不包含在源项 S_C 和 S_P 之中。由于要计算压力场,将压力梯度项包含在动量方程的源项之中会带来不便,因此在式(7.4.1)中将压力梯度项独立地写为方程右端的最后一项。$(P_P - P_E)A_e$ 为作用在 U 控制体积上的压力,A_e 为压力差 $(P_P - P_E)$ 的作用面积。对于二维情况,A_e 为 $\Delta y \times 1$;对于三维情况,A_e 为 $\Delta y \Delta z$。

用类似的方法可得出其他方向动量方程的离散方程。图 7.9 表示 y 方向动量方程的控制体积,该控制体积在且仅在 y 方向是交错的。可得出 V_n 离散方程为

$$a_n V_n = \sum a_{nb} V_{nb} + b + (P_P - P_N)A_n \tag{7.4.2}$$

式中, $(P_P - P_N)A_n$ 为对应的压力。

对于三维问题,可写出速度分量 W 的类似的离散方程。

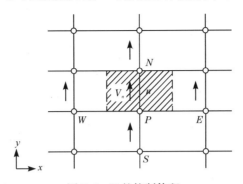

图 7.9　V 的控制体积

只有当压力场为已知或可用某种方法估算出来时,才可求解上列动量方程的离散式。只有采用正确的压力场,由动量方程解得的速度场才满足连续方程。设有预测的压力场 P^*,与之相对应的、不满足连续方程的速度场为 U^*、V^*、W^*。显然,求解下列离散方程组,便可根据 P^* 解出 U^*、V^*、W^*:

$$a_e U_e^* = \sum a_{nb} U_{nb}^* + b + (P_P^* - P_E^*)A_e \tag{7.4.3}$$

$$a_n V_n^* = \sum a_{nb} V_{nb}^* + b + (P_P^* - P_N^*)A_n \tag{7.4.4}$$

$$a_t W_t^* = \sum a_{nb} W_{nb}^* + b + (P_P^* - P_T^*)A_t \tag{7.4.5}$$

在方程(7.4.5)中,t 的位置在节点 P 和 T 之间的 z 方向的网格线上。

压力校正法的目的是寻求一种计算方法,不断地改进预测压力场 P^*,使得与 P^* 相对应的速度场 U^*、V^*、W^* 逐步地越来越满足连续方程。

假设正确的压力场 P 与预测的压力场 P^* 之差为 P':

$$P = P^* + P' \tag{7.4.6}$$

式中,P' 称为压力校正。同样,正确的速度场 U、V、W 与预测的速度场 U^*、V^*、W^* 之差 U'、V'、W' 则称为速度校正:

$$U = U^* + U', \quad V = V^* + V', \quad W = W^* + W' \tag{7.4.7}$$

可以很容易地导出压力校正和相应速度校正之间的关系。例如,将方程(7.4.1)减去方程(7.4.3),可得

$$a_e U_e' = \sum a_{nb} U_{nb}' + (P_P' - P_E')A_e \tag{7.4.8}$$

据此可由压力校正 P' 求出速度校正 U_e'。类似地,可以得出

$$a_n V_n' = \sum a_{nb} V_{nb}' + (P_P' - P_N')A_n \tag{7.4.9}$$

$$a_t W_t' = \sum a_{nb} W_{nb}' + (P_P' - P_T')A_t \tag{7.4.10}$$

为了简化方程(7.4.8)，可略去$\sum a_{nb}U'_{nb}$项，其理由将在7.6节中讨论。于是可得

$$a_e U'_e = (P'_P - P'_E) A_e \tag{7.4.11}$$

令

$$d_e = \frac{A_e}{a_e} \tag{7.4.12}$$

则式(7.4.11)可写为

$$U'_e = d_e(P'_P - P'_E) \tag{7.4.13}$$

式(7.4.13)称为U的速度校正公式。由式(7.4.7)，则U的速度校正公式又可写为

$$U_e = U_e^* + d_e(P'_P - P'_E) \tag{7.4.14}$$

类似地，V和W的速度校正公式为

$$V_n = V_n^* + d_n(P'_P - P'_N) \tag{7.4.15}$$

$$W_t = W_t^* + d_t(P'_P - P'_T) \tag{7.4.16}$$

方程(7.4.14)～方程(7.4.16)表明，如果求出压力校正P'，便可对预测的速度场U^*、V^*、W^*进行相应的速度校正，得到正确的速度场U、V、W。

至此，求解动量方程的问题归结为如何求解压力校正P'的问题。

7.5　压力校正方程 SIMPLE 计算程式

压力校正方程的基础是连续方程。三维连续方程可写为

$$\frac{\partial \rho}{\partial t} + \frac{\partial(\rho U)}{\partial x} + \frac{\partial(\rho V)}{\partial y} + \frac{\partial(\rho W)}{\partial z} = 0 \tag{7.5.1}$$

为了得出压力校正方程，可将式(7.5.1)对图7.10所示的控制体积积分(为方便起见，图中只绘出二维情况)。假定：①P点的密度ρ_P控制着整个控制体积，且密度与压力无关——在水流输运问题中这一假定几乎总是成立的；②位于控制体积交界面上的速度分量U_e、V_n、W_t等，控制着整个交界面上的质量通量；③采用全隐式的概念，认为速度和密度在时刻$t+\Delta t$的值控制着整个时间步长Δt，只有在$\frac{\partial \rho}{\partial t}$项中出现密度在时刻$t$的值$\rho_P - \rho_P^0$。按照这些假定，得出方程(7.5.1)的积分式为

$$\frac{(\rho_P - \rho_P^0)\Delta x \Delta y \Delta z}{\Delta t} + [(\rho U)_e - (\rho U)_w]\Delta y \Delta z + [(\rho V)_n - (\rho V)_s]\Delta z \Delta x$$

$$+ [(\rho W)_t - (\rho W)_b]\Delta x \Delta y = 0 \tag{7.5.2}$$

将式(7.5.2)中的各速度分量代入速度校正公式(7.4.14)～式(7.4.16)，就

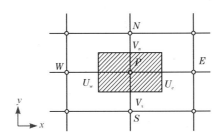

图 7.10　连续方程的控制体积(主控制体积)

得出压力校正 P' 的离散方程:
$$a_P P'_P = a_E P'_E + a_W P'_W + a_N P'_N + a_S P'_S + b \tag{7.5.3}$$
式中
$$a_E = \rho_e d_e \Delta y \Delta z \tag{7.5.4a}$$
$$a_W = \rho_w d_w \Delta y \Delta z \tag{7.5.4b}$$
$$a_N = \rho_n d_n \Delta z \Delta x \tag{7.5.4c}$$
$$a_S = \rho_s d_s \Delta z \Delta x \tag{7.5.4d}$$
$$a_T = \rho_t d_t \Delta x \Delta y \tag{7.5.4e}$$
$$a_B = \rho_b d_b \Delta x \Delta y \tag{7.5.4f}$$
$$a_P = a_E + a_W + a_N + a_S \tag{7.5.4g}$$
$$b = \frac{(\rho_P^0 - \rho_P)\Delta x \Delta y \Delta z}{\Delta t} + \left[(\rho u^*)_w - (\rho u^*)_e\right]\Delta y \Delta z + \left[(\rho V^*)_s - (\rho V^*)_n\right]\Delta z \Delta x$$
$$+ \left[(\rho W^*)_b - (\rho W^*)_t\right]\Delta x \Delta y \tag{7.5.4h}$$

通常只有主网格点的密度值可以利用,因此交界面上的密度,如 ρ_e 等,应采用插值方法求出。无论采用何种插值方法,对于交界面所属的两个控制体积须采用同样的 ρ_e 值,以满足 4.3.2 节中的基本要求 1。

由方程(7.5.4h)可见,压力校正方程中的 b,就是在预测速度场表示的离散连续方程(7.5.2)的左端再加上负号。如果 b 等于 0,就意味着预测速度场与 $(\rho_P^0 - \rho_P)$ 的当前值一起,满足连续方程,不再需要进行压力校正。从这个意义说,b 所代表的正是压力校正和与之联系的速度校正所必须消除的某种"质量源"。

需给出边界上的压力校正值,压力校正方程才能求解。由于压力校正方程是动量方程和连续方程推导得出的,不是基本方程,因此其边界条件也与动量方程的边界条件相关联。

动量方程是 ϕ 的通用方程的特殊情况,对于动量方程可运用前述处理边界条件的一般方法。动量方程的边界条件通常有两类:①已知边界压力(速度未知);②已知沿边界法向的速度分量。若已知边界压力 $\bar{P}$,可在该段边界上令 $P^* = \bar{P}$,

则该段边界上的压力校正 P' 应为 0。这类边界条件类似于热传导问题中的已知温度的边界条件。若已知边界上的法向速度,在设计网格时,最好令控制体积的交界面与边界相一致,如图 7.11 所示,则 U_e 成为已知值。在推导图示控制体积的 P' 方程时,不应用 U_e^* 及其相应的速度校正表示通过边界面的流量,而应采用已知的 U_e 表示通过边界面的流量。这样在该控制体积的压力校正方程中,P_E' 不会出现,或者 a_E 为 0,因而不需要关于 P_E' 的信息。

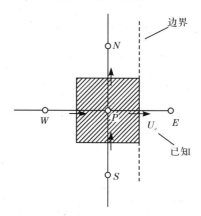

图 7.11　连续方程的边界控制条件

采用压力校正法求解动量方程和连续方程的主要运算步骤如下:

(1) 根据经验给出压力场的初始预测值 P^* 。

(2) 求解动量方程(7.4.3)～方程(7.4.5),得出 U^* 、V^* 、W^* 。

(3) 求解压力校正方程(7.5.3)和方程(7.5.4),得出 P' 。

(4) 由式(7.4.6),P^* 与 P' 相加得 P 。

(5) 用速度校正公式(7.4.14)～式(7.4.16),根据 U^* 、V^* 、W^* 和 P' ,求出 U 、V 和 W 。

(6) 如果有一些 ϕ 值通过流体的性质或源项对流场产生影响,如温度场、浓度场和某些紊动量(如紊动能及其耗散率)的分布与流体的温度场、压力场相互耦合,则应求解 ϕ 的离散方程。如果 ϕ 值对流场不产生影响,则应在得到流场的收敛解之后再求解这些 ϕ 的输运方程。

(7) 将经过校正的压力 P 作为新的预测压力 P^* ,返回步骤(2),重复整个过程,直到得出收敛解。

以上计算程式由 Patankar 等(1972)首先提出,并命名为 SIMPLE 程式,其全名为压力耦合方程组的半隐式方法(semi-implicit method for pressure-linked equations),该方法至今仍是求解 Navier-Stokes 方程的最主要方法之一。

7.6　关于压力校正法的讨论

7.6.1　关于压力校正方程

7.4 节为了得出速度校正方程(7.4.11)，略去了 $\sum a_{nb}U'_{nb}$ 项。这种处理方法不会对最终计算结果产生不利影响。

如果保留类似 $\sum a_{nb}U'_{nb}$ 的项，就必须用邻点的压力校正和速度校正表示这些项。这些邻点转而又引入邻点的邻点。最后，速度校正公式将包含计算区域内所有节点的压力校正，从而将要直接求解动量方程和连续方程的完整方程组，其计算量极大。略去 $\sum a_{nb}U'_{nb}$、$\sum a_{nb}V'_{nb}$、$\sum a_{nb}W'_{nb}$ 等项，即可建立压力校正和速度校正之间的直接联系，利用逐次求解的过程，一次求解一个变量，实现变量之间的解耦。被略去的 $\sum a_{nb}U'_{nb}$ 等项代表压力校正对速度的一种间接的、隐含的影响。略去这一影响，从某种意义上说是采用了半隐格式而不是全隐格式。这正是 SIMPLE 计算程式中的"半隐式"一词的含义。

采用 SIMPLE 计算程式得出的收敛解，其压力场能使速度场 U^*、V^*、W^* 不断改进，最终满足连续方程；略去 $\sum a_{nb}U'_{nb}$ 等项不会导致误差。在迭代运算的最后一步，根据 U^*、V^*、W^* 当前值计算所得的压力校正方程中的质量源项实际上接近于0，否则，迭代将会继续下去。质量源项处处为0，就已经说明得到了正确压力场。因为这时，各节点的 $P'=0$ 是压力校正方程可接受的解，P^* 的当前值就是正确解。当质量源项处处为 0 时，就不需要继续求解压力校正方程，因此，推导压力校正方程过程中的任何近似处理都不会影响已经收敛的解。基于此，可将压力校正方程看成某种过渡的方法，目的是得出收敛的解。压力校正方程可使迭代过程收敛，但不直接影响最终解。收敛的判别标准是质量源项 b 的数值处处足够小。关于压力校正方程还应说明，P' 的离散方程(7.5.3)与热传导方程的离散方程极为相似。在速度校正公式(7.4.13)中，速度校正可视为压力差 $(P'_P - P'_E)$ 引起的质量通量。这表明 P' 方程在任何空间坐标中均表现出双程性质。事实上，压力的影响是双程的，即椭圆型的。在边界层流动中，由于假设压力在垂直于主流方向的变化可以忽略，才得到单程性质。只有在特定的假设条件下，流动才具有单程性。

7.6.2　迭代过程的收敛

虽然压力校正方程的形式不直接影响最终计算结果，但计算过程的收敛速度却依赖于校正方程的具体形式。如果略去的项过多有可能导致迭代过程发散。

为使压力校正方程稳定地趋于收敛，有必要采用欠松弛技术。求解动量方程时，对 U^*、V^*、W^* 施以欠松弛，可令式(5.7.4)中的松弛系数 α 为 0.5。同样，压力 P 也应采用欠松弛：

$$P = P^* + \alpha_P P'　　　　　　　　　　　(7.6.1)$$

式中，α_P 约取为 0.8。计算得到的 P 作为下一次迭代的 P^*。为了得到收敛解，原则上可采用任意方法调节 P^*。这里推荐的松弛系数 $\alpha=0.5$ 和 $\alpha_P=0.8$，在大多情况下可得出收敛解。当然，这并不意味着 $\alpha=0.5$ 和 $\alpha_P=0.8$ 就是最优值，或者对一切问题均可得到收敛解。事实上，最优松弛系数的数值取决于所求解的问题，对于不同的问题，应寻求不同的最优松弛系数，甚至需要采用不同的松弛技术。

在每一次迭代过程中，流速场通过速度校正公式不断得到校正。尽管作为迭代基础的压力校正只是一种近似，但每一次迭代所得的速度场却逐步使离散的连续方程得到满足，计算过程是通过一系列满足连续方程的流速场逐渐逼近至收敛解。SIMPLE 的这一特性具有许多优点。满足连续方程的流速场比 U^*、V^*、W^* 更加合理，以这些比较合理的数值为基础采用欠松弛方法，有利于保持 U^*、V^*、W^* 的合理性。

7.6.3　压力的相对性

考虑恒定状态的水流问题。若所有边界条件均为已知法向速度，则由 7.5 节关于压力校正方程边界条件的讨论可知，由于没有规定边界压力，因此所有的边界系数如 a_E 等都为 0。这样就无法根据 P' 方程求出 P' 的绝对数值，因为 P' 方程的系数满足关系式 $a_P = \sum a_{\mathrm{nb}}$，$P'$ 和 $P'+c$ 均满足 P' 方程，c 为任意常数。

但是，这种情况并不引起实质性的求解难题，对于不可压缩流体的流动，有意义的是压力差而不是压力的绝对数值，因而也不是压力校正的绝对数值。对 P' 的场附加任意常数，并不改变压力差。所以说，压力是相对变量而不是绝对变量。这也是压力以梯度形式出现在动量方程中的本质含义。

既然 P' 的绝对数值并不唯一，计算过程是否收敛取决于求解代数方程组的方法。如果采用迭代法求解代数方程组，通常可以得到收敛解，但其绝对数值取决于初始预测值。如果采用直接法求解代数方程组，则因系数矩阵为奇异矩阵而无法得出解。解决的方法是对某一个控制体积任意指定 P' 的数值，然后对其余的控制体积求解 P' 的方程。因为各个控制体积的连续方程并不构成线性独立的方程组。如果待解问题是适定的，已知的边界速度须满足总体质量守恒要求，所以，某一特定控制体积的连续方程不可能含有其他控制体积的连续方程尚未包含的信息。即使舍去一个控制体积(即被指定 P' 数值的控制体积)，所得出校正后的流速场也应使所有控制体积均满足连续条件。

在很多实际问题中,压力的绝对数值比压力差大得多。如果采用压力绝对数值进行计算,在计算压力差时将产生舍入误差。因此,最好选取某个适当的节点,令该点处 $P=0$,作为参照值,将其他节点的压力作为参照值的相对压力。与此类似,在每一次迭代过程中求解方程前,可令某节点的 $P'=0$ 作为初始预测值,这样可使 P' 的解不会得出很大的绝对数值。

如果某些边界点的压力具有确定的数值或者密度取决于压力,则压力场不再具有相对性,应具有确定的绝对数值。

7.7　改进的 SIMPLE 计算程式

SIMPLE 计算程式曾被广泛应用于理论与实际工程水流输运问题的求解中,取得了大量的成果。但是,为了进一步提高 SIMPLE 的收敛速度,研究者还提出一些改进的计算程式,如修正的 SIMPLE 算法 SIMPLER(SIMPLE revised)以及协调一致的 SIMPLE 算法 SIMPLEC(SIMPLE consistent)。

7.7.1　问题的提出

在推导压力校正 P' 方程时,略去了 $\sum a_{nb}U'_{nb}$ 等项。这种近似处理扩大了压力校正的范围,使得欠松弛技术成为获取收敛解的必要方法。由于在速度校正公式中排除了邻点速度校正的影响,校正速度的任务完全由压力校正承担,因而压力校正成为决定计算成败的关键环节。在大多数情况下,SIMPLE 计算程式中采用的压力校正方程能够很好地对速度进行校正,却不能很好地对压力进行校正。

为了说明这一点,不妨考虑一个极其简单的问题,设有密度为常数的一维流动,已知进口边界的流速。显而易见,此时的流速沿程分布仅受连续条件的约束,所以,第一次迭代结束时获得的满足连续方程的流速,就是最终解。但是,由于 P' 方程是近似方程,第一次迭代所得的压力场却远不是最终解。尽管第一次迭代便已得出了正确的速度场,但为了获得正确的压力场,必须继续进行多次迭代。如果将压力校正方程只用以校正速度,而寻求其他的方法校正压力,就有可能建立更高效的计算程式。这正是 SIMPLER 计算程式的出发点。

7.7.2　压力方程

求解压力场的方程可推导如下。
动量方程(7.4.1)可写为

$$U_e = \frac{\sum a_{nb}U_{nb} + b}{a_e} + d_e(P_P - P_E) \tag{7.7.1}$$

式中,d_e 的定义见式(7.4.12)。定义假拟速度 $\hat{U}_e$ 为

$$\hat{U}_e = \frac{\sum a_{nb} U_{nb} + b}{a_e} \tag{7.7.2}$$

可见,$\hat{U}_e$ 仅由邻点速度 U_{nb} 所构成,不含压力。式(7.7.1)可写为

$$U_e = \hat{U}_e + d_e(P_P - P_E) \tag{7.7.3}$$

类似地有

$$V_e = \hat{V}_e + d_n(P_P - P_N) \tag{7.7.4}$$

$$W_t = \hat{W}_t + d_t(P_P - P_T) \tag{7.7.5}$$

可以看出,方程(7.7.3)~方程(7.7.5)与方程(7.4.14)~方程(7.4.16)相类似,只是 $\hat{U}$、$\hat{V}$、$\hat{W}$ 分别取代了 U^*、V^*、W^*,压力 P 取代了压力校正 P'。因此,与7.5节推导压力校正方程的过程类似,采用含有 $\hat{U}$、$\hat{V}$、$\hat{W}$ 的速度-压力关系式(7.7.3)~式(7.7.5),代替式(7.4.14)~式(7.4.16),便可得出如下的压力方程:

$$a_P P_P = a_E P_E + a_W P_W + a_N P_N + a_S P_S + a_T P_T + a_B P_B + b \tag{7.7.6}$$

式中,a_E、a_W、a_N、a_S、a_T、a_B 和 a_P 的定义与式(7.5.4a)~式(7.5.4g)相同,b 则定义为

$$b = \frac{(\rho_P^0 - \rho_P)\Delta x \Delta y \Delta z}{\Delta t} + [(\rho\hat{U})_w - (\rho\hat{U})_e]\Delta y \Delta z$$
$$+ [(\rho\hat{V})_s - (\rho\hat{V})_n]\Delta z \Delta x + [(\rho\hat{W})_b - (\rho\hat{W})_t]\Delta x \Delta y \tag{7.7.7}$$

值得注意的是,压力方程(7.7.6)与压力校正方程(7.5.3)之间的唯一差别就是 b 的表达式。在压力方程中,b 的表达式采用假拟速度 $\hat{U}$、$\hat{V}$、$\hat{W}$;在压力校正方程中,b 的表达式采用 U^*、V^*、W^*。

虽然压力方程和压力校正方程的形式几乎相同,但是,推导压力方程时未引用近似假定。因此,如果采用正确的速度场计算假拟速度,则由压力方程可得出正确的压力。这是压力方程和压力校正方程的实质区别。

7.7.3　SIMPLER 计算程式

SIMPLER 计算程式主要由两部分组成:①求解压力方程得出压力场;②求解压力校正方程以校正速度。计算步骤如下:

(1) 对速度场赋以初始预测值。

(2) 计算动量方程的系数,再根据类似于式(7.7.2)的方程,代入邻点速度 U_{nb} 的数值,计算 U^*、V^*、W^*。

(3) 计算压力方程(7.7.6)的系数,解此方程得出压力场。

（4）把求得的压力场作为 P^*，求解动量方程得出 U^*、V^*、W^*。

（5）按式(7.5.4h)计算质量源 b，再求解压力校正方程(7.5.3)，得到压力校正 P'。

（6）用方程(7.4.14)～方程(7.4.16)校正速度场，但是不校正压力。

（7）如有必要，求解其他的离散方程。

（8）返回步骤(2)，重复计算直到收敛。

关于 SIMPLER 计算程式的讨论如下：

（1）对于一维问题，SIMPLER 计算程式可给出收敛解。由于压力校正方程能形成合理的速度场，而压力方程能根据已知的速度场准确、直接地得出相应的压力场，因此 SIMPLER 计算程式可以更快地收敛于最终解。

（2）在 SIMPLE 计算程式中，压力场的初始预测值起重要作用，用 SIMPLER 计算程式则由估算出的速度场得出压力场，无需压力场的初始预测值。

（3）如果已知的速度场恰是正确的速度场，那么，SIMPLER 计算程式中的压力方程可得出正确的压力场，无需进一步迭代运算。与此相反，如果采用同样正确的速度场和某个预测的压力场开始 SIMPLE 计算程式，则收敛过程将趋于困难。因为根据预测的压力场将得出不同于已知正确速度场的 U^*、V^*、W^*，第一次迭代结束时得出的是不正确的速度场和不正确的压力场。因为压力校正方程中的近似处理，虽然计算一开始已有正确的速度场，但仍要进行多次迭代才能达到收敛。

（4）由于压力方程和压力校正方程极为相似，因此 7.5 节关于压力校正方程边界条件和 7.6 节关于压力相对性的讨论同样适用于压力方程。

（5）SIMPLER 比 SIMPLE 收敛更快，但 SIMPLER 的一次迭代过程比 SIMPLE 包含更多的运算。因为除去求解 SIMPLER 计算程式中必须求解的方程之外，SIMPLER 计算程式还需求解压力方程，计算 $\hat{U}$、$\hat{V}$、$\hat{W}$，SIMPLE 计算程式则无此类运算。由于 SIMPLER 计算程式达到收敛所需的迭代次数较少，其收敛速度仍比 SIMPLE 计算程式快。

7.7.4　SIMPLEC 计算程式

SIMPLEC 计算程式是 SIMPLE 计算程式的另一种改进程式，其目标是改进 SIMPLE 计算程式中起关键作用的、使运算过程明显简化的速度校正公式(7.4.14)～式(7.4.16)。在推导速度校正公式的过程中仍采用式(7.4.8)～式(7.4.10)，其左右两端分别同时减去 $\sum a_{nb} U_e'$、$\sum a_{nb} V_n'$ 和 $\sum a_{nb} W_t'$ 可得

$$(a_e - \sum a_{nb}) U_e' = \sum a_{nb}(U_{nb}' - U_e') + (P_P' - P_E') A_e \tag{7.7.8a}$$

$$(a_n - \sum a_{nb}) V_n' = \sum a_{nb}(V_{nb}' - V_n') + (P_P' - P_N') A_n \tag{7.7.8b}$$

$$\left(a_t - \sum a_{\mathrm{nb}}\right)W_t' = \sum a_{\mathrm{nb}}(W_{\mathrm{nb}}' - W_t') + (P_P' - P_T')A_t \qquad (7.7.8\mathrm{c})$$

设

$$\sum a_{\mathrm{nb}}(U_{\mathrm{nb}}' - U_e') \approx 0 \qquad (7.7.9\mathrm{a})$$

$$\sum a_{\mathrm{nb}}(V_{\mathrm{nb}}' - V_n') \approx 0 \qquad (7.7.9\mathrm{b})$$

$$\sum a_{\mathrm{nb}}(W_{\mathrm{nb}}' - W_t') \approx 0 \qquad (7.7.9\mathrm{c})$$

则有

$$U_e' = \frac{A_e}{a_e - \sum a_{\mathrm{nb}}}(P_P' - P_E') \qquad (7.7.10\mathrm{a})$$

$$V_n' = \frac{A_n}{a_n - \sum a_{\mathrm{nb}}}(P_P' - P_N') \qquad (7.7.10\mathrm{b})$$

$$W_t' = \frac{A_t}{a_t - \sum a_{\mathrm{nb}}}(P_P' - P_T') \qquad (7.7.10\mathrm{c})$$

注意到式(7.4.7),便得到

$$U_e = U_e^* + \frac{A_e}{a_e - \sum a_{\mathrm{nb}}}(P_P' - P_E') \qquad (7.7.11\mathrm{a})$$

$$V_n = V_n^* + \frac{A_n}{a_n - \sum a_{\mathrm{nb}}}(P_P' - P_N') \qquad (7.7.11\mathrm{b})$$

$$W_t = W_t^* + \frac{A_t}{a_t - \sum a_{\mathrm{nb}}}(P_P' - P_T') \qquad (7.7.11\mathrm{c})$$

在 SIMPLE 计算程式中用式(7.7.11)取代式(7.4.14)～式(7.4.16)作为速度校正公式,不改变其他计算过程,便构成 SIMPLEC 计算程式。

式(7.7.11)中的 $\sum a_{\mathrm{nb}}$ 计算了相邻节点的影响,作为速度校正公式应比式(7.4.14)～式(7.4.16)更加合理,因为式(7.7.9)的假设比略去 $\sum a_{\mathrm{nb}}U_e'$ 等项更加合理:在正系数前提下,前者假设相邻节点的速度校正与中心节点的速度校正大致相等;后者则假设相邻节点的速度校正都为 0。采用式(7.7.11)作为速度校正公式需计算相邻节点的系数和,虽然增加了计算量,但其良好的收敛性可保证 SIMPLEC 计算程式减少迭代次数。

第8章　基于非结构化网格的有限体积法

8.1　非结构化网格生成原理和技术

8.1.1　非结构化网格

网格生成是水流及其输运问题数值模拟计算首先必须解决的问题。第5章～第7章所述有限体积法适用于规则的正交网格系统,也称为结构化的网格系统,如四边形或六面体网格,且要求空间网格线(面)两两正交。由于实际工程中所遇到的水流及其输运问题,大部分发生在复杂区域内,这些区域具有复杂的边界形状,在用结构化网格方法来处理时,往往难以用结构化网格线或面贴合其边界复杂的形状,只能以阶梯近似的网格来拟合边界。

非结构化网格表现出一种不规则、无固定结构的特点,使该网格对不规则区域具有十分灵活的适应能力,首先被应用于有限元方法中。该方法于20世纪80年代被引入有限体积法中,使有限体积法与有限元法之间的差别缩小了,在某些情形下两者是等价的。

目前,越来越多的工程紊流计算采用非结构化网格。这是因为非结构化网格具有如下优越性:①突破了结构化网格节点的限制,节点和单元可任意分布,能较好地适应具有复杂外形的边界,具有优越的几何灵活性;②其随机的数据结构有利于网格的自适应,可在计算过程中调整网格结构,提高计算精度。

8.1.2　非结构化网格生成方法概述

非结构化网格系统中节点的编号无特定规则,且每一个节点的邻点个数也不是固定不变的。与结构化网格中节点排列有序、每个节点与邻点的关系固定不变这种结构严密的情况相比,非结构化网格表现出一种不规则、无固定结构的特点。在这种网格中除了每一单元及其节点的几何信息必须存储外,与该单元相邻的单元编号也须作为连接关系信息存储起来,这使非结构化网格的存储信息量比较大。

生成非结构化网格的方法主要有前沿推进法、Delaunay三角化等方法。

前沿推进法从边界上网格点所形成的一系列线段(前沿)出发,逐一与区域内部的点形成三角形,所形成三角形的新的边成为前沿的行列,而生成该三角形的

"出发"的边则从前沿行列消去,如此不断向区域内部推进,直到前沿的行列为空,所生成的三角形覆盖全域。

Delaunay 三角化方法严格建立在计算几何的基础之上,它对不规则几何形状的适应性极强,是应用最广泛的网格生成方法,本章将对该方法进行详细介绍。

将结构化与非结构化网格的特点结合起来,对某些区域采用混合网格剖分也是近年来网格生成技术中的一种常见做法。

8.1.3　非结构化网格特点

在二维区域的非结构化网格中,所采用的单元大部分为三角形。非结构化网格中由于节点与其邻点的关系不固定,因此这种连接信息必须对每一个节点显式地确定下来并加以存储,而在结构化网格中这种连接关系是固有地隐含着的。非结构化网格中这种连接关系是全区域内一致的,只要设计一种数据结构就可以用来描述整个计算区域中每一个节点的这种联系。非结构化网格的这一特点便于网格的自动生成、自适应处理及并行计算的实施。

8.1.4　非结构化网格节点布置

有限体积法中建立离散方程的方法是对每一个节点所代表的控制体积进行积分。在结构化网格中,根据节点在剖分求解区域时所形成单元位置的不同,分为外节点法与内节点法。同样与结构化网格中区域离散的外节点法和内节点法相对应,在非结构化网格中有基于单元顶点的格式和基于单元中心的格式,分别称为单元顶点法及单元中心法。采用结构化网格时,求解区域一般比较规则,因而采用外节点法时先确定节点位置,再确定界面位置,而采用内节点法时先确定控制体积的界面位置,再确定节点,因而有"先节点后界面"及"先界面后节点"的说法。在采用非结构化网格时,求解区域一般都比较复杂,不论节点位置设置方法如何,都要把求解区域剖分成许多互不重叠的单元。对于二维问题,以三角形单元为例,单元顶点法以每个单元的 3 个顶点作为节点,而单元中心法则以三角形的中心作为节点。在单元顶点法中,每一个节点的控制体积由共享这一顶点的若干个三角形的顶角部分所组成,如图 8.1(a)所示,图中阴影部分即为 P_0 点的控制体积,P_0 的邻点为 $P_1 \sim P_6$。单元中心法取每个单元的中心为节点,因而该单元就是该节点所代表的控制体积,如图 8.1(b)所示。此时作为节点 P_0 的邻点只有 $P_1 \sim P_3$ 3 个。由此可见,对相同的单元数,采用单元顶点法时,节点个数少于单元数,每个节点所包含的邻点数较多。采用单元中心法时,节点数在不计边界节点时等于单元数,每个节点方程涉及的邻点数较少。在生成网格时应对节点位置进行选择,以生成必要的有关控制体积的信息以及每一节点的连接关系信息。就区域剖分的角度而言,两种节点的布置方法对剖分过程没有影响,但如果联系到剖分后离散方程的建立与求解,两种节点的布置方法所需的连接信息就会有所不同。一般地,单元顶点法的计算结果对网格分布的敏感程度较小,因为每个节点的离散方程中包括了比较多的邻点影响。而单元中心法的求解计算程序比较简单,但计算结果对网格分布的敏感程度较大。

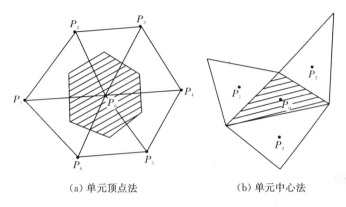

(a) 单元顶点法   (b) 单元中心法

图 8.1 非结构网格节点布置示意图

关于两种节点布置在处理方法上的区别主要有以下几点:

(1) 边界节点位置不同。单元顶点法中位于边界上的三角形顶点即为计算节点,因此,易于处理第一类边界条件(图 8.2),而单元中心法中边界节点取在与边界相交的这一条边的中点上(图 8.3),对于实施第二类边界条件比较方便。

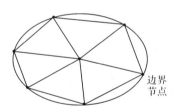
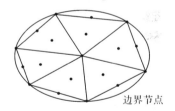

图 8.2 单元顶点法的边界节点   图 8.3 单元中心法的边界节点

(2) 方程个数及邻点数目不同。对于相同的网格,当采用单元中心法时,内部节点的个数与三角形单元数相同,但每一个节点只有 3 个邻点,如图 8.1(b) 所示;而采用单元顶点法时,区域内部节点的个数小于三角形的个数,如图 8.1(a) 所示,6 个三角形只有 1 个内部节点,但对每个顶点建立的离散方程中其邻点的个数则要大于单元中心法。因而,对同一组三角形单元网格,采用单元中心法与单元顶点法时所形成离散方程的个数会相差很大。

(3) 数值特性方面的差别。生成非结构网格时,一般是先给定求解区域边界上网格点的位置,然后不断地向区域内部加点并与已有的邻点之间组成三角形,直到所形成的三角形网格覆盖整个求解区域。网格生成后,必须输出的信息至少包括边界网格点的个数、插入到计算区域内的网格点的个数、三角形的个数及编号、所有网格点的编号及其坐标值、每个三角形 3 个顶点的编号。如果采用单元顶点法,网格点就是计算用的节点;如果采用单元中心法,则网格点仅为三角形的顶点,节点的位置须由 3 个顶点的坐标计算而得。以上述信息为基础,就可形成连接信息:与每个三角形相邻的三角形(即共享一条边的另一个三角形)的编号或共享一个顶点的各三角形的编号。

8.2　Delaunay 三角形网格生成方法

Delaunay 三角化方法基于计算几何学的严密规则对不规则几何形状的适应性极强,已成为生成非结构化网格的一种主要方法,是目前广泛采用的非结构化网格生成方法。

8.2.1　Delaunay 三角化方法

Delaunay 三角化方法将平面上一组给定的点连接成具有以下特点的三角形:

(1) 所形成的三角形互不重叠。

(2) 所形成的三角形可以覆盖整个计算区域。

(3) 每一个点均不位于不包含该点的三角形的外接圆内。

用 Delaunay 三角化方法所连接成的三角形中的最小角对给定的这一组点是各种连接方案中的最大者,此准则称为最大最小角准则。这就意味着,对给定的一组点,用这种方法生成的三角形的边长均匀性是最好的。在生成三角形网格时,若各个三角形都尽可能地接近正三角形,那么就可以减少离散过程中由网格不均匀而引起的计算误差。

Delaunay 三角化方法来源于如下思想:当在平面上给定一个点集时,则能把此平面分成互不重叠的 Dirichlet 网格,网格内的任意一点到此点集中的一点比点集中的其他点都近,用公式表示为

$$\{V_i\} = \{P: \parallel P-P_i \parallel < \parallel P-P_j \parallel, j \neq i\} \tag{8.2.1}$$

网格所围区域为 Voronoi 区域,当把相邻 Voronoi 区域节点相连时,则形成 Delaunay 三角形。如图 8.4 所示,P_1、P_2、P_3、P_4 为给定点集,划分整个平面为 4 个 Voronoi 区域,即 $\Phi_1 V_2 \Phi_3$、$\Phi_1 V_2 V_1 \Phi_2$、$\Phi_2 V_1 \Phi_4$、$\Phi_4 V_1 V_2 \Phi_3$,形成了 $\triangle P_1 P_3 P_2$ 及 $\triangle P_1 P_3 P_4$ 两个三角形。Voronoi 图与 Delaunay 三角形的关系是:构成每个多边形的任一边一定是位于该边两侧一对点连线的中垂线。从式(8.2.1)也可得到:V_1 和 V_2 分别为 $\triangle P_1 P_3 P_2$ 及 $\triangle P_1 P_3 P_4$ 的外接圆圆心,$\Phi_i V_j (i=1,2,3,4, j=1, 2)$ 为垂直平分线。

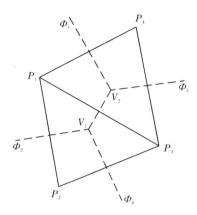

图 8.4　Delaunay 三角形

　　给定一个点集,即可实现 Delaunay 划分。对于点集中任何一个未被连接的点,也可根据上述原理实现新点的加入。加点过程如图 8.5(a)所示,设新加点为 P,寻找外接圆包含 P 点的三角形,图中找到△123 和△134 两个三角形,以及这两个三角形形成的公共边 1-3,去掉公共边即形成图 8.5(b)所示 P 点空腔,再连接空腔各顶点与 P 点,则得到新的包含 P 点的三角形网格,如图 8.5(c)所示,实现了新点的加入。此方法即为 Delaunay 三角形划分法,或简称为 Delaunay 三角化法。

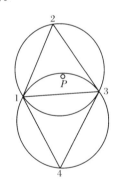 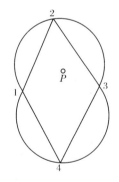 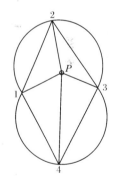

(a) 寻找外接圆包含 P 点的三角形　　　(b) 去掉公共边形成空腔　　　(c) 连接空腔各顶点与 P 点

图 8.5　新加点示意图

8.2.2　初始化三角形

　　在进行流动与传热传质问题数值计算时,对求解区域进行离散化之前,需根据物理问题的需要对求解区域边界上的节点布置进行选择,这种选择包括边界上网格疏密的要求,然后应用网格生成方法将求解区域剖分为许多单元。其中的关键是这些单元的顶点位置如何设定。Delaunay 三角化方法只是在给定一组点的条件下将它们连接成三角形的方法,该方法本身并未说明如何向求解区域内加点。因而应用 Delaunay 三角化方法生成网格时需要解决的首要问题是:如何自动地向求解区域内加点,使生成的网格能满足要求。其次,按 Delaunay 三角化方法连成的网格,三角形的边可能与求解区域的边界不匹配,也就是求解区域的边界可能并不是 Delaunay 三角形的边,这就是边界匹配问题。这两个问题是自动生成 Delaunay 三角形的主要难点所在。

解决边界匹配问题的方法可用初始化三角形方法解决。该方法的基本思想是:对于一般求解区域,给定求解区域边界点后,将边界上的给定点作为一组初始 Delaunay 三角形的顶点,按照上述加点过程,逐点加入该区域,每加入一点完成一次划分,所有边界点全部加入后,可形成一组很粗的但满足 Delaunay 三角形要求的、以求解区域为边界的网格,使得初始化三角形的边界即为求解区域的边界。

以图 8.6 所示的求解区域为例,边界上五个点 1~5 的位置已设定,其初始化 Delaunay 三角形的形成过程如下:

(1) 包围该求解区域的各边界点作一个辅助正方形及两个三角形:△7910、△789,显然,此两个三角形为 Delaunay 三角形,如图 8.6(a)所示。

(2) 首先考虑节点 1,它位于△7910 及△789 的外接圆内。

(3) 消去 79 线,连接点 1 与四个顶点,如图 8.6(b)所示。

(4) 考虑节点 2,它位于△178 及△189 的外接圆内,如图 8.6(b)所示。

(5) 消去 18 线,连接 2 与四个顶点,如图 8.6(c)所示。

(6) 采用同样方法考虑点 3、4、5、6,如图 8.6(d)、(e)、(f)所示,最后形成如图 8.6(g)所示的情形。

(7) 将所有重心不在求解区域内的三角形删去,于是就形成如图 8.6(h)中△126、△236、△156 等所示的初始化 Delaunay 三角形。

按照上述过程形成的初始化三角形解决了边界匹配问题。形成了与边界匹配的初始化三角形后,进一步需要考虑求解区域内自动加点的问题。

8.2.3　Delaunay 三角化方法的实施

形成初始化三角形后,向初始化的 Delaunay 三角形内加点是生成非结构化网格的关键步骤。加点过程能自动进行,内点的生成能将边界上设定的网格点疏密程度光滑地传递到求解区域内部,并能方便地控制区域内某点或某条线附近网格的疏密。

按照上述要求,引入长度标尺及三角形外接圆无量纲半径两个参数。

1) 长度标尺

长度标尺是赋予网格点的一个几何参数。边界上网格点的长度标尺定义为

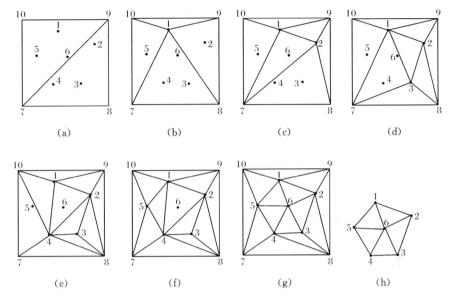

图 8.6　初始化三角形生成过程

该点到边界上相邻两网格点距离平均值的 $\sqrt{3}/2$ 倍；所有内部网格点的长度标尺则采用下列倒数原则由边界上网格点的长度标尺插值而得：设 Q 点是要插入的一点，如图 8.7 所示，则其长度标尺为

$$L(Q) = \frac{\dfrac{L(1)}{l_1} + \dfrac{L(2)}{l_2} + \dfrac{L(3)}{l_3}}{\dfrac{1}{l_1} + \dfrac{1}{l_2} + \dfrac{1}{l_3}}\qquad(8.2.2)$$

式中，$L(1)$、$L(2)$、$L(3)$ 为边界网格点的长度标尺；l_1、l_2、l_3 为 Q 点到三顶点的距离。

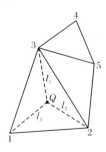

图 8.7　内部节点长度标尺的确定

从边界上网格点长度标尺的定义可知，长度标尺的大小代表了边界上网格疏

密的程度。按照物理问题本身的要求对边界上网格点进行设置以后,也就是确定了各网格点的长度标尺。网格点稠密的区域长度标尺小,而稀疏处则长度标尺大。采用倒数插值的原则,使边界上给定的这种疏密程度光滑地传递到区域内部,越靠近边界的区域这种影响将越明显,而随着离开边界距离的增加这种影响将逐渐削弱。

2) 三角形外接圆无量纲半径

设任意一个 Delaunay 三角形为△k,其外接圆半径为 $r(k)$,外接圆圆心的长度标尺为 $L(k)$,则其外接圆无量纲半径 $R(k)$ 定义为

$$R(k) = \frac{r(k)}{L(k)} \tag{8.2.3}$$

按三角形外接圆无量纲半径的定义,正三角形 $R(k)=2/3<1$,而对于任意一个求解区域内的初始化 Delaunay 三角形,由于边界上网格点的疏密是按要求给定的,因而其长度标尺必然相当小,这样对任意一个内点,其长度标尺 $L(k)$ 也必然相当小,而初始化三角形由于所有顶点均在边界上,其外接圆半径 $r(k)$ 可能相当大,这样可导致 $R(k)\gg1$。引入指标 $R(k)$ 后提供这样的信息:①一个三角形偏离正三角形的严重程度,$R(k)$ 越大,偏离越严重;②比较两个三角形偏离正三角形的相对程度,显然 $R(k)$ 越大的三角形偏离相对越严重一些。

这样为自动生成内点提供了依据:首先应当往 $R(k)$ 最大的那个 Delaunay 三角形中加入一个内点,以改进该处网格的质量。因而 $R(k)$ 是判断已形成的三角形形状与相对大小的一个参数,内点应插入 $R(k)$ 最大的三角形中。

引入上述两个参数以后,区域内自动加点就成为可能。向求解区域自动加点的步骤如下:

(1) 应用倒数原则,计算所有已生成的 Delaunay 三角形的外接圆圆心的长度标尺 $L(k)$ 及半径 $r(k)$。

(2) 计算所有三角形的外接圆无量纲半径 $R(k)$。

(3) 对所有现存三角形按 $R(k)$ 大小降序排列,最大的 $R(k)$ 在序列的顶部。

(4) 对位于该序列顶部的三角形,向其外接圆圆心处增加一个新的内点 Q。

(5) 利用 Delaunay 三角化方法,连接 Q 与相关的网格点,生成一组新的 Delaunay 三角形。

(6) 对新的一组 Delaunay 三角形,按其外接圆无量纲半径大小重新排序,最大的 $R(k)$ 在序列的顶部。

(7) 如果三角形 $R(k)$ 序列中 $\max[R(k)]$ 大于设定值,则返回步骤(4),重复上述加点工作,直到满足 $R(k)$ 小于设定值的要求,加点过程停止进行。

按照上述加点步骤编制程序,给定边界点位置和坐标作为输入数据文件,就可自动生成非结构化三角网格。

8.3 同位网格上控制方程的离散与求解

非结构化网格良好的边界适应性具有广泛的前景。由于非结构网格上无法采用交错网格的各种离散算法,因此,在非结构化网格上 Navier-Stokes 方程求解过程中,如何实现 SIMPLE 计算程式,即如何解决压力与速度解耦的问题就成为最关键的技术难题。

8.3.1 结构化同位网格上动量方程的离散

交错网格由于将计算速度分量的网格系统与其他变量的网格系统错开,无形中增加了多组网格系统[图 8.8(a)],各速度分量定位的信息也需存储在计算机程序中,同时还需要进行一些比较烦琐的插值运算,使得程序的编制变得更加复杂。因此学术界开始探索能否在同一组网格上利用交错网格的优点来完成流场的计算。20 世纪 80 年代初,出现了各个变量和物性参数均置于同一组网格上的做法,称为同位网格,如图 8.8(b)所示,以区别于简单地把各种变量置于同一组网格上而引起不合理压力场的那种非交错网格。

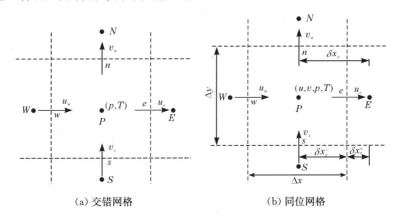

(a) 交错网格　　　　　　　(b) 同位网格

图 8.8　网格形式

在同一组网格上设置各种变量时,采用控制体积积分法来导出各变量的离散方程,压力与速度之间的失耦问题仍然存在。正是这种失耦现象导致动量离散方程无法检测出不合理的压力场,从而可能使数值计算得出物理上不合理的压力场。为了克服失耦现象,利用交错网格的优点,将与计算速度有关的相邻两点间的压力差引入控制方程的求解过程中。目前文献中应用较广的方法是采用动量插值方法。

在同位网格系统下,以二维直角坐标系中稳态流场的求解为例来分析,此时

动量守恒与质量守恒方程为

$$\frac{\partial(\rho u_f u)}{\partial x} + \frac{\partial(\rho v_f u)}{\partial y} = -\frac{\partial p}{\partial x} + \frac{\partial}{\partial x}\left(\mu\,\frac{\partial u}{\partial x}\right) + \frac{\partial}{\partial y}\left(\mu\,\frac{\partial u}{\partial y}\right) + B_x$$

$$\frac{\partial(\rho u_f v)}{\partial x} + \frac{\partial(\rho v_f v)}{\partial y} = -\frac{\partial p}{\partial y} + \frac{\partial}{\partial x}\left(\mu\,\frac{\partial v}{\partial x}\right) + \frac{\partial}{\partial y}\left(\mu\,\frac{\partial v}{\partial y}\right) + B_y \qquad (8.3.1)$$

$$\frac{\partial\rho u_f}{\partial x} + \frac{\partial\rho v_f}{\partial y} = 0$$

式中，u、v 为求解的节点流速；u_f、v_f 为控制体积界面上的流速。

采用有限体积法对总控制体积进行积分后，界面上的流速 u_f、v_f 取界面上的值 u_e、u_w 及 v_n、v_s，而被求解的流速 u、v 则取节点上的值 u_P、v_P 及邻点 E、W、N 和 S 上的值。将式(8.3.1)对图 8.8(b)控制体积 P 进行积分，得

$$a_P u_P = \sum a_{nb} u_{nb} + b - \Delta y(p_e - p_w) \qquad (8.3.2a)$$

$$a_P v_P = \sum a_{nb} v_{nb} + b - \Delta x(p_n - p_s) \qquad (8.3.2b)$$

$$[(\rho u)_e - (\rho u)_w]\Delta y + [(\rho v)_n - (\rho v)_s]\Delta x = 0 \qquad (8.3.2c)$$

在式(8.3.2a)、式(8.3.2b)中，界面上的压力 p_e 等由节点压力采用线性插值求出。同位网格的使用使得在计算界面流速时引入相邻两点的压力差。因此，先对节点 P、E 给出流速 u 的离散方程：

$$u_P = \left[\frac{\sum a_{nb} u_{nb} + b}{a_P}\right]_P + \left(\frac{\Delta y}{a_P}\right)_P (p_w - p_e)_P = \hat{u}_P + \left(\frac{\Delta y}{a_P}\right)_P (p_w - p_e)_P$$

$$u_E = \left[\frac{\sum a_{nb} u_{nb} + b}{a_P}\right]_E + \left(\frac{\Delta y}{a_P}\right)_E (p_w - p_e)_E = \hat{u}_E + \left(\frac{\Delta y}{a_P}\right)_E (p_w - p_e)_E$$

$$(8.3.3)$$

式中，P、E 为所计算流速的位置；$\hat{u}_P$ 和 $\hat{u}_E$ 具有速度的量纲，称为假拟速度。按照式(8.3.3)，可得

$$u_e = \hat{u}_e + \left(\frac{\Delta y}{a_P}\right)_e (p_P - p_E)$$

$$v_n = \hat{v}_n + \left(\frac{\Delta x}{a_P}\right)_n (p_P - p_N)$$

$$(8.3.4)$$

式中，界面的假拟速度 $\hat{u}_e$、$\hat{v}_n$ 及 $\left(\frac{\Delta y}{a_P}\right)_e$、$\left(\frac{\Delta x}{a_P}\right)_n$ 的值由相邻节点上动量方程中相应值的线性插值确定。参见图 8.8(b)中的符号，有

$$\hat{u}_e = \hat{u}_P \frac{\delta x_e^+}{\delta x_e} + \hat{u}_E \frac{\delta x_e^-}{\delta x_e} \qquad (8.3.5a)$$

$$\left(\frac{\Delta y}{a_P}\right)_e = \left(\frac{\Delta y}{a_P}\right)_P \frac{\delta x_e^+}{\delta x_e} + \left(\frac{\Delta y}{a_P}\right)_E \frac{\delta x_e^-}{\delta x_e} \qquad (8.3.5b)$$

$\hat{v}_n$ 和 $\left(\dfrac{\Delta x}{a_P}\right)_n$ 也可由式(8.3.5)类似求出。式(8.3.5a)、式(8.3.5b)所示的插值称为动量插值。由式(8.3.4)可得界面上流速校正值与压力校正值之间的关系：

$$u'_e = \hat{u}'_e + \bar{d}_e(p'_P - p'_E)$$
$$u'_w = \hat{u}'_w + \bar{d}_w(p'_W - p'_P)$$
$$v'_n = \hat{v}'_n + \bar{d}_n(p'_P - p'_N)$$
$$v'_s = \hat{v}'_s + \bar{d}_s(p'_S - p'_P)$$

(8.3.6)

式中，$\bar{d}_e$ 即为按式(8.3.5b)计算的 $\left(\dfrac{\Delta y}{a_P}\right)_e$，$\bar{d}_w$ 等依此类推。

与交错网格中 SIMPLE 算法类似，略去邻点的影响（假拟速度实际上就代表了邻点的影响），得

$$u'_e = \bar{d}_e(p'_P - p'_E)$$
$$u'_w = \bar{d}_w(p'_W - p'_P)$$
$$v'_n = \bar{d}_n(p'_P - p'_N)$$
$$v'_s = \bar{d}_s(p'_S - p'_P)$$

(8.3.7)

将上述速度校正值与根据 p^* 计算出的 u^*、v^* 插值而得的 u_e^*、v_n^* 相加，得

$$u_e = u_e^* + u'_e$$
$$u_w = u_w^* + u'_w$$
$$v_n = v_n^* + v'_n$$
$$v_s = v_s^* + v'_s$$

(8.3.8)

校正后的界面流速能满足连续性方程，将其代入式(8.3.2c)，并引入式(8.3.7)，即可得压力校正值方程。该方程的形式及系数、源项的计算式与交错网格上的 SIMPLE 算法完全相同。

综上所述，同位网格上 SIMPLE 算法步骤如下：

（1）根据上一层次计算得出的界面流速 u_f^0、v_f^0，确定动量离散方程系数。

（2）根据上一层次获得的压力 p^*，求解动量方程，得 u^*、v^*。

（3）由式(8.3.4)计算界面流速 u_e^*、v_n^*，从而计算压力校正值方程中的源项。

（4）确定压力校正值方程的系数。

（5）求解 p' 方程。

（6）按式(8.3.7)计算界面速度校正值 u'_f、v'_f；由式(8.3.3)计算 u'_P、v'_E 等，计算时界面上的压力校正值由线性插值确定。

（7）重复步骤(1)~步骤(6)，直到迭代收敛。

分析上述同位网格上的 SIMPLE 计算程式可见,只要在流场求解过程的某一环节中能引入与所计算流速有关的相邻两点间的压力差,则速度与压力耦连的问题便可解决,无论该压力差是在哪一步计算或是以什么方式引入的。

8.3.2 非结构化同位网格上对流-扩散方程的离散

在非结构化同位网格上求解 Navier-Stokes 方程与在结构化同位网格上求解 Navier-Stokes 方程的步骤原则上是一致的,同样也可以采用 SIMPLE 计算程式来解决压力与速度间的耦合问题。但由于非结构化网格节点以及邻点关系的任意性,在控制方程的离散和速度与压力耦合关系的处理方面都有一系列新的特点(陶文铨,2001)。

本节以通用方程为例来介绍该问题的处理方法。水流和输运现象的通用微分方程的一般形式为

$$\frac{\partial}{\partial t}(\rho\phi) + \mathrm{div}(\rho u\phi) - \mathrm{div}(\Gamma_\phi \mathrm{grad}\phi) = S_\phi \qquad (8.3.9)$$

式中,ϕ 为通用变量;u 为速度矢量;Γ_ϕ 为广义扩散系数;S_ϕ 为广义源项。

为了便于分析和保证方程离散的普遍性,先讨论对流-扩散方程的离散问题。

对于任意形状的控制体积,稳态对流-扩散方程的积分形式如下:

$$\int_A (\rho u\phi - \Gamma_\phi \nabla\phi) \cdot \mathrm{d}A = \int_{V_{P_0}} S_\phi \mathrm{d}V \qquad (8.3.10)$$

以单元中心 P_0 为节点,将式(8.3.10)对图 8.9 所示的控制体积 V_{P_0} 进行积分,所有求解变量置于同一组网格节点上,则式(8.3.10)的积分形式为

$$\sum_{j=1}^N \int_{A_j} (\rho u\phi - \Gamma_\phi \nabla\phi) \cdot \mathrm{d}A = \int_{V_{P_0}} S_\phi \mathrm{d}V \qquad (8.3.11)$$

式中,P_0 为单元中心;V 为控制体积的体积;A 为控制体积的表面积;A_j 为控制体积界面的面积矢量,其正向与外法线单位矢量一致;符号"·"表示两矢量的内积;j 为控制体积界面;N 为控制体积的界面数;u 为速度矢量。需要说明的,为表述方便,以下所有公式都是对速度矢量而言的,实际计算时,需分别针对直角坐标的三个分量一一进行。

由式(8.3.11)可见,为了获得节点 P_0 处变量 ϕ 的代数方程,关键是如何将界面上的对流项与扩散项的积分结果表示成 P_0 及与 P_0 相邻节点上的 ϕ 值。

1. 对流项的离散

设控制体积界面 j 上的对流通量为 C_j,则有

$$C_j = \int_{A_j} \rho u\phi \cdot \mathrm{d}A \approx (\rho u\phi)_j \cdot A_j = F_j\phi_j \qquad (8.3.12)$$

式中,j 为该矢量取值的界面位置;F_j 为流出 j 界面的质量流量;ϕ_j 为 j 界面上 ϕ

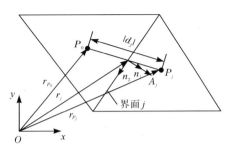

图 8.9　控制体积 P_0

的平均值。F_j 的值需由相关节点上的速度插值计算得到,不能采用简单的线性插值方法确定,而要引入相邻节点间的压力差。界面上 ϕ 的平均值 ϕ_j 的计算方法取决于所采用的对流项离散格式,如可采用下列混合差分格式计算:

$$\phi_j = \begin{cases} \phi_{P_0} + \left[\gamma \, \nabla \phi_j (r_j - r_{P_0}) \right], & F_j \geqslant 0 \\ \phi_{P_j} + \left[\gamma \, \nabla \phi_j (r_j - r_{P_j}) \right], & F_j < 0 \end{cases} \tag{8.3.13}$$

式中,r_j、r_{P_0}、r_{P_j} 为矢径,如图 8.9 所示;γ 为混合因子,取值范围为 $[0,1]$,$\gamma=0$ 时为一阶迎风;$\gamma=1$ 时为中心差分。

2. 扩散项的离散

1)扩散项 D_j 的分解

控制体积界面 j 上的扩散通量 D_j,可采用如下方法离散:

$$D_j = -\int_{A_j} \Gamma_\phi \, \nabla \phi_j \cdot \mathrm{d}A = -\Gamma_\phi \, \nabla \phi_j \cdot A_j \tag{8.3.14}$$

式中,A_j 为 j 界面上的面积矢量;Γ_ϕ 为界面上的广义扩散系数。界面 j 上梯度 $\nabla \phi_j$ 可以通过 P_0 与 P_j 节点的相应梯度值 $\nabla \phi_{P_0}$ 和 $\nabla \phi_{P_j}$ 按线性插值获得。

在非结构网格中扩散项的离散要比在结构化网格中复杂得多。界面上的梯度 $(\nabla \phi)_j$ 可以分解为:n_1 方向(垂直界面)的分量,称为法向扩散;n_2 方向(垂直于 P_0 和 P_j 的连线 d_j)的分量,称为交叉扩散。选取研究单元 P_0,其相邻单元记为 $P_j (j=1,2,\cdots,N)$,界面记为 j,则界面上两部分扩散通量的确定方法如下:

$$D_j = D_j^n + D_j^c \tag{8.3.15}$$

式中,法向分量的贡献 D_j^n 及交叉分量的贡献 D_j^c 分别为

$$D_j^n = \Gamma_{\phi_j} \left(\frac{\phi_{P_j} - \phi_{P_0}}{|d_j|} \frac{d_j}{|d_j|} \right) \cdot A_j \tag{8.3.16}$$

$$D_j^c = \Gamma_{\phi_j} \left[(\nabla \phi)_j - (\nabla \phi)_j \cdot \frac{d_j}{|d_j|} \frac{d_j}{|d_j|} \right] \cdot A_j \tag{8.3.17}$$

式(8.3.16)括号中为沿有向线段 d_j 传递的扩散流密度,与 A_j 的点积即为沿 n_1

方向传递的扩散项。式(8.3.17)中的 $\Gamma_{\phi_j}(\nabla\phi)_j \cdot A_j$ 为界面上所传递的总扩散通量，第二项中的 $(\nabla\phi)_j \cdot \dfrac{d_j}{|d_j|}$ 为总扩散通量在 d_j 方向的投影，$\left[(\nabla\phi)_j \cdot \dfrac{d_j}{|d_j|}\dfrac{d_j}{|d_j|}\right] \cdot A_j$ 为法向扩散分量，因而第一项与第二项之差就是界面上的交叉扩散项。

将扩散项分解为法向扩散分量和交叉扩散分量，是因为在将式(8.3.16)和式(8.3.17)代入式(8.3.11)以形成关于 P_0 点的代数方程时，可以把法向扩散分量 D_j^n 进行隐式处理，而对交叉扩散分量 D_j^c 进行显式处理，即用上一层次迭代计算所得值来代入，因而进入代数方程的右端，这与结构化网格上的处理方式是一致的。当生成的网格中 d_j 与 A_j 的夹角不大时，D_j^c 一般远小于 D_j^n。

还应指出，在 D_j^n 及 D_j^c 中，沿 d_j 方向的扩散分别采用两种计算方法是有其特别意义的。从数学上说，求出界面上的梯度 $(\nabla\phi)_j$ 以后，将其投影于 d_j 方向上就是 d_j 方向的扩散，但计算一阶导数 $(\nabla\phi)_j$ 时所用到的 $(\nabla\phi)_{P_0}$ 或 $(\nabla\phi)_{P_j}$ 都具有二阶截差，在均分网格中其差分都是倍步长式的，即包括 P_0 两侧两节点上的 ϕ 值之差，而不包括 ϕ_{P_0} 本身在内，这样在扩散项的计算中会出现失耦问题，即扩散项无法检测出相间速度场的波状分布。为克服这一失耦的可能性，在 D_j^n 中采用 $\dfrac{\phi_{P_j} - \phi_{P_0}}{|d_j|}$ 来表示 d_j 方向的扩散，直接引入两邻点 ϕ 值之差，从而避免扩散项的失耦。

2) 确定 $(\nabla\phi)_{P_0}$ 的方法

界面 j 上 $(\nabla\phi)_j$ 需要通过 P_0 与 P_j 节点的相应梯度值 $(\nabla\phi)_{P_0}$ 和 $(\nabla\phi)_{P_j}$ 按线性插值获得。而要确定 $(\nabla\phi)_{P_0}$ 和 $(\nabla\phi)_{P_j}$，必须计算 $(\nabla\phi)_{P_0}$ 及 $(\nabla\phi)_{P_j}$ 在三个坐标轴上的分量。

以 $(\nabla\phi)_{P_0}$ 为例，$(\nabla\phi)_{P_0}$ 的值可根据最小二乘法确定：

$$\frac{\partial}{\partial(\nabla\phi)_{P_0}^i}\sum_{j=1}^{N}\frac{1}{|d_j|}\left\{\frac{\phi_{P_j}\phi_{P_0}}{|d_j|}-\frac{(\nabla\phi)_{P_0}\cdot d_j}{|d_j|}\right\}^2=0,\quad i=1,2,3$$

(8.3.18)

即由式(8.3.18)确定的 $(\nabla\phi)_{P_0}^i$ 可以使 P_0 邻点 P_j 的函数值 ϕ_{P_j} 与线性插值结果差的平方和最小。式(8.3.18)中 ϕ_{P_j} 为节点处 ϕ 的实际大小；$(\nabla\phi)_{P_0}^i$ 为矢量 $(\nabla\phi)_{P_0}$ 在直角坐标系中的第 i 个分量；d_j 为从 P_0 到 P_j 的有向线段；$|d_j|$ 为 d_j 的模；N 为与 P_0 单元相邻的单元个数。

式(8.3.18)中已知的是当前层次的 ϕ_{P_0} 的 ϕ_{P_j} 的值及各几何要素 $d_j(j=1,2,\cdots,N)$，要求的是 $(\nabla\phi)_{P_0}$ 在三个方向的投影值，可分别由式(8.3.18)($i=1,2,3$)来确定，由式(8.3.18)所规定的 $(\nabla\phi)_{P_0}$ 的三个分量可用下列 3×3 矩阵方程表示：

$$(\nabla\phi)_{P_0}=G^{-1}h$$

(8.3.19)

式中，3×1 列矢量 h 的分量 h_k 及矩阵 G^{-1} 的分量 g_{kl} 可分别表示为

$$h_k = \sum_{j=1}^{N} \frac{\phi_{P_j} - \phi_{P_0}}{|d_j|} \times \frac{d_j^k}{|d_j|^2}, \quad k = 1,2,3 \qquad (8.3.20)$$

$$g_{kl} = \sum_{j=1}^{N} \frac{d_j^k \cdot d_j^l}{|d_j|^3}, \quad k,l = 1,2,3 \qquad (8.3.21)$$

式中，j 为与 P_0 单元相邻单元的下标；k 及 l 为直角坐标系中三个分量的角标。

同理可求得 P_0 邻点 P_j 的梯度 $(\nabla\phi)_{P_j}$，则界面上 $(\nabla\phi)_j$ 可通过线性插值求得。

3. 源项的离散

采用源项负坡线性化处理方法：

$$\int_{V_{P_0}} S_\phi dV = \int_{V_{P_0}} (S_C + S_P\phi)dV = S_C V_{P_0} + S_P\phi_{P_0} V_{P_0} \qquad (8.3.22)$$

式中，S_P 恒为负。

将积分方程各项表达式，即式(8.3.12)、式(8.3.15)、式(8.3.22)代入式(8.3.11)，得出 P_0 单元通用变量 ϕ 的离散方程，其一般形式仍然可以写为

$$a_0\phi_{P_0} = \sum_{j=1}^{N} a_j\phi_{P_j} + b_0 \qquad (8.3.23)$$

这与结构化网格中的表达式是完全一致的，只是 P_0 单元邻点 P_j 的个数不像结构化网格中那样固定不变。式中的系数表达式为

$$a_j = \frac{\Gamma_{\phi_j}}{|d_j|^2}(d_j \cdot A_j) + \max(F_j,0) - F_j \qquad (8.3.24a)$$

$$a_0 = -S_P V_{P_0} + \sum_{j=1}^{N} a_j \qquad (8.3.24b)$$

$$b_0 = \sum_{i=1}^{N} \Gamma_{\phi_j}\left[(\nabla\phi)_j - (\nabla\phi)_j \cdot \frac{d_j}{|d_j|}\frac{d_j}{|d_j|}\right] \cdot A_j + \sum_{j=1}^{N} \gamma(\nabla\phi)_j \cdot \left[(r_j - r_{P_0})\max(F_j,0)\right.$$

$$\left. + (r_j - r_{P_j})\max(-F_j,0)\right] + S_C V_{P_0} \qquad (8.3.24c)$$

式(8.3.24a)中，$\dfrac{\Gamma_{\phi_j}}{|d_j|^2}(d_j \cdot A_j)$ 为法向扩散，$\max(F_j,0) - F_j$ 为界面对流项。

式(8.3.24b)中，$-S_P V_{P_0}$ 及 $\displaystyle\sum_{j=1}^{N} a_j$ 分别为源项及邻点的贡献。

式(8.3.24c)中，等号右端三项为交叉扩散项、按延迟修正处理的源项和问题本身的源项。

8.3.3　非结构化同位网格上动量方程的离散

8.3.2 节给出了二维非结构化同位网格上对流-扩散方程的离散，为本节动量方程的离散奠定了基础。

动量方程与一般对流扩散方程在数值求解方面的区别主要表现在以下几点：①动量方程中有压力梯度引起的源项，需要进行离散化处理；②对不可压缩流体，需要利用质量守恒方程以建立求解压力或压力修正值的方程；③为了克服压力梯度等一阶导数项产生的波状压力场和速度场无法识别问题，需要采用专门技术以保证压力与速度的耦合问题。

1. 动量离散方程中的源项

非结构化网格中动量离散方程也可用式(8.3.23)和式(8.3.24)来表示，所不同的是式(8.3.24c)前两项源项外，$S_C V_{P_0}$ 部分还包括由压力梯度项引起的源项。

把压力梯度项从源项中独立出来，在控制体积积分过程中利用 Gauss 定理，则压力梯度项满足以下关系式：

$$\sum_{j=1}^{n} p_j A_j = V_{P_0} \nabla p_{P_0} \tag{8.3.25}$$

式中，∇p_{P_0} 为 P_0 单元的压力梯度，则动量方程的离散形式为

$$a_0 u_{P_0} = \sum_{j=1}^{N} a_j u_{P_j} + b^u - V_{P_0} \nabla p_{P_0} \tag{8.3.26}$$

式中，上角标 u 表示速度，V 为控制体体积。

在同位网格的动量方程中，速度分量都在同一网格上，其邻点系数及对角元的系数都是一样的，即式(8.3.26)中 a_j 及 a_0 对三个速度分量都相同，只有 b^u 是与不同速度分量有关的。

2. 界面流速的计算及压力与速度的耦合

将连续的质量守恒方程对图 8.9 所示的 P_0 单元进行积分，可得其离散形式为

$$\sum_{j=1}^{N} \rho u_j \cdot A_j = 0 \tag{8.3.27}$$

式中，u_j 为界面 j 上的平均流速矢量，需要根据 P_0 及 P_j 节点值通过插值获得。

为了克服压力与速度间的失耦，需要从连续性方程(8.3.27)导出联系相邻各节点上压力校正值的代数方程。显然，若界面流速采用线性插值公式则无法达到这一目的。为此，根据 Rhie 和 Chou 的动量插值思想，引入以下界面流速的计算式：

$$u_j = \underbrace{g_{P_0} u_{P_0} + (1 - g_{P_0}) u_{P_j}}_{a1} + \frac{1}{2} \left[\left(\frac{V}{a_0^u} \right)_{P_0} + \left(\frac{V}{a_0^u} \right)_{P_j} \right]$$

$$\cdot \left\{ \underbrace{\frac{1}{2} \left[(\nabla p)_{P_0} \cdot \frac{d_j}{|d_j|} + (\nabla p)_{P_j} \cdot \frac{d_j}{|d_j|} \right]}_{a2} - \underbrace{\frac{p_{P_j} - p_{P_0}}{|d_j|}}_{a3} \right\} \frac{A_j}{|A_j|}$$

$$\tag{8.3.28}$$

式中,a_0^u 为动量方程的主对角元系数,以区别 8.4 节压力校正方程中的系数 a_0^P。g_{P_0} 为线性插值因子;V 为控制体的体积。

由式(8.3.28)可见,界面流速由三部分组成:$a1$ 部分为按线性插值方式得出的界面流速;$a2$ 部分为在 P_0 与 P_j 单元的平均压力梯度作用下所引起的速度变化;$a3$ 部分为假定压力呈线性变化时 P_0 与 P_j 之间压力梯度作用下的速度变化。

当网格均分且压力一阶导数采用中心差分时,$a2$ 部分得出的压力梯度表达式中不显含相邻两节点间的压力差,但第三项的引入保证了在任何情况下相邻两点间的压力差均出现在界面流速的计算式中。这样,即使流场计算中出现了锯齿形或波状的压力分布,也可以立即在界面流速计算中反映出来,从而使不合理的分量得到衰减。当流场迭代计算接近收敛时,如果压力确实呈线性分布,则式(8.3.28)中的 $a2$、$a3$ 部分之差很小,对界面流速计算没有影响;但如果压力不呈线性分布而且网格又不够细密,则 $a2$、$a3$ 部分的引入会引起界面流速的计算误差。虽然文献中关于非结构网格上实施同位网格的问题有多种不同的解决方案,但与在界面流速计算中引入 $a2$、$a3$ 这两个附加项以引入相邻两点间压力差的做法是一致的。另外,与结构化同位网格上的情况相类似,本节采用式(8.3.28)的这种动量插值方式仅用于连续方程离散。

还需要指出,如果在动量方程离散求解过程中纳入了亚松弛因子,最终生成的代数方程主对角元系数中已包括了亚松弛因子,即动量方程实际形式为

$$\left(\frac{a_0}{\alpha_\phi}\right)\phi_{P_0}^{(n)} = \sum_{j=1}^{N} a_j \phi_{P_j}^{(n)} + b_\phi + (1-\alpha_\phi)\frac{a_0}{\alpha_\phi}\phi_{P_0}^{(n-1)} \tag{8.3.29}$$

式中,(n)、$(n-1)$ 为迭代层次;α_ϕ 为亚松弛因子。

8.4　非结构化同位网格上的 SIMPLE 算法

8.4.1　压力校正方程的导出

根据结构化网格上 SIMPLE 算法的基本思想,可得出界面速度校正值计算式为

$$
\begin{aligned}
u_j' &= -\frac{1}{2}\left[\left(\frac{V}{a_0^u}\right)_{P_0} + \left(\frac{V}{a_0^u}\right)_{P_j}\right]\frac{p_{P_j}' - p_{P_0}'}{|d_j|} \cdot \frac{A_j}{|A_j|} \\
&= -\overline{\left(\frac{V}{a_0^u}\right)_{P_j}}\frac{p_{P_j}' - p_{P_0}'}{|d_j|} \cdot \frac{A_j}{|A_j|}
\end{aligned}
\tag{8.4.1}
$$

设由假定的上一层次迭代计算得出的压力 p^*,从动量方程解出满足动量方程的速度 $u_{P_0}^*$,通过插值得出界面速度 u_j^*,则要求 u_j' 应能使 $(u_j^* + u_j')$ 满足质量守恒方程(8.3.27)。将上述速度表达式代入式(8.3.27),可得 p' 的代数方程为

$$a_0^p p'_{P_0} = \sum a_j^p p'_{P_j} + b^p \tag{8.4.2}$$

式中,上角标 p 表示压力。其中

$$a_j^p = \rho \left(\frac{V}{a_0^u}\right)_{P_j} \frac{|A_j|}{|d_j|}, \quad a_0^p = \sum_{j=1}^{N} a_j^p, \quad b^p = \sum_{j=1}^{N} F_j^* \tag{8.4.3}$$

式中,b^p 为流进 P_0 单元的净质量流量;上角标 $*$ 表示上一次迭代值;界面质量流量 F_j^* 的计算可以根据 $u_{P_0}^*$ 采用动量插值公式(8.3.28)获得。

由于压力校正值 p' 的边界条件是齐次 Neumann 条件,即 $\frac{\partial p'}{\partial n}=0$,因而由所有内节点 p' 的方程组就可以解出 p' 相对场。

获得 p' 以后,按以下方式校正速度及压力:

界面流速

$$u_j = u_j^* - \overline{\left(\frac{V}{a_0^u}\right)_{P_j}} \frac{p'_{P_j} - p'_{P_0}}{|d_j|} \cdot \frac{A_j}{|A_j|} \tag{8.4.4a}$$

节点压力

$$p_{P_0} = p_{P_0}^* + \alpha_P p'_{P_0} \tag{8.4.4b}$$

节点流速

$$u_{P_0} = u_{P_0}^* - \frac{V_{P_0}}{a_0^u} \nabla p'_{P_0} = u_{P_0}^* - \frac{\displaystyle\sum_{j=1}^{N} p'_j A_j}{a_0^u} \tag{8.4.4c}$$

式中,α_P 为松弛因子,计算中取 0.8;界面 j 的压力校正值 p'_j 由与界面相邻的两节点压力校正值经线性插值得出。

8.4.2　非结构化同位网格上 SIMPLE 算法的计算步骤

非结构化同位网格上 SIMPLE 算法的计算步骤如下:

(1) 由假定的速度场(或由上次计算而得)u^0 计算动量离散方程的系数及源项。

(2) 假设(或由上次计算获得)一个压力场 p^*。

(3) 求解动量方程,得 u^*。

(4) 计算压力校正方程的系数 a_j^p、a_0^p 及源项 b^p。

(5) 求解压力校正方程,得 p'。

(6) 按式(8.4.4)校正压力与速度,获得本层次上满足质量守恒的 u_j、p_{P_0} 及 u_{P_0}。

(7) 用上述结果作为初始场,开始下一层次的迭代计算。

可见,非结构化网格上实施 SIMPLE 算法的步骤原则上与结构化网格是一致的,只是各个步骤的具体实施方式有较大差别。

8.4.3　代数方程组的求解

采用有限体积法在已生成的网格上将求解变量的控制方程离散化后,形成了关于求解变量的代数方程组,写成矩阵形式为

$$A\phi = b \tag{8.4.5}$$

式中,A 为系数矩阵;ϕ 及 b 为列矢量。系数矩阵 A 通常是大型稀疏矩阵,且是不对称的。对二维问题的三角形单元,每一行中只有 4 个元素不为 0,对二维的四边形单元,每一行中也只有 5 个元素不为 0。但由于网格的特点,所形成的方程组难以应用结构化网格上行之有效的交替方向三对角矩阵算法(tri-diagonal matrix algorithm,TDMA)、逐次欠松弛线迭法(successive line under-relaxation,SLUR)或强隐迭代方法(strongly implicit procedure,SIP)。应用较广的是 Gauss-Seidel 点迭代法及共轭梯度型方法。

如采用 Gauss-Seidel 点迭代法,将离散方程

$$a_0 \phi_{P_0} = \sum_{j=1}^{N} a_j \phi_{P_j} + b_0 \tag{8.4.6}$$

写为

$$\phi_{P_0} = \frac{\sum_{j=1}^{N} a_j \phi_{P_j}^* + b_0}{a_{P_0}} \tag{8.4.7}$$

式中,$\phi_{P_j}^*$ 为邻点的预测值或前一次迭代所得值。

对所有单元节点赋予初始预测值,按式(8.4.7)计算各节点的新值,完成一次迭代。重复上述过程,直到所得结果满足收敛准则:

$$R = \max(|\phi - \phi^*|) \leqslant \varepsilon \tag{8.4.8}$$

式中,ϕ 为 u、v、p。

Gauss-Seidel 法的主要缺点是收敛慢,当节点数量庞大时更是如此。

共轭梯度稳定法(conjugate gradient stabilized,CGSTAB)计算速度快、鲁棒性好,利用该方法求解式(8.4.5),迭代过程如下。

(1) 参数初始化。

$$k = 0, \quad \phi^0 = \phi_{\text{in}}, \quad r^0 = b - A\phi_{\text{in}},$$
$$\alpha^0 = \beta^0 = \gamma^0 = 1, \quad u^0 = p^0 = 0$$

式中,k 为迭代循环次数;ϕ_{in} 为初始值;r 为残差矢量;α、β 及 γ 为辅助计算参数;u 和 p 为辅助计算矢量。取 $k = k + 1$。

(2) 计算第 k 步。

$$\beta^k = r^0 \cdot r^{k-1} \tag{8.4.9}$$

$$\omega^k = \frac{\beta^k \gamma^{k-1}}{\alpha^{k-1} \beta^{k-1}} \tag{8.4.10}$$

$$p^k = r^{k-1} + \omega^k (p^{k-1} - \alpha^{k-1} u^{k-1}) \tag{8.4.11}$$

式中，ω 为辅助计算参数。

（3）求解方程组 $Mz = p^k$，得到列矢量 z。

其中矩阵 M 为 A 的不完全三角（incomplete low-upper，ILU）分解。ILU 的分解过程和传统的三角分解类似，区别在于原始矩阵 A 中元素为 0 的位置在做 ILU 分解时得到的 $\widetilde{L}$ 矩阵和 $\widetilde{U}$ 矩阵在对应元素位置也设置为 0。因此 ILU 方法得到的 $M = \widetilde{L}\widetilde{U}$ 是原始矩阵 A 的近似。

（4）计算参数 u^k、r^k、w。

$$u^k = Az \tag{8.4.12}$$

$$\gamma^k = \frac{\beta^k}{u^k \cdot r^0} \tag{8.4.13}$$

$$w = r^{k-1} - \gamma^k u^k \tag{8.4.14}$$

（5）求解方程组 $My = w$，得到列矢量 y。

（6）计算参数 ν、α^k、ϕ^k、r^k。

$$\nu = Ay \tag{8.4.15}$$

$$\alpha^k = \frac{\nu \cdot r^k}{\nu \cdot \nu} \tag{8.4.16}$$

$$\phi^k = \phi^{k-1} + \gamma^k z + \alpha^k y \tag{8.4.17}$$

$$r^k = w - \alpha^k y \tag{8.4.18}$$

（7）重复上述过程，直到所得结果满足收敛准则。

$$r = \max(|\phi^{k+1} - \phi^k|) \leqslant 10^{-6} \tag{8.4.19}$$

注意，整个迭代过程中出现的 u、v、w、y、z 均为循环计算辅助矢量，与速度及空间坐标无关。CGSTAB 方法能够很好地应用于结构网格和非结构网格。

第 9 章 Navier-Stokes 方程数值解工程应用实例

本章采用 RANS 模式对三峡水库香溪河库湾水温及水动力特性进行数值模拟；采用 LES 模型模拟实验室尺度波流环境下的浮力射流；选取中、低雷诺数下的槽道紊流、圆柱绕流及开闸式异重流三个工程紊流中的经典算例开展 DNS 数值试验。

9.1 三峡水库香溪河库湾水温及水动力特性数值模拟

在三峡水库支流库湾中，水流流速十分缓慢，其水动力特性类似于深水湖泊。由于长期受城镇生活污水、工业废水及面源污染等影响，库湾水质大多污染较重，氮、磷等营养盐浓度普遍较高，加之蓄水后流速减缓导致水中夹带的泥沙大量沉积，这些因素为藻类生长、富营养化发生和发展提供了有利的环境条件(蒋定国，2010)。三峡水库蓄水以后，库区部分库湾连续多年出现水华(图 9.1)，香溪河、汝溪河、黄金河、澎溪河、磨刀溪、梅溪河、大宁河等在 2007 年 2 月 22 日前后就开始出现水华，爆发时间不仅早于往年，而且程度明显加重。截至 2010 年，支流库湾出现水华的风险依旧在增加，水体富营养化问题仍未得到彻底改善(王玲玲等，2009a；黄钰铃等，2007)。

图 9.1 三峡水库香溪河支流库湾 2008 年水华

(来源：2008 年 6 月三峡大学实地监测)

9.1.1 香溪河库湾概况

香溪河地处长江西陵峡北侧，是长江三峡水库湖北库区的第一大支流，发源于湖北省西北部神农架林区,海拔 1200～2000m,位于东经 110°25′E～111°06′E、北纬 30°57′N～31°34′N(Wang et al. ,2009)。香溪河有东西两个源头,东源于神农架林区骡马店(东河),西源于神农架山南(西河)。河流全长 94km,河口与河源高差 2995m,平均坡降为 14.2‰,拥有九冲河、古夫河和高岚河三条主要支流。九冲河和古夫河在兴山县高阳镇以西 2.5km 处的响滩合流后始称香溪河(图 9.2),然后由北向南直下,沿程接纳高岚河,经秭归县于香溪镇注入长江。

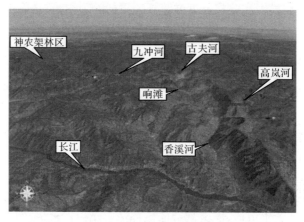

图 9.2　香溪河地理位置

香溪河流域总面积为 3099km²,从香溪河河口到兴山水文站(距离香溪河口约 32km)流域面积为 1199km²,其间在峡口处汇入的高岚河,流域面积为 833km²,区间内其他支流流域面积较小。磷化工是当地的支柱产业,同时也使香溪河受到较大的磷污染。磷化工厂、生活污水和其他工业废水的排放使得香溪河的水质下降明显。三峡水库蓄水前,香溪河对排入的污染物尚有较强的稀释能力,然而水库蓄水后大量营养物质积聚,使得水质逐渐恶化。香溪河水体理化指标总氮(TN)、总磷(TP)、叶绿素 a(chl-a)、pH 等在蓄水后变化较大,其中 TN 和 TP 在蓄水后两年内变化范围分别为 0.308～3.567mg/L 和 0.020～0.577mg/L,较我国其他湖泊水库,两者的含量均相当高,已经远远超过国际公认水体富营养化的阈值水平(TN 浓度为 0.2mg/L;TP 浓度为 0.02mg/L)(邓春光,2007)。叶绿素 a 随季节变动,变动范围为 2.635～92.268mg/m³,平均值为 11.7μg/L,且春季藻类易爆发性生长(张艺等,2007)。

三峡水库蓄水后,随着坝前水位不断升高,香溪河库湾的面积也逐渐增大,成为三峡库区的组成部分,淹没涉及流域内古夫、高阳、峡口、香溪四个镇和建阳坪、屈原两个乡,工矿企业 60 余家。如图 9.3 所示,当三峡水库在正常蓄水位 175m 运行时,香溪河的回水范围达到 40km,香溪河库湾最深处为 107m(图 9.4)。王玲玲曾建立数学模型模拟 2007 年 2 月 22 日～5 月 12 日香溪河库湾流速分布特性,结果表明,香溪河库湾中心处的流速非常微小,仅为毫米级,如图 9.5 所示(图中纵坐标为到兴山站的距离)。

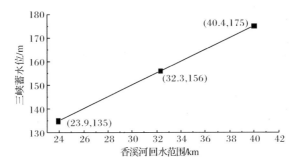

图 9.3　香溪河库湾回水范围与三峡坝前水位图

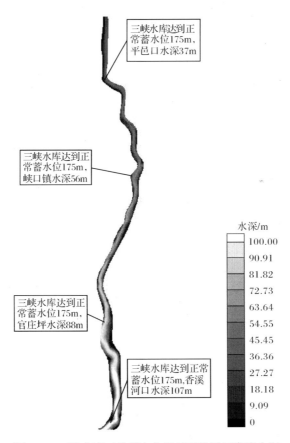

图 9.4　三峡水库正常蓄水位运行时香溪河库湾水深

三峡水库蓄水以后,香溪河库湾出现的春季水华现象引起了广泛关注,可以

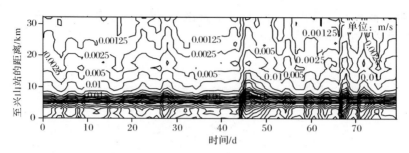

图 9.5　2007 年 2 月 22 日～5 月 12 日香溪河库湾流速分布图

说三峡库区水质控制问题在很大程度上已转化为支流库湾水体富营养化控制问题。本节以三峡水库香溪河库湾为研究对象,采用 RANS 模型模拟库湾水动力及水温变化规律,进而深入分析影响库湾水温结构的因素,为三峡库区支流库湾水环境改善提供理论支撑。

9.1.2　控制方程与数值算法

香溪河库湾水动力和水温数值模拟所采用的控制方程包括连续性方程、动量方程、水温方程以及状态方程。时均控制方程在垂向采用 σ 坐标,在平面上采用 ξ-η 正交曲线坐标系统。ξ-η-σ 坐标下的水动力-水温输运控制方程组如下。

连续方程:

$$\frac{\partial \zeta}{\partial t}+\frac{1}{g_\xi g_\eta}\frac{\partial (Hug_\eta)}{\partial \xi}+\frac{1}{g_\xi g_\eta}\frac{\partial (Hvg_\xi)}{\partial \eta}+\frac{\partial \omega}{\partial \sigma}=0 \tag{9.1.1}$$

动量方程:

$$\frac{\partial u}{\partial t}+\frac{1}{g_\xi}\frac{\partial uu}{\partial \xi}+\frac{1}{g_\eta}\frac{\partial uv}{\partial \eta}+\frac{\omega}{H}\frac{\partial u}{\partial \sigma}-\frac{v^2}{g_\xi g_\eta}\frac{\partial g_\eta}{\partial \xi}+\frac{uv}{g_\xi g_\eta}\frac{\partial g_\xi}{\partial \eta}$$

$$=fv-g\frac{1}{g_\xi}\frac{\partial \zeta}{\partial \xi}-g\frac{H}{\rho_0 g_\xi}\int_\sigma^0\left(\frac{\partial \rho}{\partial \xi}+\frac{\partial \rho}{\partial \sigma}\frac{\partial \sigma}{\partial \xi}\right)\mathrm{d}\sigma'+\frac{\nu_H}{g_\xi g_\xi}\frac{\partial^2 u}{\partial \xi^2}$$

$$+\frac{\nu_H}{g_\eta g_\eta}\frac{\partial^2 u}{\partial \eta^2}+\frac{1}{H^2}\frac{\partial}{\partial \sigma}\left(\nu_V\frac{\partial u}{\partial \sigma}\right) \tag{9.1.2}$$

$$\frac{\partial v}{\partial t}+\frac{1}{g_\xi}\frac{\partial uv}{\partial \xi}+\frac{1}{g_\eta}\frac{\partial vv}{\partial \eta}+\frac{\omega}{H}\frac{\partial v}{\partial \sigma}+\frac{uv}{g_\xi g_\eta}\frac{\partial g_\eta}{\partial \xi}-\frac{u^2}{g_\xi g_\eta}\frac{\partial g_\xi}{\partial \eta}$$

$$=-fu-g\frac{1}{g_\eta}\frac{\partial \zeta}{\partial \eta}-g\frac{H}{\rho_0 g_\eta}\int_\sigma^0\left(\frac{\partial \rho}{\partial \eta}+\frac{\partial \rho}{\partial \sigma}\frac{\partial \sigma}{\partial \eta}\right)\mathrm{d}\sigma'+\frac{\nu_H}{g_\xi g_\xi}\frac{\partial^2 v}{\partial \xi^2}$$

$$+\frac{\nu_H}{g_\eta g_\eta}\frac{\partial^2 v}{\partial \eta^2}+\frac{1}{H^2}\frac{\partial}{\partial \sigma}\left(\nu_V\frac{\partial v}{\partial \sigma}\right) \tag{9.1.3}$$

水温输运方程:

$$\frac{\partial HT}{\partial t}+\frac{1}{g_\xi g_\eta}\left[\frac{\partial(g_\eta HTu)}{\partial \xi}+\frac{\partial(g_\xi HTv)}{\partial \eta}\right]+\frac{\partial \omega T}{\partial \sigma}$$

$$=\frac{H}{g_\xi g_\eta}\left[\frac{\partial}{\partial \xi}\left(\Gamma_H \frac{g_\eta}{g_\xi}\frac{\partial T}{\partial \xi}\right)+\frac{\partial}{\partial \eta}\left(\Gamma_H \frac{g_\xi}{g_\eta}\frac{\partial T}{\partial \eta}\right)\right]+\frac{1}{H}\frac{\partial}{\partial \sigma}\left(\Gamma_V \frac{\partial T}{\partial \sigma}\right)+\frac{1}{\rho c_p}\frac{\partial \varphi}{\partial \sigma}$$

$$(9.1.4)$$

状态方程：

$$\rho = 999.842594 + 6.793952\times 10^{-2}T - 9.095290\times 10^{-3}T^2 + 1.001685\times 10^{-4}T^3$$
$$- 1.120083\times 10^{-6}T^4 + 6.536332\times 10^{-9}T^5 \qquad (9.1.5)$$

式中，u 和 v 分别为水平方向流速；ν_H 和 ν_V 分别为水平及竖直方向紊动黏性系数；ξ 及 η 为正交曲线坐标系下的水平坐标；g_ξ 及 g_η 为坐标转化系数；ζ 为自由表面相对于参考水平面的距离；H 为总水深；ω 为 σ 坐标下的垂向流速；f 为科氏力系数，$f=2\bar{\omega}\sin\theta$，$\bar{\omega}$ 为地球自转角速度，θ 为地理纬度；ρ_0 为水体的参考密度；c_p 为水体比热容；T 为水体温度；Γ_H、Γ_V 分别为水平和垂向紊动扩散系数，$\mathrm{m^2/s}$；φ 为太阳辐射，太阳辐射在水体的分布可按 Beer-Lambert 定律衰减：

$$\varphi(z)=(1-\beta')\varphi_{sn}e^{-\eta H^*} \qquad (9.1.6)$$

式中，β' 为太阳辐射的水体表面吸收率；H^* 为辐射深度至自由表面的垂向距离，m；η 为太阳辐射在水体中的衰减系数。

φ_{sn} 通过式（9.1.7）计算：

$$\varphi_{sn}=(1-\gamma)\varphi_s \qquad (9.1.7)$$

式中，γ 为水面反射率，取 0.06；φ_s 为入射短波辐射，$\mathrm{W/m^2}$。

$$\varphi_s=[a-b(\theta-50)](1-0.0065C_{cloud}^2) \qquad (9.1.8)$$

式中，θ 为地球纬度；C_{cloud} 为云量；a 和 b 为系数，随月份变化，$a=100\sim300$，$b=8\sim12$。另外，φ_s 也可通过实测资料取值确定。

σ 坐标下垂向流速 ω 可由连续方程（9.1.1）得到。真实物理域中的垂向流速 w 可根据 ω 由式（9.1.9）计算：

$$w=\omega+\frac{1}{g_\xi g_\eta}\left[ug_\eta\left(\sigma \frac{\partial H}{\partial \xi}+\frac{\partial \zeta}{\partial \xi}\right)+vg_\xi\left(\sigma \frac{\partial H}{\partial \eta}+\frac{\partial \zeta}{\partial \eta}\right)\right]+\left(\sigma \frac{\partial H}{\partial t}+\frac{\partial \zeta}{\partial t}\right)$$

$$(9.1.9)$$

在水温分层的湖库中，水体的垂向翻转需要克服重力做功，垂向混合比水平混合需要更多的能量，通常垂向紊动扩散系数显著小于水平紊动扩散系数。由于水平方向上对流显著占优，水平紊动混合的作用相对较弱，而在垂向上，紊动混合非常重要。本节采用的模型中 ν_H 取为常数。采用考虑浮力修正的 k-ε 双方程模型计算 ν_V：

$$\nu_V=c_\mu \frac{k^2}{\varepsilon}, \quad \Gamma_V=\frac{\nu_V}{\sigma_t} \qquad (9.1.10)$$

$$\frac{\partial k}{\partial t}+\frac{u}{g_\xi}\frac{\partial k}{\partial \xi}+\frac{v}{g_\eta}\frac{\partial k}{\partial \eta}+\frac{\omega}{H}\frac{\partial k}{\partial \sigma}=\frac{1}{H^2}\frac{\partial}{\partial \sigma}\left(\frac{\nu_V}{\sigma_k}\frac{\partial k}{\partial \sigma}\right)+P+G-\varepsilon \qquad (9.1.11)$$

$$\frac{\partial \varepsilon}{\partial t}+\frac{u}{g_\xi}\frac{\partial \varepsilon}{\partial \xi}+\frac{v}{g_\eta}\frac{\partial \varepsilon}{\partial \eta}+\frac{\omega}{H}\frac{\partial \varepsilon}{\partial \sigma}=\frac{1}{H^2}\frac{\partial}{\partial \sigma}\left(\frac{\nu_t}{\sigma_\varepsilon}\frac{\partial \varepsilon}{\partial \sigma}\right)+c_{1\varepsilon}\frac{\varepsilon}{k}(P+G)(1+c_{3\varepsilon}Ri_f)-c_{2\varepsilon}\frac{\varepsilon^2}{k}$$

$$(9.1.12)$$

式中，Ri_f 为通量理查森数(flux Richardson number)，紊流模型中常数分别取值为

$$c_u=0.09,\quad \sigma_k=1.0,\quad \sigma_\varepsilon=1.3,\quad \sigma_t=0.85,$$
$$c_{1\varepsilon}=1.44,\quad c_{2\varepsilon}=1.92,\quad c_{3\varepsilon}=0.8$$

　　本节将一个时间步长分作两个时间层，每一层上分别交替改变方向隐式求解控制方程(9.1.1)～方程(9.1.5)。在计算区域上布置交错控制网格，防止出现棋盘格式的物理量分布。模型中将标量性变量(水位、温度等)布置在网格单元的中心，流速等矢量性变量布置在单元交界面上(图9.6)。计算采用迎风格式和中心差分格式来离散对流项和扩散项。

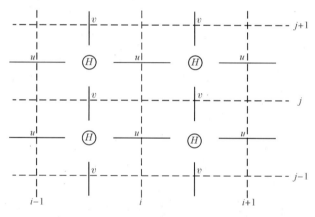

图 9.6　交错网格示意图

　　用循环隐式进程的有限差分 ADI 算法求解控制方程，每一时间步长交替地沿 ξ 和 η 方向扫描，具体做法如下：

　　(1) 从 l 到 $l+1/2$ 步，将 ξ 方向的动量方程和连续方程只沿 ξ 方向形成关于水位 ζ 和流速 u 的隐式方程组，形成三对角矩阵，用追赶法求解每一行上 $(l+1/2)\Delta t$ 时刻的 ζ 和 u，将求得的 ζ 和 u 代入 η 方向的动量方程显式解出 v。

　　(2) 从 $l+1/2$ 到 $l+1$ 步，将 η 方向的动量方程和连续方程只沿 η 方向形成关于水位 ζ 和流速 v 的隐式方程组，同理可用追赶法求解每一列 $(l+1)\Delta t$ 时刻的 ζ 和 v，然后显式求解 ξ 方向的动量方程。

　　这两个分步动量方程的矢量形式为

$$\begin{cases} \dfrac{X^{l+\frac{1}{2}}-X^l}{\frac{1}{2}\Delta t}+\dfrac{1}{2}A_x X^{l+\frac{1}{2}}+\dfrac{1}{2}A_y X^l=0 \\[2mm] \dfrac{X^{l+1}-X^{l+\frac{1}{2}}}{\frac{1}{2}\Delta t}+\dfrac{1}{2}A_x X^{l+\frac{1}{2}}+\dfrac{1}{2}A_y X^{l+1}=0 \end{cases} \tag{9.1.13}$$

式中，$X=(u,v,\zeta)^{\mathrm{T}}$

$$A_x=\begin{bmatrix} 0 & -f & g\dfrac{\partial}{\partial x} \\[2mm] 0 & u\dfrac{\partial}{\partial x}+v\dfrac{\partial}{\partial y} & 0 \\[2mm] H\dfrac{\partial}{\partial x} & 0 & u\dfrac{\partial}{\partial x} \end{bmatrix}$$

$$A_y=\begin{bmatrix} u\dfrac{\partial}{\partial x}+v\dfrac{\partial}{\partial y} & 0 & 0 \\[2mm] f & 0 & g\dfrac{\partial}{\partial y} \\[2mm] 0 & H\dfrac{\partial}{\partial y} & v\dfrac{\partial}{\partial y} \end{bmatrix}$$

9.1.3　计算区域及网格剖分

计算区域由香溪河库湾（32km）和三峡水库部分库首江段（40km）共同组成，共计 $6.6\times10^7\mathrm{m}^2$（图 9.7）。考虑到三峡水库最高蓄水位为 175m 高程，所以根据地形资料分别提取等高线为 200m 的河岸边界线[图 9.8(a)]，构成计算的平面区域。

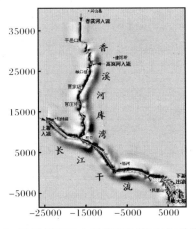

图 9.7　香溪河库湾水温模拟计算区域（单位：m）

对计算区域采用正交曲线网格进行剖分,平面网格数为 394×649,垂向分为 20 层。香溪河最大网格尺寸 87.02m,最小网格尺寸 4.6m,网格正交性 $\cos\theta <$ 0.01,计算网格如图 9.8(b)所示。

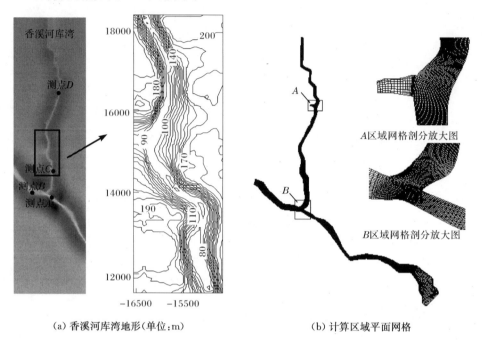

(a) 香溪河库湾地形(单位:m)　　　　　　(b) 计算区域平面网格

图 9.8　香溪河库湾地形图及计算区域平面网格剖分

9.1.4　数值模型验证

模拟计算区域 2007 年 12 个月的水温分布特性,并与实测值比较以验证数学模型。考虑到水流运动与水温分布相互影响,水动力方程与温度方程耦合求解。水流的初始条件为静水条件,入库流量和出库水位分别按 2007 年归州、三峡坝前、兴山、建阳坪 4 个监测点的实测值提取,如图 9.9 所示。

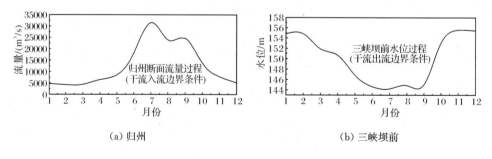

(a) 归州　　　　　　　　　　　　(b) 三峡坝前

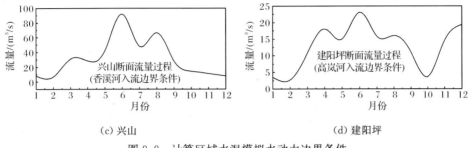

(c) 兴山　　　　　　　　　　　(d) 建阳坪

图 9.9　计算区域水温模拟水动力边界条件

壁面边界假定没有质量和热量交换,自由表面边界考虑风引起的切应力及与大气层的热交换。水温以 2007 年 1 月初全库湾实测水温垂向同温分布作为计算初始条件,以庙河实测水温过程为干流入口边界条件,出库水温为零梯度条件,气象资料及月平均太阳辐射根据宜昌市气象台 1971~2000 年多年观测资料的平均值结合该地区同类研究取值确定。

首先以长江干流 2007 年全年 12 个月的实测水温值(数据来源于中国长江三峡集团有限公司)对所建模型进行验证。图 9.10(a)为位于长江干流三峡坝址上游 31km 深泓处观测点表层水温计算值与实测值的对比,图 9.10(b)、(c)分别为距离河口 20km 和 26.7km 处香溪河库湾深泓处观测点计算值与实测值比较图,可见计算结果具有较好的精度,模拟结果符合三峡水库水温年变化规律,基本反映了香溪河库湾水温的变化特点。

9.1.5　香溪河库湾水温分布特性

通过对计算区域内 12 个月的水温模拟,表明香溪河库湾属于季节性水温分层型水体,4~9 月为分层期,水温在垂向上变化明显,详见《三峡水库香溪河库湾水温及内波特性数值研究》(余真真,2011)。图 9.10 和图 9.11 仅列出了库湾 2007 年具有代表性月份的水温垂向分布情况。由图可以看出,水温在 5~8 月处

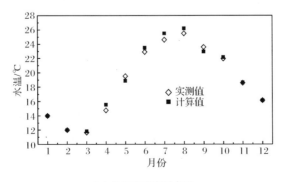

(a) 长江干流表层水温

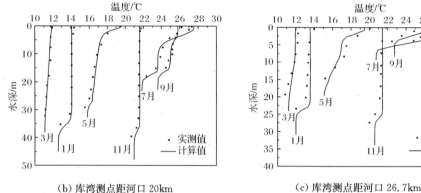
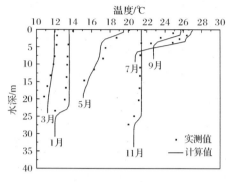

(b) 库湾测点距河口 20km　　　　　　　(c) 库湾测点距河口 26.7km

图 9.10　水温计算值与实测值对比图

于稳定分层状态。1~3 月库湾几乎趋于同温分布,从 4 月开始,随着入流水温的大幅度升高和气象条件的改变,上层水体受太阳辐射作用明显,升温较快,由于水分子的热力传导度很小,导致下层水体升温较慢,水体中逐渐出现水温分层现象。5 月可明显观察到温跃层,其垂直温度梯度达 0.53℃/m,此时表底垂向温差已达 2.07℃,水体已经形成稳定的密度分层,等温面基本呈水平分布。随后的 6~8 月水温分层现象依然强烈,并且库湾水温随气温的增加而整体升高,6 月香溪河上游的来流量为 92m³/s,但仍难以打破水温分层状态,8 月库湾水面温度可攀升到 29.14℃,热量积蓄达到极值。随后气温开始逐步降低,当气温低于水温时,表面水体开始散热,当 $\dfrac{\mathrm{d}\rho}{\mathrm{d}z}>0$,上下层水体开始混合。10~12 月库湾水温随着气温的下降而整体缓慢降低,分层现象随之结束。另外,本次模拟也表明香溪河库湾不存在逆温分层现象,冬季最低水温为 11.1℃。

　　图 9.12 所示的库湾 5 月温度云图中,靠近坐标原点约 400m 宽度范围、深度较大的水域为香溪河河口的三峡水库干流河道。观察发现,当库湾发生水温分层时,库区干流表现出表底同温的分布特性。图 9.13 所示分别为库区干流与香溪

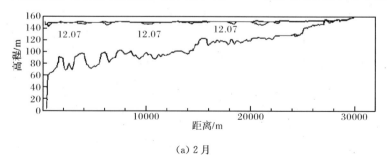

(a) 2 月

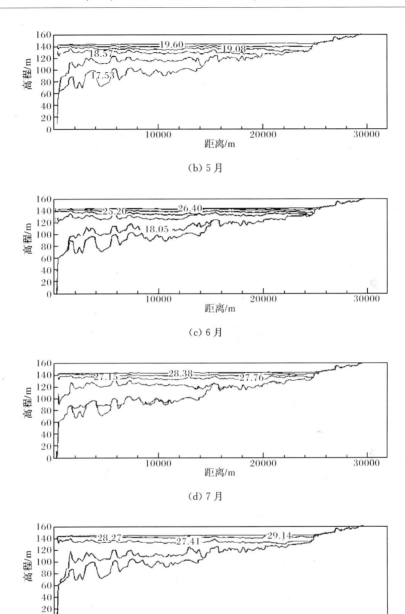

(b) 5 月

(c) 6 月

(d) 7 月

(e) 8 月

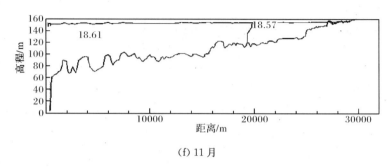

(f) 11 月

图 9.11　香溪河库湾 2007 年水温垂向分布(单位:℃)

图中零点位置为香溪河口处长江干流南岸

河库湾中两个典型观测点 B、C[具体位置如图 9.8(a)所示]处平均流速随时间变化的过程,通过对比可知,在模拟时段内(2007 年 5 月 1～23 日)库区干流 B 测点的最大流速为 0.126m/s,最小流速为 0.08m/s,时间平均流速为 0.1m/s;而库湾中 C 测点的最大流速仅为0.00287m/s,最小流速为 0.00001m/s,时间平均流速为 0.00108m/s。库区干流的流速大导致水体紊动作用强,不易形成稳定的水温分层;而库湾的水动力特性类似于深水湖泊,为水温分层创造了条件。由此可见,水体紊动微弱是促使库湾出现季节性水温分层的重要因素。

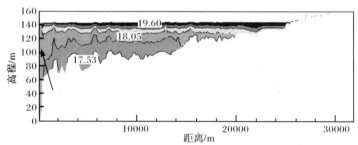

图 9.12　2007 年 5 月计算区域水温垂向分布云图(单位:℃)

图中零点位置为香溪河口处长江干流南岸

　　根据数值模拟得到的温度随时间变化过程还可发现,库湾水温在水平方向上差异较小,例如,2007 年 4 月库湾表层水温在长达 30km 的范围内仅存在 0.87℃的温差,整体处于 16.57～17.44℃。水平温差主要出现在深泓与边滩之间,以及区域边界形状有突变的小区域中;与表层相比,库湾底层水温在水平方向上的差异更小,总体在 15～15.5℃变化,变幅约为 0.5℃。然而在同一水平高程上,3～9月长江干流与库湾水温存在较大差异。4 月库湾表层水温比干流高约 1.6℃,8 月高达 2.9℃(图 9.14)。但长江干流与库湾水温的这种差异在底层上恰好相反,4月库湾从河口向上游约 8km 范围内,底层水温比长江干流水温低 0.8℃。以上这种水温分布特性与长江干流水流流速较大、水体垂向混合充分,使得热量分布与

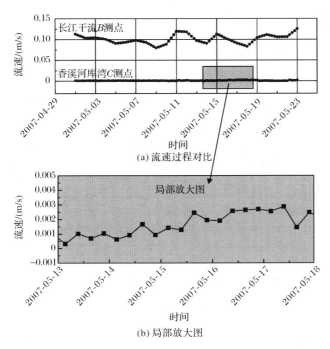

(a) 流速过程对比

(b) 局部放大图

图 9.13　库区干流与香溪河库湾流速过程对比

库湾相比相对均匀有关。

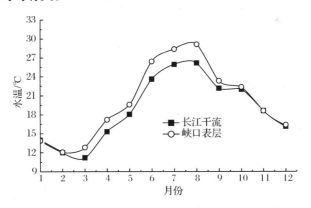

图 9.14　长江干流与香溪河库湾表层水温变化对比

　　库区干流与库湾之间、表层与底层之间水温在全年不同时段的演化规律及差异是各种类型温差异重流形成和发展的诱因。郎韵(2014)采用考虑浮力修正的 k-ε 双方程紊流模型针对 2009 年香溪河库湾的边界条件,垂向以 92 层的 σ 坐标和 z 坐标分别研究了库湾温差异重流的形态特征,描述了温差异重流的水动力特征及其成因,典型月份的流速矢量图及流速云图如图 9.15 所示。

9.1.6　香溪河库湾内波数值研究

　　内波是发生在密度稳定层化水体内部的一种波动,其最大振幅出现在水体内部,波动频率介于惯性频率和浮力频率之间。其恢复力在频率较高时主要是重力与浮力的合力(称为约化重力),当频率低至接近惯性频率时主要是地转科氏惯性力,所以内波也称为内重力波或内惯性-重力波(方欣华等,2005)。

　　由于湖库分层水体密度的层间变化很小(跃层上下的相对密度差也仅约为0.1%),所以约化重力比重力小得多,水体只要受到很小的扰动就会偏离其平衡

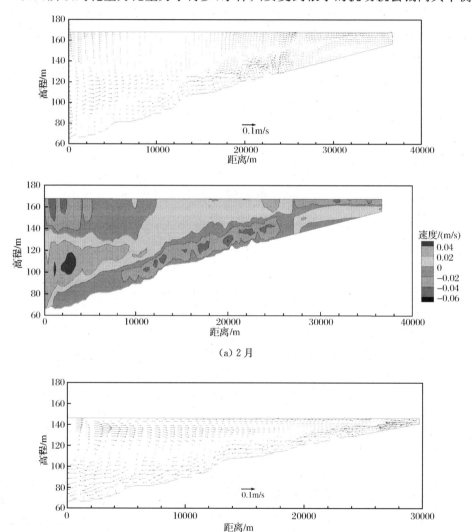

(a) 2月

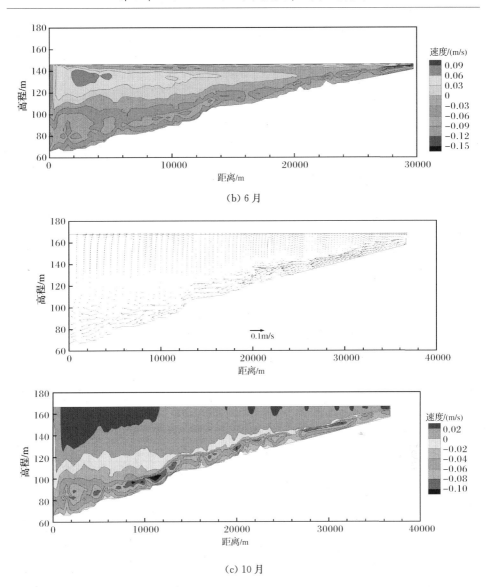

(b) 6 月

(c) 10 月

图 9.15 香溪河库湾温差异重流典型月份的流速矢量图及流速云图

位置产生波动。这种波动传输速度很慢,相速度仅为相应表面波的几十分之一,但其波长和周期却分布在很宽的范围内,常见的波长为几十米至几十千米,周期为几分钟至几十小时,振幅一般为几米至几十米。根据 Roberts(1975)的统计,内波最大垂向振幅甚至高达 180m。

通过 9.1.5 节分析可知,三峡水库香溪河库湾中存在季节性水温分层现象,水库运行过程中河口水位的周期性波动成为库湾内波产生的诱因,而分层期稳定密度分层水体为内波的传输提供了载体。

本节结合三峡水库的实际水位过程,利用数值方法研究内波在分层异重流环境中的生成机制及其动力学作用,为抑制深水湖库水温层化,改善其水环境提供理论依据。

1. 三峡水库水位日变幅与河口流量过程

在香溪河库湾水体密度稳定层化的5～9月,三峡水库分别处于汛前泄水期、汛期和蓄水期,水库水位存在一定的波动。2009年三峡水库水位波动统计结果见表9.1。

表9.1　2009年5～9月三峡水库的最大水位日变幅

月份	水位上升		水位下降	
	最大日升幅/m	出现时间	最大日降幅/m	出现时间
5	0.15	5月16日	0.64	5月24日
6	0.38	6月10日	0.55	6月1日
7	0.49	7月26日	0.67	7月24日
8	2.97	8月6日	1.08	8月9日
9	1.91	9月16日	0.43	9月3日

在水位波动较大的7月24～26日,绘制香溪河口计算断面流量的模拟结果,如图9.16所示(以流出河口的流量为负,流入河口的流量为正)。

在库水位升降过程中,香溪河口的流量呈周期性波动,存在非常明显的"潮汐"现象。其中,在水位日降幅最大的7月24日,流量以流出河口为主,最大流量约为355m³/s,部分时段还会出现流入河口的现象,最大流量约为92m³/s。在水位日升幅最大的7月26日,流量以流入河口为主,最大流量约为546m³/s,部分时段出现流出河口的现象,最大流量约为320m³/s。

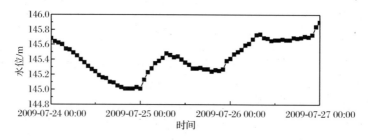

(a) 库水位变化过程

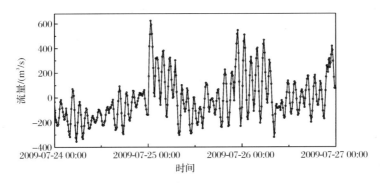

(b) 河口计算断面的流量过程

图 9.16　7 月 24～26 日库水位及河口流量变化过程

2. 库湾表面的辐聚和辐散

内波波列在波峰和波谷处有最大的水平速度,而垂向速度则为 0,在峰谷间的中点处具有最大的垂向速度,峰前为上升流,峰后为下沉流。当波列在靠近自由水面处水平传播时,这种流动结构会在峰后形成辐聚区,峰前形成辐散区。内波列辐聚-辐散特性对自由表面起着调制作用。辐聚区域的自由表面失去平整,表面变粗糙;辐散区域的自由表面趋向平整,表面变光滑。若用合成孔径雷达进行遥感观测,内波列上方的自由表面会显现为明暗交替的条纹。研究人员通常据此来侦察水下内波的运动。

图 9.17 为 5 月 24 日 19:00 的香溪河库湾表面流速矢量图。由图可知,香溪河表层水体存在多个流速反向断面位置。表明水库水位的变动可能诱发了内波的产生,内波的作用使得香溪河库湾表面流场形成辐聚区和辐散区。

3. 纵向流速过程线波动过程

根据计算,香溪河库湾距河口 20km 中游观测点(图 9.8 中测点 D)5 月的水体静力稳定度和浮力频率均在水深 1m 处存在最大值,即水深 1m 处的水体分层最稳定。由此绘制该观测点 5 月 24 日表层和水深 2m 处的纵向流速过程线,如图 9.18 所示。

由图 9.18 可知,表层的纵向流速以负占优,而水深 2m 处的纵向流速以正占优。表明表层流速以流向河口为主,而水深 2m 处的流速以流向上游为主,同一时刻两层水体的纵向流速方向基本相反,表层纵向流速略大于水深 2m 处的纵向流速。这与内波的物理特性相一致,正是内波的存在,使得密度稳定分层水体的上下层流速相反,形成水平剪切流动。

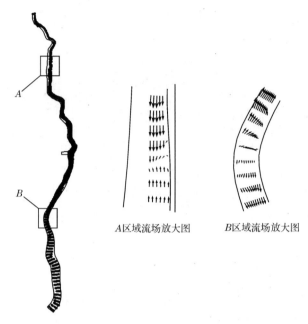

图 9.17　5 月 24 日 19:00 香溪河库湾表面流速矢量图

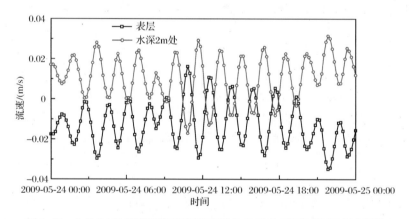

图 9.18　5 月 24 日香溪河库湾中游观测点 D 纵向(沿流向)流速过程线

　　通过分析香溪河库湾表面流场以及纵向流速随时间的变化过程,可以证实,受水库水位波动的扰动作用,香溪河库湾水体在水温分层期发生了内波运动。

　　4. 香溪河库湾等温线内波垂直位移

　　图 9.19 为香溪河库湾中游观测点 D 在几个典型研究时段的等温线波动过程。很明显,除底层外,内波使得香溪河库湾等温线发生不同程度的波动,波动周

期为1~2h。

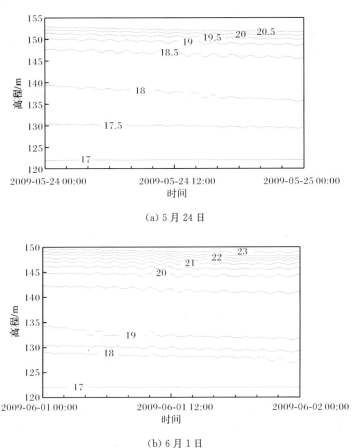

(a) 5月24日

(b) 6月1日

图9.19 2009年典型时段香溪河库湾中游观测点D的等温线波动过程(单位:℃)

9.2 波流环境下浮力射流大涡模拟

从水力学的角度来看,自然水环境中废水排放可概化为不同环境流体中浮力射流及其标量输运问题。根据环境流体的流动形态,射流及其标量输运问题大致可划分为以下四大类,即静止环境、横流环境、波动环境、波流环境中的射流问题。上述各类环境中,污水排放的流动规律和传输、掺混特性一直是流体力学和环境水力学中研究的重点和热点问题(Huai et al.,2006;Dai et al.,2005)。正确分析、预报自然水环境中污水扩散、输移规律及其影响途径,对工业和市政排放工程设计、环境保护和环境风险评估有着重要的指导作用。

　　射流是指流体从几何尺寸远小于其环境流体空间尺寸的喷口以较高速度射入环境流体,并同其混合的流动状态。由于射流和环境流体之间存在速度差、密度差而形成卷吸和混合,使射流断面不断增大,射流中心线流速沿程减小,温度或浓度不断降低。射流在航空、机械、化工和水利等行业中广泛存在,也是流体力学和环境水力学等学科的重要研究对象(王玲玲等,2009b;容易等,2006)。

　　本节以近岸热废水向环境水体排放为研究背景,对波浪及波流耦合复杂环境下射流及污染物迁移过程进行数值模拟研究。建立高效的大涡模拟 LES 模型,研究实验室尺度下不同波流耦合环境中的浮力射流流场及其标量输运规律。

9.2.1　大涡模拟动力拟序涡黏模型的建立

　　LES 涡黏性模型中 Smagorinsky 模型应用最广泛,积累了不少成功的工程应用经验。而紊流研究最新成果显示,紊流的拟序结构在紊流能量传递过程中起着重要作用。为了体现拟序结构对紊流模型模化的影响,本节提出一种考虑拟序结构影响的紊动亚格子应力模型。下面对该模型进行详细阐述。

　　Smagorinsky 利用量纲分析方法得到亚格子应力表达式为

$$\tau_{ij} - \frac{\delta_{ij}}{3}\tau_{kk} = -2\nu_t \overline{S_{ij}} \tag{9.2.1}$$

$$\nu_t = (C_s\overline{\Delta})^2 |\overline{S_q}| \tag{9.2.2}$$

式中,C_s 为 Smagorinsky 常数;$\overline{\Delta}$ 为滤波尺度,采用 Bardina 提出的各向异性滤波尺度,即 $\overline{\Delta} = (\Delta_x^2 + \Delta_y^2 + \Delta_z^2)^{1/2}$;$\overline{S_{ij}}$ 为可求解的对称速度变形张量;$|\overline{S_q}|$ 为大涡模拟中可求解速度梯度变量,在经典的 Smagorinsky 模型中表示为 $|\overline{S_q}| = (2\overline{S_{ij}}\,\overline{S_{ij}})^{1/2}$。在该模型中,Smagorinsky 仅考虑了可求解的速度梯度变量中对称变形速度梯度张量 $\overline{S_{ij}}$ 对紊动黏性系数的影响。由流体力学可知,大涡模拟中可求解速度梯度变形张量可分解为对称变形速度梯度张量 $\overline{S_{ij}}$ 和反对称变形速度梯度张量 $\overline{\Omega_{ij}}$。两者分别为

$$\overline{S_{ij}} = \frac{1}{2}\left(\frac{\partial \overline{u_i}}{\partial x_j} + \frac{\partial \overline{u_j}}{\partial x_i}\right), \quad \overline{\Omega_{ij}} = \frac{1}{2}\left(\frac{\partial \overline{u_i}}{\partial x_j} - \frac{\partial \overline{u_j}}{\partial x_i}\right) \tag{9.2.3}$$

　　紊流中存在拟序结构,其定量表征方法称为 Q 准则,定义如下:

$$2\overline{Q} = (\overline{\Omega_{ij}}\,\overline{\Omega_{ij}} - \overline{S_{ij}}\,\overline{S_{ij}}) \tag{9.2.4}$$

Q 准则的表达式中包含可求解速度的对称速度梯度张量 $\overline{S_{ij}}$ 和反对称速度梯度张量 $\overline{\Omega_{ij}}$。同时,对于均匀流体,$2\overline{Q} = \nabla^2 p/\rho$。该式把低压涡管和拟序结构紧密联系起来。从大涡模拟中 Smagorinsky 模型模化所采用的假设可知,涡黏性系数和网格尺

度及可求解速度梯度有关。对于同一网格尺度,涡黏性系数模化的准确性仅与可求解速度梯度变量包含的信息量有关。Q 准则包含了拟序结构和低压涡管等信息量,是原来的标准 Smagorinsky 模型所不包含的。

　　涡黏性的表达方式可描述为 $\nu_t \propto LV$ 或 $\nu_t \propto L^2/T$。L、V、T 分别为特征长度、速度、时间。若 Smagorinsky 模型中涡黏性的表达方式采用第一种表达方式,即可理解为特征长度为 $C\bar{\Delta}$,特征速度为 $\bar{\Delta}(2\,\overline{S_{ij}}\,\overline{S_{ij}})^{1/2}$;若采用第二种表达方式,则 L^2 为 $(C\bar{\Delta})^2$,T 为 $1/(2\,\overline{S_{ij}}\,\overline{S_{ij}})^{1/2}$。这里采用涡黏性的第二种表达方式来模化:$L^2$ 同样取为原来 Smagorinsky 模型中特征长度 $(C\bar{\Delta})^2$;根据紊流的能量级串理论以及大涡模拟在截断波数所含能量的特性,特征时间取为可求解速度梯度与拟序结构所包含能量平均值,即 $1/[0.5(2\,\overline{S_{ij}}\,\overline{S_{ij}}+2\bar{Q})]^{0.5}$,来反映可求解能量(包括拟序结构及低压涡管信息量)传递的特征时间,来代替经典的 Smagorinsky 模型中仅反映可求解速度传递的特征时间 $1/(2\,\overline{S_{ij}}\,\overline{S_{ij}})^{1/2}$。特征时间可取为两者之和来反映拟序结构及低压涡管信息量对涡黏性系数的影响。不失一般性,采用两者加权之和来表达特征时间:即 $1/[\alpha \cdot 2\,\overline{S_{ij}}\,\overline{S_{ij}}+(1-\alpha)2\bar{Q}]^{0.5}$。这时

$$|\overline{S_q}| = [\alpha \cdot 2\,\overline{S_{ij}}\,\overline{S_{ij}}+(1-\alpha) \cdot 2\bar{Q}]^{0.5} \tag{9.2.5}$$

式中,α 为权重,数值试验显示一般采用 0.5 最佳。常数 C_s 在各向同性的均匀流场中可采用科尔莫戈罗夫能谱、Heisenberg 能谱或 Pao 能谱等来确定。能谱选择的不确定性,导致常数 C_s 取值也不确定。在复杂流场中 C_s 最优值事先难以给定,为此可采用动力模型动态确定 C_s。

　　采用动力模式时,常数 C_s 在空间的分布是不规则的,从而导致涡黏性系数 ν_t 在空间可能变化剧烈,这种剧烈的变化往往会导致数值计算结果不稳定。有几种方法可以克服这种数值计算的不稳定,如果所求解的流场是空间各向同性的,则可以采用空间平均来确定 C_s,例如,Germano-Lilly 提出的空间平均方法。但是这种方法在求解非各向同性的复杂紊流时是不适合的,因此,需要采用另外的途径来克服数值计算的不稳定性。由紊流可求解变量特征量在时间上的相关性可知,紊流可求解变量特征量在时间上存在自相关性。自相关性的第一个跨零点时间长度远远大于大涡模拟所需的时间步长,为此在紊流可求解变量特征量自相关性的第一个跨零点时间长度内采用时间平均法对 C_s 进行加权平均,提出一般表达式为

$$C_s^{2(n)} = \lambda_1 C_s^{2(n)} + \lambda_2 C_s^{2(n-1)} + \lambda_3 C_s^{2(n-2)} + \cdots \tag{9.2.6}$$

$$\lambda_1 + \lambda_2 + \lambda_3 + \cdots = 1 \tag{9.2.7}$$

式中,λ_1、λ_2、λ_3…为不同时刻加权系数,上标 $n-1$ 为上一时刻计算值。理论上不同时刻加权系数 λ_1、λ_2、λ_3…需要根据紊流可求解变量特征量的自相关性函数来确定其大小,以反映不同时刻 C_s 对当前值的影响。为了方便程序的实现及减少储

存量,采用两个时间步长平均,这时式(9.2.6)转化为

$$C_s^{2(n)} = \lambda_1 C_s^{2(n)} + \lambda_2 C_s^{2(n-1)} \tag{9.2.8}$$

式中,$\lambda_1 = 0.65$,$\lambda_2 = 0.35$。如果时间加权值 λ_1 和 λ_2 取特殊值,式(9.2.8)可以转换为一种由 Breuer 等(1994)提出的递归低通滤波方式。可以认为递归低通滤波方式是式(9.2.6)的一种特殊表达方式。其计算结果显示该方法能克服动力模式在数值上的不稳定性。

上述方法确定的 C_s 可能出现负值,这也可视为能量反馈的一种模式。但是如果这种反馈能量的时间过长,可导致数值计算的不稳定,为此,计算工作需要满足以下附加条件:$\nu_t + \nu \geqslant 0$,从而在物理上保证其求解的能量耗散为正。

9.2.2　σ 坐标下的控制方程和分步算法

为了模拟不规则的床面和自由表面,目前较常采用的方法之一是垂向 σ 坐标。可通过式(9.2.9)将一般坐标下的方程进行 σ 坐标变换:

$$\xi^0 = t, \quad \xi^1 = x = X, \quad \xi^2 = y = Y, \quad \xi^3 = \sigma = \frac{z+h}{H} \tag{9.2.9}$$

式中,$x = X$,$y = Y$,z 为直角坐标;η 为自由表面波高;$H = h + \eta$,h 为静止水深;当 z 在 $-h \sim \eta$ 变化时,σ 在 $0 \sim 1$ 变化,根据式(9.2.9),可将图 9.20 中的不规则物理域转化为规则的计算域。

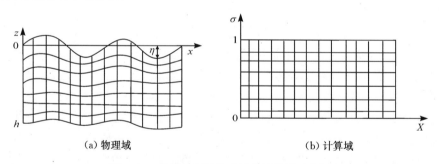

(a) 物理域　　　　　　　　　　　　(b) 计算域

图 9.20　单层 σ 坐标物理域与计算域示意图

由于在单层 σ 坐标下,整个计算区域的网格会随着自由水面波动而波动,难以固定计算区域内部点位置,如图 9.21 中处于某特定水深处的水平射流。因此可利用多层 σ 坐标概念,对于图 9.21 中的物理问题,可利用三层 σ 坐标剖分计算区域,仅第一层内网格随着自由水面的波动而波动,另两层内网格不随自由水面波动,从而避免水平射流随自由水面的波动带来的数值误差。

三层 σ 坐标的计算方法如下:把水深 h_0 分为 3 个子水深,即 h_1、h_2 和 h_3,$h_1 + h_2 + h_3 = h_0$。定义 σ 坐标转换公式如下:

$$\sigma=\begin{cases} l_3+l_2+l_1\left[\dfrac{h_1(x,y)+z}{h_1(x,y)+\eta(x,y)}\right], & -h_1(x,y)\leqslant z\leqslant\eta(x,y) \\[2mm] l_3+l_2\left[\dfrac{h_1(x,y)+h_2(x,y)+z}{h_2(x,y)}\right], & -h_1(x,y)-h_2(x,y)\leqslant z<-h_1(x,y) \\[2mm] l_3\left[\dfrac{z+h_0(x,y)}{h_3(x,y)}\right], & -h_0(x,y)\leqslant z<-h_1(x,y)-h_2(x,y) \end{cases}$$

$$(9.2.10)$$

式中,l_1、l_2 和 l_3 为加权系数,$l_1+l_2+l_3=1$,l_n 定义为 $l_n=N_n/N_t(n=1,2,3)$,其中,N_n 为垂向第 n 层网格数,N_t 为垂向总网格数。可以通过调整 l_n 的大小来控制垂向网格的疏密。当 h_2 和 h_3 为 0 时,多层 σ 坐标即可转化为单层 σ 坐标。根据实际情况,可以选取不同层数下的 σ 坐标来计算。

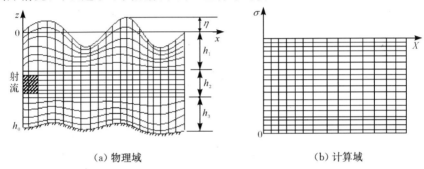

（a）物理域　　　　　　　　　　　　　　　（b）计算域

图 9.21　多层 σ 坐标物理域与计算域转化示意图

根据微分法则得到如下关系:

$$\frac{\partial\xi^3}{\partial\xi^0}=\frac{\partial\sigma}{\partial t}=\begin{cases} -\dfrac{\sigma-l_2-l_1}{h_1+\eta}\dfrac{\partial(h_1+\eta)}{\partial t}, & -h_1(x,y)\leqslant z\leqslant\eta(x,y), & l_2+l_3\leqslant\sigma\leqslant1 \\[2mm] 0, & -h_1(x,y)-h_2(x,y)\leqslant z<-h_1(x,y), & l_3\leqslant\sigma<l_2+l_3 \\[2mm] 0, & -h_0(x,y)\leqslant z<-h_1(x,y)-h_2(x,y), & 0\leqslant\sigma<l_3 \end{cases}$$

$$(9.2.11)$$

$$\frac{\partial\xi^3}{\partial x}=\frac{\partial\sigma}{\partial x}=\begin{cases} \dfrac{l_1}{h_1+\eta}\dfrac{\partial h_1}{\partial X}-\dfrac{\sigma-l_2-l_1}{h_1+\eta}\dfrac{\partial(h_1+\eta)}{\partial X}, & -h_1(x,y)\leqslant z\leqslant\eta(x,y), & l_2+l_3\leqslant\sigma\leqslant1 \\[2mm] \dfrac{l_2}{h_2}\dfrac{\partial h_1}{\partial X}-\dfrac{\sigma-l_2-l_1}{h_2}\dfrac{\partial h_2}{\partial X}, & \begin{aligned}&-h_1(x,y)-h_2(x,y)\leqslant\\&z<-h_1(x,y),\end{aligned} & l_3\leqslant\sigma<l_2+l_3 \\[2mm] \dfrac{l_3}{h_3}\left(\dfrac{\partial h_1}{\partial X}+\dfrac{\partial h_3}{\partial X}\right)-\dfrac{\sigma-l_3}{h_3}\dfrac{\partial h_3}{\partial X}, & \begin{aligned}&-h_0(x,y)\leqslant z<\\&-h_1(x,y)-h_2(x,y),\end{aligned} & 0\leqslant\sigma<l_3 \end{cases}$$

$$(9.2.12)$$

$$\frac{\partial \xi^3}{\partial y}=\frac{\partial \sigma}{\partial y}=\begin{cases}\dfrac{l_1}{h_1+\eta}-\dfrac{\sigma-l_2-l_1}{h_1+\eta}\dfrac{\partial(h_1+\eta)}{\partial Y}, & -h_1(x,y)\leqslant z\leqslant\eta(x,y), & l_2+l_3\leqslant\sigma\leqslant1\\[2mm] \dfrac{l_2}{h_2}\dfrac{\partial h_1}{\partial Y}-\dfrac{\sigma-l_2-l_1}{h_2}\dfrac{\partial h_2}{\partial Y}, & \begin{aligned}&-h_1(x,y)-h_2(x,y)\leqslant\\&z<-h_1(x,y),\end{aligned} & l_3\leqslant\sigma<l_2+l_3\\[2mm] \dfrac{l_3}{h_3}\Big(\dfrac{\partial h_1}{\partial Y}+\dfrac{\partial h_3}{\partial Y}\Big)-\dfrac{\sigma-l_3}{h_3}\dfrac{\partial h_3}{\partial Y}, & \begin{aligned}&-h_0(x,y)\leqslant z<\\&-h_1(x,y)-h_2(x,y),\end{aligned} & 0\leqslant\sigma<l_3\end{cases}$$

$$(9.2.13)$$

$$\frac{\partial \xi^3}{\partial z}=\frac{\partial \sigma}{\partial z}=\begin{cases}\dfrac{l_1}{h_1+\eta}, & -h_1(x,y)\leqslant z\leqslant\eta(x,y), & l_2+l_3\leqslant\sigma\leqslant1\\[2mm] \dfrac{l_2}{h_2}, & -h_1(x,y)-h_2(x,y)\leqslant z<-h_1(x,y), & l_3\leqslant\sigma<l_2+l_3\\[2mm] \dfrac{l_3}{h_3}, & -h_0(x,y)\leqslant z<-h_1(x,y)-h_2(x,y), & 0\leqslant\sigma<l_3\end{cases}$$

$$(9.2.14)$$

本节以(x,y,z,t)坐标系下滤波后的三维不可压 Navier-Stokes 方程作为控制方程,设 h_2 和 h_3 为 0,$h_1=h_0$,经过 σ 坐标转换得到 X,Y,σ 坐标下的控制方程如下(Chen,2006;Li et al.,2002)。

连续方程:

$$\frac{\partial \bar{u}}{\partial X}+\frac{\partial \bar{u}}{\partial \sigma}\frac{\partial \sigma}{\partial x}+\frac{\partial \bar{v}}{\partial Y}+\frac{\partial \bar{v}}{\partial \sigma}\frac{\partial \sigma}{\partial y}+\frac{\partial \bar{w}}{\partial \sigma}\frac{\partial \sigma}{\partial z}=0 \tag{9.2.15}$$

动量方程:

$$\begin{aligned}&\frac{\partial \bar{u}}{\partial t}+\bar{u}\frac{\partial \bar{u}}{\partial X}+\bar{v}\frac{\partial \bar{u}}{\partial Y}+\bar{\omega}\frac{\partial \bar{u}}{\partial \sigma}\\[2mm] &=-\frac{1}{\rho}\Big(\frac{\partial \bar{p}}{\partial X}+\frac{\partial \bar{p}}{\partial \sigma}\frac{\partial \sigma}{\partial x}\Big)+g_X+\frac{\partial \bar{\tau}_{xx}}{\partial X}+\frac{\partial \bar{\tau}_{xx}}{\partial \sigma}\frac{\partial \sigma}{\partial x}\\[2mm] &\quad+\frac{\partial \bar{\tau}_{xy}}{\partial Y}+\frac{\partial \bar{\tau}_{xy}}{\partial \sigma}\frac{\partial \sigma}{\partial y}+\frac{\partial \bar{\tau}_{xz}}{\partial \sigma}\frac{\partial \sigma}{\partial z}\end{aligned} \tag{9.2.16}$$

$$\begin{aligned}&\frac{\partial \bar{v}}{\partial t}+\bar{u}\frac{\partial \bar{v}}{\partial X}+\bar{v}\frac{\partial \bar{v}}{\partial Y}+\bar{\omega}\frac{\partial \bar{v}}{\partial \sigma}\\[2mm] &=-\frac{1}{\rho}\Big(\frac{\partial \bar{p}}{\partial Y}+\frac{\partial \bar{p}}{\partial \sigma}\frac{\partial \sigma}{\partial y}\Big)+g_Y+\frac{\partial \bar{\tau}_{yx}}{\partial X}+\frac{\partial \bar{\tau}_{yx}}{\partial \sigma}\frac{\partial \sigma}{\partial x}\\[2mm] &\quad+\frac{\partial \bar{\tau}_{yy}}{\partial Y}+\frac{\partial \bar{\tau}_{yy}}{\partial \sigma}\frac{\partial \sigma}{\partial y}+\frac{\partial \bar{\tau}_{yz}}{\partial \sigma}\frac{\partial \sigma}{\partial z}\end{aligned} \tag{9.2.17}$$

$$\begin{aligned}&\frac{\partial \bar{w}}{\partial t}+\bar{u}\frac{\partial \bar{w}}{\partial X}+\bar{v}\frac{\partial \bar{w}}{\partial Y}+\bar{\omega}\frac{\partial \bar{w}}{\partial \sigma}\\[2mm] &=-\frac{1}{\rho}\frac{\partial \bar{p}}{\partial \sigma}\frac{\partial \sigma}{\partial z}+g_z+\frac{\partial \bar{\tau}_{zx}}{\partial X}+\frac{\partial \bar{\tau}_{zx}}{\partial \sigma}\frac{\partial \sigma}{\partial x}\end{aligned}$$

$$+\frac{\partial \bar{\tau}_{zy}}{\partial Y}+\frac{\partial \bar{\tau}_{zy}}{\partial \sigma}\frac{\partial \sigma}{\partial y}+\frac{\partial \bar{\tau}_{zz}}{\partial \sigma}\frac{\partial \sigma}{\partial z} \tag{9.2.18}$$

式中

$$\bar{\omega}=\frac{\mathrm{D}\sigma}{\mathrm{D}t}=\frac{\partial \sigma}{\partial t}+\bar{u}\frac{\partial \sigma}{\partial x}+\bar{v}\frac{\partial \sigma}{\partial y}+\bar{w}\frac{\partial \sigma}{\partial z} \tag{9.2.19}$$

$$\bar{\tau}_{xx}=2(\nu+\nu_{\mathrm{t}})(\frac{\partial \bar{u}}{\partial X}+\frac{\partial \bar{u}}{\partial \sigma}\frac{\partial \sigma}{\partial x}),\quad \bar{\tau}_{xy}=\bar{\tau}_{yx}=(\nu+\nu_{\mathrm{t}})(\frac{\partial \bar{u}}{\partial Y}+\frac{\partial \bar{u}}{\partial \sigma}\frac{\partial \sigma}{\partial y}+\frac{\partial \bar{v}}{\partial X}+\frac{\partial \bar{v}}{\partial \sigma}\frac{\partial \sigma}{\partial x})$$

$$\bar{\tau}_{xz}=\bar{\tau}_{zx}=(\nu+\nu_{\mathrm{t}})(\frac{\partial \bar{u}}{\partial \sigma}\frac{\partial \sigma}{\partial z}+\frac{\partial \bar{w}}{\partial X}+\frac{\partial \bar{w}}{\partial \sigma}\frac{\partial \sigma}{\partial x}),\quad \bar{\tau}_{yy}=2(\nu+\nu_{\mathrm{t}})(\frac{\partial \bar{v}}{\partial Y}+\frac{\partial \bar{v}}{\partial \sigma}\frac{\partial \sigma}{\partial y})$$

$$\bar{\tau}_{yz}=\bar{\tau}_{zy}=(\nu+\nu_{\mathrm{t}})(\frac{\partial \bar{v}}{\partial \sigma}\frac{\partial \sigma}{\partial z}+\frac{\partial \bar{w}}{\partial Y}+\frac{\partial \bar{w}}{\partial \sigma}\frac{\partial \sigma}{\partial y}),\quad \bar{\tau}_{zz}=2(\nu+\nu_{\mathrm{t}})(\frac{\partial \bar{w}}{\partial \sigma}\frac{\partial \sigma}{\partial z})$$

$$\tag{9.2.20}$$

　　本节采用分步算法对上述控制方程进行求解。分步算法,又称为破开算子法,是计算数学中的一种分裂算法,最早由苏联学者 Yanenko 提出。它通过引进中间变量,将复杂的偏微分方程转换为简单的微分方程,从而使求解过程简化,该方法的实际应用极为广泛。根据方程的特点,将动量方程分为三步求解:对流分步项、扩散分步项和压力分步项(Lin et al.,2002)。为了方便,以 X 方向为例,给出分步算法计算步骤。

1. 对流分步项

$$\frac{\bar{u}_{i,j,k}^{n+1/3}-\bar{u}_{i,j,k}^{n}}{\Delta t}+\left(\bar{u}\frac{\partial \bar{u}}{\partial X}+\bar{v}\frac{\partial \bar{u}}{\partial Y}+\bar{\omega}\frac{\partial \bar{u}}{\partial \sigma}\right)_{i,j,k}^{n}=0 \tag{9.2.21}$$

　　在求解式(9.2.21)前,可以再次利用分步法的思想,将其进一步分解成如下三个子步骤:

$$\frac{\bar{u}_{i,j,k}^{n+1/9}-\bar{u}_{i,j,k}^{n}}{\Delta t}+\left(\bar{u}\frac{\partial \bar{u}}{\partial X}\right)_{i,j,k}^{n}=0 \tag{9.2.22}$$

$$\frac{\bar{u}_{i,j,k}^{n+2/9}-\bar{u}_{i,j,k}^{n+1/9}}{\Delta t}+\left(\bar{v}\frac{\partial \bar{u}}{\partial Y}\right)_{i,j,k}^{n+1/9}=0 \tag{9.2.23}$$

$$\frac{\bar{u}_{i,j,k}^{n+3/9}-\bar{u}_{i,j,k}^{n+2/9}}{\Delta t}+\left(\bar{\omega}\frac{\partial \bar{u}}{\partial \sigma}\right)_{i,j,k}^{n+2/9}=0 \tag{9.2.24}$$

　　因为上述三个对流子步骤有类似的数学特征,可通过相同数值方法求解。为了提高计算精度,利用二次后向特征线法(quadratic backward characteristic method)和 Lax-Wendroff 格式耦合法对对流分步项进行离散求解,这种离散格式具有三阶精度。为了简便,仅讨论 $\bar{u}_{i,j,k}>0$ 的情况。

　　为了使用二次后向特征法,首先定义对流距离 Δx_{a},$\Delta x_{\mathrm{a}}=\bar{u}^{n}\Delta t$,以方程(9.2.22)为例,离散算式如下:

$$(\bar{u}_{i,j,k}^{n+1/9})_{QC} = \frac{(\Delta x_{i-1} - \Delta x_a)(-\Delta x_a)}{\Delta x_{i-2}(\Delta x_{i-2} + \Delta x_{i-1})}\bar{u}_{i-2,j,k}^{n} + \frac{(\Delta x_{i-2} + \Delta x_{i-1} - \Delta x_a)(-\Delta x_a)}{(\Delta x_{i-2})(-\Delta x_{i-1})}\bar{u}_{i-1,j,k}^{n}$$

$$+ \frac{(\Delta x_{i-2} + \Delta x_{i-1} - \Delta x_a)(\Delta x_{i-1} - \Delta x_a)}{(\Delta x_{i-2} + \Delta x_{i-1})\Delta x_{i-1}}\bar{u}_{i,j,k}^{n} \tag{9.2.25}$$

利用 Lax-Wendroff 格式离散方程(9.2.22)如下:

$$(\bar{u}_{i,j,k}^{n+1/9})_{LW} = \frac{\Delta x_a(\Delta x_i + \Delta x_a)}{\Delta x_{i-1}(\Delta x_{i-1} + \Delta x_i)}\bar{u}_{i-1,j,k}^{n} + \frac{(\Delta x_{i-1} - \Delta x_a)(-\Delta x_i - \Delta x_a)}{\Delta x_{i-1}(-\Delta x_i)}\bar{u}_{i,j,k}^{n}$$

$$+ \frac{(\Delta x_{i-1} - \Delta x_a)(-\Delta x_a)}{(\Delta x_{i-1} + \Delta x_i)\Delta x_i}\bar{u}_{i+1,j,k}^{n} \tag{9.2.26}$$

为了得到稳定和精确的数值结果,采用上述两离散格式的平均值得到如下离散格式:

$$\bar{u}_{i,j,k}^{n+1/9} = \frac{(\bar{u}_{i,j,k}^{n+1/9})_{QC} + (\bar{u}_{i,j,k}^{n+1/9})_{LW}}{2} \tag{9.2.27}$$

2. 扩散分步项

完成对流分步项求解后,进行扩散分步项离散:

$$\frac{\bar{u}_{i,j,k}^{n+2/3} - \bar{u}_{i,j,k}^{n+1/3}}{\Delta t} = \left(\frac{\partial \bar{\tau}_{xx}}{\partial X} + \frac{\partial \bar{\tau}_{xx}}{\partial \sigma}\frac{\partial \sigma}{\partial x} + \frac{\partial \bar{\tau}_{xy}}{\partial Y} + \frac{\partial \bar{\tau}_{xy}}{\partial \sigma}\frac{\partial \sigma}{\partial y} + \frac{\partial \bar{\tau}_{xz}}{\partial \sigma}\frac{\partial \sigma}{\partial z}\right)_{i,j,k}^{n+1/3} \tag{9.2.28}$$

采用时间前差、空间中心差分格式离散上述方程。为了方便,只以 $\left(\frac{\partial \bar{\tau}_{xx}}{\partial X}\right)_{i,j,k}^{n+1/3}$ 为例进行中心差分格式离散:

$$\left(\frac{\partial \bar{\tau}_{xx}}{\partial X}\right)_{i,j,k}^{n+1/3} = \frac{(\bar{\tau}_{xx})_{i+1/2,j,k}^{n+1/3} - (\bar{\tau}_{xx})_{i-1/2,j,k}^{n+1/3}}{(\Delta x_{i-1} + \Delta x_i)/2} \tag{9.2.29}$$

式中

$$(\bar{\tau}_{xx})_{i+1/2,j,k}^{n+1/3} = 2(\nu + \nu_t)\left[\frac{\bar{u}_{i+1,j,k} - \bar{u}_{i,j,k}}{\Delta x_i} + \frac{\bar{u}_{i+1/2,j,k+1} - \bar{u}_{i+1/2,j,k-1}}{\Delta \sigma_{k-1} + \Delta \sigma_k}\left(\frac{\partial \sigma}{\partial x}\right)_{i+1/2,j,k}\right]^{n+1/3}$$

$$(\bar{\tau}_{xx})_{i-1/2,j,k}^{n+1/3} = 2(\nu + \nu_t)\left[\frac{\bar{u}_{i,j,k} - \bar{u}_{i-1,j,k}}{\Delta x_{i-1}} + \frac{\bar{u}_{i-1/2,j,k+1} - \bar{u}_{i-1/2,j,k-1}}{\Delta \sigma_{k-1} + \Delta \sigma_k}\left(\frac{\partial \sigma}{\partial x}\right)_{i-1/2,j,k}\right]^{n+1/3}$$

$$\tag{9.2.30}$$

节点间的速度通过线性插值得到。

3. 压力分步项

该步骤计算控制方程中的压力和重力项。为了实现压力和速度解耦,压力通过求解压力 Poisson 方程得到。

$$\frac{\bar{u}_{i,j,k}^{n+1} - \bar{u}_{i,j,k}^{n+2/3}}{\Delta t} = -\frac{1}{\rho}\left(\frac{\partial p}{\partial X} + \frac{\partial p}{\partial \sigma}\frac{\partial \sigma}{\partial x}\right)_{i,j,k}^{n+1} + g_X \tag{9.2.31}$$

$$\frac{\overline{v}_{i,j,k}^{n+1} - \overline{v}_{i,j,k}^{n+2/3}}{\Delta t} = -\frac{1}{\rho}\left(\frac{\partial p}{\partial Y} + \frac{\partial p}{\partial \sigma}\frac{\partial \sigma}{\partial y}\right)_{i,j,k}^{n+1} + g_Y \tag{9.2.32}$$

$$\frac{\overline{w}_{i,j,k}^{n+1} - \overline{w}_{i,j,k}^{n+2/3}}{\Delta t} = -\frac{1}{\rho}\left(\frac{\partial p}{\partial \sigma}\frac{\partial \sigma}{\partial z}\right)_{i,j,k}^{n+1} + g_Z \tag{9.2.33}$$

$$\left(\frac{\partial \overline{u}}{\partial X} + \frac{\partial \overline{u}}{\partial \sigma}\frac{\partial \sigma}{\partial x} + \frac{\partial \overline{v}}{\partial Y} + \frac{\partial \overline{v}}{\partial \sigma}\frac{\partial \sigma}{\partial y} + \frac{\partial \overline{w}}{\partial \sigma}\frac{\partial \sigma}{\partial z}\right)_{i,j,k}^{n+1} = 0 \tag{9.2.34}$$

将式(9.2.31)~式(9.2.33)所求 $n+1$ 时刻变量代入式(9.2.34),并做简单代数运算便得到如下修正的压力 Poisson 方程:

$$\begin{aligned}&\left\{\frac{\partial^2 p}{\partial X^2} + \frac{\partial^2 p}{\partial Y^2} + \left[\frac{\partial \sigma}{\partial x}\frac{\partial}{\partial \sigma}\left(\frac{\partial \sigma}{\partial x}\frac{\partial p}{\partial \sigma}\right) + \frac{\partial \sigma}{\partial y}\frac{\partial}{\partial \sigma}\left(\frac{\partial \sigma}{\partial y}\frac{\partial p}{\partial \sigma}\right) + \frac{\partial \sigma}{\partial z}\frac{\partial}{\partial \sigma}\left(\frac{\partial \sigma}{\partial z}\frac{\partial p}{\partial \sigma}\right)\right] \cdot \frac{\partial^2 P}{\partial \sigma^2}\right.\\&\left. + 2\left(\frac{\partial \sigma}{\partial x}\frac{\partial^2 p}{\partial x \partial \sigma} + \frac{\partial \sigma}{\partial y}\frac{\partial^2 p}{\partial y \partial \sigma}\right) + \left(\frac{\partial^2 \sigma}{\partial x \partial X} + \frac{\partial^2 \sigma}{\partial y \partial Y}\right)\frac{\partial p}{\partial \sigma}\right\}_{i,j,k}^{n+1}\\&= \frac{\rho}{\Delta t}\left(\frac{\partial \overline{u}}{\partial X} + \frac{\partial \overline{u}}{\partial \sigma}\frac{\partial \sigma}{\partial x} + \frac{\partial \overline{v}}{\partial Y} + \frac{\partial \overline{v}}{\partial \sigma}\frac{\partial \sigma}{\partial y} + \frac{\partial \overline{w}}{\partial \sigma}\frac{\partial \sigma}{\partial z}\right)_{i,j,k}^{n+2/3}\end{aligned} \tag{9.2.35}$$

与传统的压力 Poisson 方程相比,上述压力 Poisson 方程增加了由坐标转换产生的附加项。采用二阶中心差分来离散上述方程,可以避免棋盘压力分布问题。离散得到的代数方程组可采用逐次超松弛迭代法、高斯-塞德尔迭代法、交替方向隐式迭代法来求解。本节采用计算速度快、鲁棒性好的共轭梯度法(conjugate gradient squared stabilized,CGSTAB)来求解(van den Vorst et al. ,1990)。

9.2.3　初始条件和边界条件

1. 入口边界条件

入口边界条件常采用实测值或采用 RANS 的计算结果给出。但是用 LES 进行非稳态计算时,入口边界条件的给定需考虑紊流的脉动。这是 LES 计算时较困难的问题之一。最近,有很多关于 LES 计算中入口边界扰动给定方法的研究成果,如白噪声随机扰动法、高斯随机信号扰动法、加权波振幅叠加谱法(weighed amplitude wave superposition spectral method)、方位角扰动法(azimuthal forcing method)等。Menow 等(1996)指出上述方法中方位角扰动方法最佳。本节采用平均值加方位角扰动法给定入口边界条件。

射流口每个计算节点的随机脉动为

$$w' = A\overline{w}\sum_{n=1}^{N}\sin\left(\frac{2\pi f t}{n} + \phi\right) \tag{9.2.36}$$

式中,w' 为脉动速度;A 为脉动振幅;N 为常数,取值为 6;f 为射流入口的 Strouhal 数;t 为计算时间;ϕ 为 $0\sim2\pi$ 随机相位角。有温度场时,射流入口处的温度赋值同样采用此种方法处理。

对波流耦合的情况，其波流入口分别采用相互独立的边界条件给出，即

$$u = u_c + u_w + u' \tag{9.2.37}$$

$$v = v_c + v_w + v' \tag{9.2.38}$$

$$w = w_c + w_w + w' \tag{9.2.39}$$

式中，u_c、v_c 和 w_c 为流的速度；u_w、v_w 和 w_w 为波浪速度，u'、v' 和 w' 为随机扰动。

Stokes 一阶波的波面形状和波致流速为（俞聿修，2000）

$$\eta = a\cos(kx - wt) \tag{9.2.40}$$

$$u_w = \frac{\cosh[k(\eta+h)]}{\cosh(kh)}\cos(kx - wt)\cos\theta \tag{9.2.41}$$

$$v_w = \frac{\cosh[k(\eta+h)]}{\cosh(kh)}\cos(kx - wt)\sin\theta \tag{9.2.42}$$

$$w_w = \frac{\sinh[k(\eta+h)]}{\cosh(kh)}\sin(kx - wt) \tag{9.2.43}$$

式中，a 为振幅；k 为波数，$k = \dfrac{2\pi}{L}$，L 为波长；w 为波浪圆频率，$\omega = \dfrac{2\pi}{T}$，T 为周期；θ 为波前进方向与传输方向 x 坐标轴的夹角。

随机波面采用 Longuet-Higgins 提出的随机余弦波叠加方法进行描述：

$$\eta = \sum_{n=1}^{m} a_n\cos(k_n x + \omega_n t + \varepsilon_n) \tag{9.2.44}$$

式中，a_n 为第 n 个余弦波的振幅；k_n 为第 n 个波数；ω_n 为第 n 个波浪圆频率；ε_n 为第 n 个波的初相位，取值为 $0\sim2\pi$ 的随机变量。波致流速仍然采用 Stokes 一阶波方法生成。

不失一般性，不规则波采用北海联合波浪计划（JONSWAP）波谱生成，其波谱函数为

$$S(f) = \frac{a_w}{(2\pi)^4}\frac{1}{f^5}\exp\left[-1.25\left(\frac{f_p}{f}\right)^4\right]\gamma^{\exp[-(f-f_p)^2/2\sigma_1^2 f_p^2]} \tag{9.2.45}$$

$$\sigma_1 = \begin{cases} 0.07, & f \leqslant f_p \\ 0.09, & f > f_p \end{cases} \tag{9.2.46}$$

式中，a_w 为能量尺度因子；σ_1 为峰形参数；f 为波频率；$S(f)$ 为能谱密度函数；f_p 为谱峰频率，$f_p = 1/T_s$；γ 为谱峰升高因子，本例中 $\gamma = 3.3$，T_s 为有效波周期。

为了使水体逐步过渡到目标波浪形式并考虑计算稳定性要求，对波浪速度和波高值乘以光滑函数 Ψ 进行处理，即

$$\Psi = \tanh(t/2\pi T) \tag{9.2.47}$$

式中，t 为计算时间；T 为波周期。

入流边界压强分布采用静压边界条件。

2. 出口边界条件

在 LES 数值模拟中,出口边界大多采用梯度在出口法线方向为 0 的条件。但是在有波的情况下,采用零梯度边界条件将会产生波浪反射,为此采用以下对流型边界条件:

$$\frac{\partial \varphi}{\partial t} + U_c \frac{\partial \varphi}{\partial n} = 0 \tag{9.2.48}$$

式中,φ 为求解的变量;在波环境下,U_c 为波浪相速度,这时上述方程转化为 Somerfeld 边界,在波流共存的情况下,U_c 为波浪相速度加流的速度;n 为出口边界的法线方向。

在模拟孤立波时若仅采用 Somerfeld 条件,大约有 2% 的入射波高将反射回计算区域(Wang,2004)。为了抑制波浪能量的反射,在出口区域除采用上述公式外,还应采用人工海绵技术。

人工海绵技术源于波浪水池中的消波岸。在距离波浪水池消波岸一定距离时设置一个海绵层吸收波能,使到达边界的波能显著减小。这种方法从 20 世纪 60 年代开始就逐渐应用于波浪的数值模拟中,本算例采用 Park 等提出的方法:

$$u_n = u + \Delta t \gamma \beta \left(\frac{x - x_s}{\gamma} \right)^2 u \tag{9.2.49}$$

$$\eta_n = \eta + \Delta t \gamma \beta \left(\frac{x - x_s}{\gamma} \right)^2 \eta \tag{9.2.50}$$

式中,x_s 为人工海绵层的起始位置;u_n 和 η_n 为海绵层作用后的速度与波高;γ 为海绵层长度控制参数;β 为衰减系数控制参数,为负值。在实际计算中需要根据具体情况来调控这两个参数,使海绵层达到吸收波能的最佳效果。

3. 自由表面边界

采用界面追踪法处理自由表面。把自由表面线性化为一个标高函数:

$$Z = \eta(X, Y, t) \tag{9.2.51}$$

该标高函数满足运动和动力学条件,可以简化为

$$\frac{\partial \eta}{\partial t} = \overline{w} - \overline{u} \frac{\partial \eta}{\partial X} - \overline{v} \frac{\partial \eta}{\partial Y} \tag{9.2.52}$$

为了准确追踪自由表面,采用 Lagrange-Euler 法更新自由表面位置。

假定在 t_n 时刻粒子水平位置为 (X, Y),在下一个时刻 t_{n+1} 粒子位于 (X_i, Y_j),通过求解下面的 Lagrange 方程追踪粒子:

$$X_i - X = \int_{t_n}^{t_{n+1}} u(X(t), Y(t), t) \mathrm{d}t \approx u(X(t_\theta), Y(t_\theta)) \Delta t \tag{9.2.53}$$

$$Y_j - Y = \int_{t_n}^{t_{n+1}} v(X(t),Y(t),t)\mathrm{d}t \approx v(X(t_\theta),Y(t_\theta))\Delta t \qquad (9.2.54)$$

$$\eta_{i,j}^{n+1} - \eta_{i,j}^{n} = \int_{t_n}^{t_{n+1}} w(X(t),Y(t),t)\mathrm{d}t \approx w(X(t_\theta),Y(t_\theta))\Delta t \qquad (9.2.55)$$

式中,Δt 为时间步长,$\Delta t = t_{n+1} - t_n$;t_θ 为中间时刻,$t_\theta = t_n + \theta \Delta t$;$\theta$ 为权重。数值计算表明,θ 采用 0.5 时,会产生局部不稳定;采用 1 时即全隐格式,自由表面捕捉的精度不高。建议取值为 0.65。

粒子的运动速度是位置及时间的多元函数,将方程(9.2.53)～方程(9.2.55)右端三个方向的流速进行 Taylor 级数展开并略去二阶以上高阶项,可得

$$X_i - X = \left[u_{i,j}^{n+1} - \theta \left(\frac{\partial u}{\partial X}\right)_{i,j}^{n+1} (X_i - X) - \theta \left(\frac{\partial u}{\partial Y}\right)_{i,j}^{n+1} (Y_j - Y) - \theta \left(\frac{\partial u}{\partial t}\right)_{i,j}^{n+1} \Delta t \right] \Delta t$$
$$(9.2.56)$$

$$Y_j - Y = \left[v_{i,j}^{n+1} - \theta \left(\frac{\partial v}{\partial X}\right)_{i,j}^{n+1} (X_i - X) - \theta \left(\frac{\partial v}{\partial Y}\right)_{i,j}^{n+1} (Y_j - Y) - \theta \left(\frac{\partial v}{\partial t}\right)_{i,j}^{n+1} \Delta t \right] \Delta t$$
$$(9.2.57)$$

$$\eta_{i,j}^{n+1} - \eta_{i,j}^{n} = \left[w_{i,j}^{n+1} - \theta \left(\frac{\partial w}{\partial X}\right)_{i,j}^{n+1} (X_i - X) - \theta \left(\frac{\partial w}{\partial Y}\right)_{i,j}^{n+1} (Y_j - Y) - \theta \left(\frac{\partial w}{\partial t}\right)_{i,j}^{n+1} \Delta t \right] \Delta t$$
$$(9.2.58)$$

采用空间中心差分、时间向前差分格式离散式(9.2.56)和式(9.2.57)并求解,可以获得粒子在新时刻的水平坐标(X_i, Y_j)。将其代入粒子垂向 Lagrange 运动方程(9.2.58),便可得到 $n+1$ 时刻更新后的自由表面位置 $\eta_{i,j}^{n+1}$。

自由表面的速度、压力及温度场分别采用 $\partial \varphi / \partial \sigma = 0, \varphi = u, v, w, T$,压力 $p = 0$ 条件求解。在这里忽略自由水面散热影响。

9.2.4 模型及算法的验证

采用带自由表面的垂直动量射流试验对数值模型进行验证。该试验在扬州大学江苏省水利动力工程重点实验室进行,图 9.22 为动量射流试验装置。试验水槽长 $x = 4.5\text{m}$、宽 $y = 0.35\text{m}$、高 $z = 0.30\text{m}$,采用厚 0.5cm 的有机玻璃制作而成。二维垂直动量射流由试验水槽底部的窄缝生成,窄缝宽 $d = 0.0028\text{m}$,长与水槽宽度相同,为 0.35m。水槽内试验水深 0.167m,窄缝垂直射流速度为 $W_0 = 0.22\text{m/s}$。采用粒子图像测速仪 PIV 测量流速,测量区域位于 $y = 0.175\text{m}$ 垂直立面,即水槽中部射流口局部。选用跟随性较好的表面活性剂十二烷基硫酸钠产生的乳化空气泡作为试验示踪粒子,激光的片光源厚约为 1mm。激光器最大发出能量为 50MJ,频率为 15Hz。采用系综平均法获得紊流的统计特性。

大涡模拟模型计算区域长 4.5m,宽 0.1m,高 0.167m。射流窄缝宽 $d = 0.0028\text{m}$,长为 0.1m。采用较小的计算域宽度(小于试验水槽宽度),主要是考虑

图 9.22　动量射流试验装置

减小该方向的网格数,通过采用侧向可滑移边界条件,可保证计算得到的窄缝射流具有充分的二维特性,使之与试验条件一致。采用 $257 \times 11 \times 65 (X \times Y \times Z)$ 非均匀网格剖分区域,其中射流出口范围内布置 9 个网格,在射流出口处局部加密,最小网格尺度 0.0003m,非均匀网格的相邻网格尺度比最大不超过 1.05。计算网格如图 9.23 所示。时间步长 $\Delta t = 0.0002s$,满足计算过程对流稳定性条件和扩散稳定性条件。

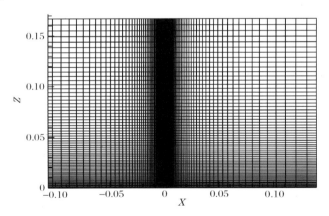

图 9.23　水槽中截面射流口近区网格剖分图

为了对 9.2.1 节中提出的拟序涡黏模型参数进行优化,模型参数 α 分别取值为 0.5(DCEM1)、0.3(DCEM2)和 0.8(DCEM3)进行对比。图 9.24 中给出 $Z/d = 15$、30、45 三个水平面上的动力拟序涡黏性模型、经典 SM 模型和试验测量值的无量纲速度对比图,其中 SM 模型中 C_s 取值为 0.1。由图可知,动力拟序涡黏性模型的速度计算值和试验值吻合良好,而经典 SM 模型所计算的速度值比试验实测值小。主要原因在于经典 SM 模型能量耗散较大。图 9.24(d) 射流轴向速度分布也证实了这一点。在 $Z/d<8$ 范围内,计算值和试验值吻合良好,这是因为在此范围内射流还没有出现转掠现象。另外,从计算得到的结果来看,参数 α 取值不同时动力拟序涡黏性模型计算结果也有所差异,可见参数 α 的取值对结果较为敏感,数值试验表明 $\alpha=0.5$ 的结果吻合较好。因此以下计算 α 均取 0.5。

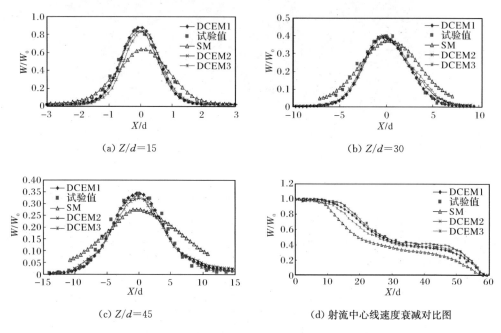

(a) $Z/d=15$ (b) $Z/d=30$

(c) $Z/d=45$ (d) 射流中心线速度衰减对比图

图 9.24　射流速度计算值与试验值对比图

图 9.25、图 9.26 和图 9.27 分别给出 $Z/d=15,30,45$ 三个水平面上动力拟序涡黏性模型、经典 SM 模型和试验测量得到的无量纲雷诺应力、脉动均方根速度 $\sqrt{u'^2}$ 和脉动均方根速度 $\sqrt{w'^2}$(图中符号 u' 和 w' 分别代替 $\sqrt{u'^2}$ 和 $\sqrt{w'^2}$)。结果表明,动力拟序涡黏性模型与试验值吻合程度优于 SM 模型。

9.2.5　波流环境下热浮力射流数值试验

本节将开展两类射流的数值试验:第一类是横流环境下热浮力射流以及热输运问题;第二类是波流环境下热浮力射流及热输运问题。波流环境下入射波采用 Stokes 一阶波和随机波两种类型。

1. 数值试验工况设置

图 9.28 为不同环境下射流模型示意图。计算区域长 6m,宽 0.1m,高 1.0m。

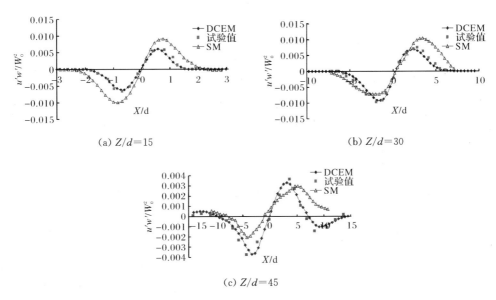

(a) $Z/d=15$　　　　　　　　　　　(b) $Z/d=30$

(c) $Z/d=45$

图 9.25　不同水平截面上雷诺应力分布对比

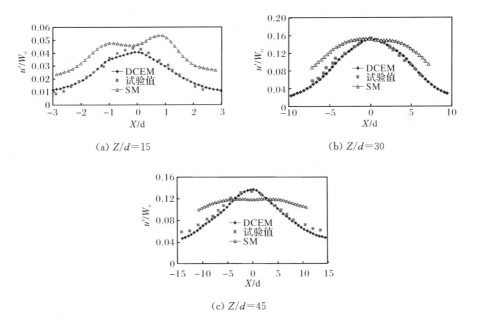

(a) $Z/d=15$　　　　　　　　　　　(b) $Z/d=30$

(c) $Z/d=45$

图 9.26　不同水平截面上脉动均方根速度 u' 对比

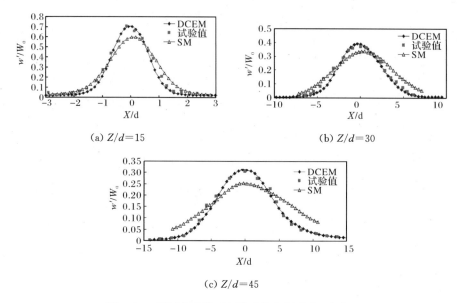

(a) $Z/d=15$　　　　　　　　　　　　　(b) $Z/d=30$

(c) $Z/d=45$

图 9.27　不同水平截面上脉动均方根速度 w' 对比

横流速度 $U_a=0.32\mathrm{m/s}$,环境水温 $T_a=12℃$;窄缝式射流孔口宽为 $0.01\mathrm{m}$,长为 $0.1\mathrm{m}$,距上游入口边界 $1\mathrm{m}$,射流比 $R=W_0/U_a=2$(工况 case 1),射流水温 $T_0=76℃$。为了对比分析,根据 Stokes 一阶波发生条件,选取 Stokes 一阶波波高 H 为 $0.015\mathrm{m}$,波周期 T 为 1s(工况 case 2);随机波采用 JONSWAP 波谱产生,其有效波高 H_s 为 $0.015\mathrm{m}$,有效波周期 T_s 为 1s(工况 case 3),各工况参数见表 9.2。

图 9.29 为计算网格图。射流口宽度(d)范围内均匀布置 11 个网格节点,非均匀网格中最小网格尺度为 0.002,最大网格尺度为 0.083。时间步长 $\Delta t=0.00025\mathrm{s}$,满足计算过程对流稳定性条件和扩散稳定性条件。

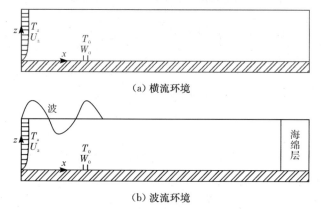

(a) 横流环境

(b) 波流环境

图 9.28　横流环境和波流环境下射流模型示意图

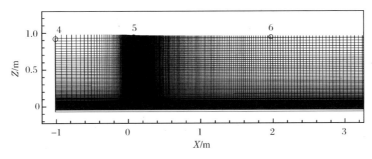

图 9.29　射流口附近的立面网格剖分图

表 9.2　波流环境中浮力射流计算工况设置

工况	水深/m	初始波高/m	波周期/s	横流速度/(m/s)	环境温度/℃	射流速度/(m/s)	射流温度/℃	波型
case 1	1.0	—	—	0.32	12	0.64	76	无波
case 2	1.0	0.015	1.0	0.32	12	0.64	76	Stokes 一阶波
case 3	1.0	0.015	1.0	0.32	12	0.64	76	JONSWAP 波

2. 波流环境下浮力射流瞬时流场与温度场特征

为了对波流环境下射流及其温度标量输运过程有一个直观的认识,图 9.30 给出工况 case 3 下不同时刻的流速和温度图。为了对比横流对射流的影响,图 9.31 给出工况 case 1 条件下射流瞬时速度图。对比分析图 9.30 和图 9.31 发现,在 case 3 下,射流的瞬时轨迹随着自由水面的起伏而上下摆动,射流与环境水体混合更充分。这种现象与采用 RANS 模型计算规则波下的射流结果类似。在工况 case 1 下,射流的瞬时轨迹则没有上述现象,且混合范围明显较小。同时在工况 case 1 下,在射流下游回流的分离点处,发现有序涡团从回流区脱离并向下游发展,具体定量分析可见文献(鲁俊,2010)。

数值模拟结果表明,在流环境下射流回流区域下游边界层范围内存在拟序结构。图 9.32～图 9.34 分别为工况 case1、case2 和 case3 不同时刻的涡量等值线图。由图 9.32 可见,横流环境中射流的外边缘附着有大量的小涡团,这些小涡团随着时间的推移逐渐演化成有序涡团向下游发展,但在波流环境中则未见该现象。

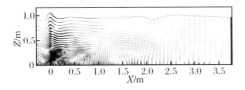

(a) $T=35.00\mathrm{s}$ 瞬时速度

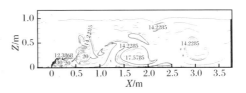

(b) $T=35.00\mathrm{s}$ 瞬时温度

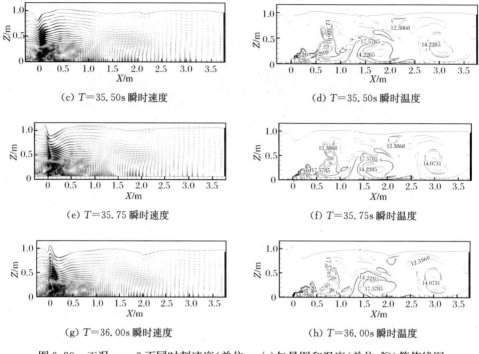

(c) $T=35.50$s 瞬时速度　　　　　　　　(d) $T=35.50$s 瞬时温度

(e) $T=35.75$ 瞬时速度　　　　　　　　(f) $T=35.75$s 瞬时温度

(g) $T=36.00$s 瞬时速度　　　　　　　　(h) $T=36.00$s 瞬时温度

图 9.30　工况 case 3 不同时刻速度(单位:m/s)矢量图和温度(单位:℃)等值线图

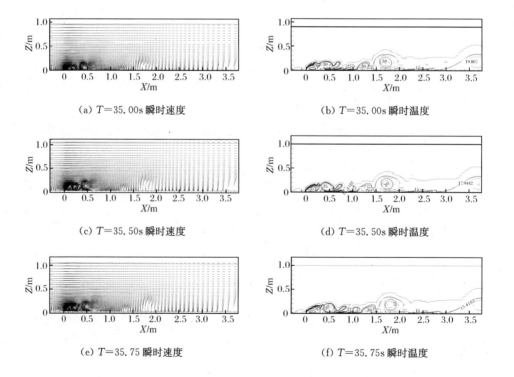

(a) $T=35.00$s 瞬时速度　　　　　　　　(b) $T=35.00$s 瞬时温度

(c) $T=35.50$s 瞬时速度　　　　　　　　(d) $T=35.50$s 瞬时温度

(e) $T=35.75$ 瞬时速度　　　　　　　　(f) $T=35.75$s 瞬时温度

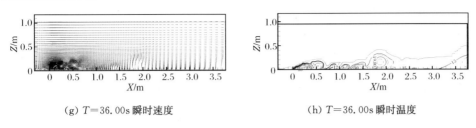

（g）$T=36.00s$ 瞬时速度　　　　　　　　（h）$T=36.00s$ 瞬时温度

图 9.31　工况 case1 不同时刻速度（单位：m/s）矢量图和温度（单位：℃）等值线图

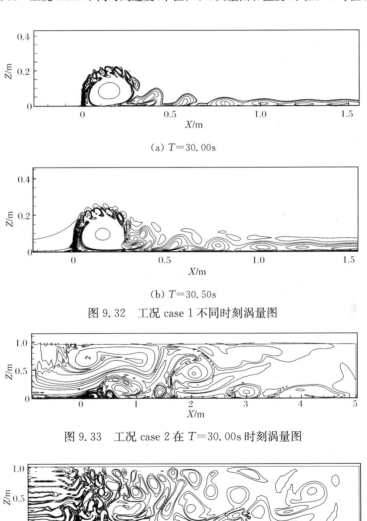

（a）$T=30.00s$

（b）$T=30.50s$

图 9.32　工况 case 1 不同时刻涡量图

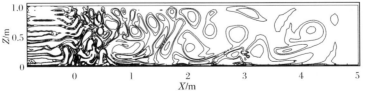

图 9.33　工况 case 2 在 $T=30.00s$ 时刻涡量图

图 9.34　工况 case 3 在 $T=30.00s$ 时刻涡量图

3. 波流环境下浮力射流时均流场与温度场特征

图 9.35 所示为横流(工况 case 1)、Stokes 一阶波(工况 case 2)和 JONSWAP 波(工况 case 3)时间平均浮力射流速度场图。在横流的作用下,射流的上边缘和下边缘形成不对称的压强分布,使射流发生弯曲,弯曲程度受来流速度和射流速度、波浪强弱、射流温度与环境温度的温差大小等综合影响(槐文信等,2006)。图 9.36 显示在射流口前后下端区域呈现三角形状角涡。在波和温度差共同作用下,大回流区域内涡团出现分裂现象,这主要是由温度差引起向上浮力而造成的。工况 case2 中的第二个小涡团长度小于工况 case3 中相应涡团,这主要是由于在同一特征波周期下,随机波中最大波高的影响更大。图 9.37 为时间平均温度等值线图。从图中可以看出,无论在波流环境下还是在单一横流环境下,在射流出口附近,由于射流的初始动量较大,射流轴线的最高温度线沿垂直方向逐渐抬升,至某一距离后,随着射流的动量作用减小,最大温度受到横流、波致流速和回流区的负向速度影响而逐渐降低,直至贴壁,并入侵回流区。这一现象与韩会玲等(1997)用 RANS 双方程模型模拟横流中的正浮力射流现象较吻合。结合 Anwar (1973)试验结果发现,随着射流比的减小,射流后方回流区域减小,流线的弯曲程度增大,流动越贴近壁面;横流对流场作用增大,射流出口的温度衰减也更快,环境流体对射流流体掺混稀释作用也更强。

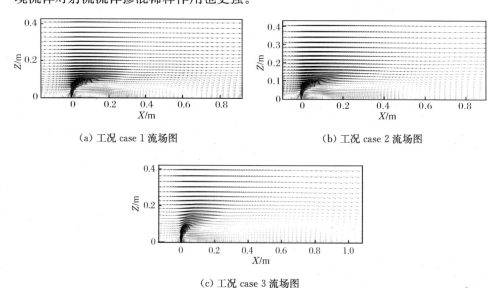

(a) 工况 case 1 流场图　　　　　　　(b) 工况 case 2 流场图

(c) 工况 case 3 流场图

图 9.35　不同工况下时间平均浮力射流速度场

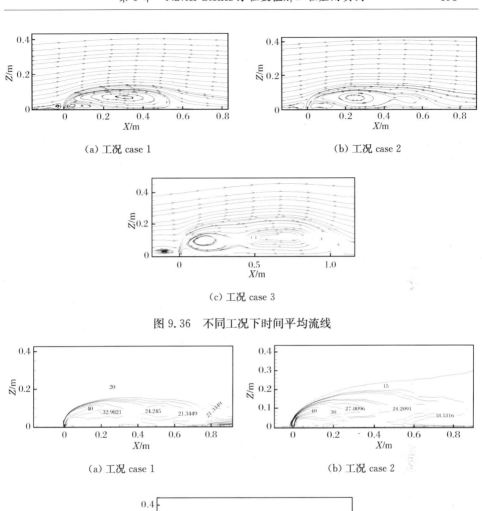

(a) 工况 case 1　　　　　　　　　　　　　　(b) 工况 case 2

(c) 工况 case 3

图 9.36　不同工况下时间平均流线

(a) 工况 case 1　　　　　　　　　　　　　　(b) 工况 case 2

(c) 工况 case 3

图 9.37　不同工况温度等值线 (单位:℃)

9.3　紊流直接数值模拟模型及应用实例

本节通过经典的槽道紊流、圆柱绕流及开闸式异重流算例阐述直接数值模拟

DNS 在计算水力学中的应用。

9.3.1　控制方程及数值方法

1. 控制方程

对于三维黏性流体的运动，基于连续性假设，可采用 Navier-Stokes 方程来描述：

$$\frac{\partial \rho}{\partial t} + \frac{\partial(\rho u_i)}{\partial x_i} = 0 \tag{9.3.1}$$

$$\frac{\partial(\rho u_i)}{\partial t} + \frac{\partial(\rho u_i u_j)}{\partial x_j} = -\frac{\partial p}{\partial x_i} + \frac{\partial}{\partial x_j}\left(\mu \frac{\partial u_i}{\partial x_j}\right) + F_i \tag{9.3.2}$$

其中，式(9.3.1)为连续方程(质量守恒方程)，式(9.3.2)为动量方程。$u_i(i=1,2,3)$ 为笛卡儿坐标系中沿三个坐标轴方向的速度分量；x_i 为直角坐标系的三个坐标方向；t 为时间坐标；ρ 为流体密度；p 为压强；μ 为流体的动力黏性系数；F_i 为体积力。

采用对流-扩散方程描述标量(浓度或温度)在流体中的输运过程：

$$\frac{\partial \theta}{\partial t} + \frac{\partial(u_i \theta)}{\partial x_i} = \frac{\partial}{\partial x_i}\left(k \frac{\partial \theta}{\partial x_i}\right) + S \tag{9.3.3}$$

式中，θ 为浓度值或温度值；k 为分子扩散系数或温度传导系数；S 为源项。

2. 数值方法

1) 沿时间轴的离散格式

采用二阶精度的显式 Adams-Bashforth 格式对动量方程(9.3.2)的非恒定项进行差分(Thomas et al.，1995)，步骤如下：

$$\frac{\hat{u}_i - u_i^n}{\Delta t} = \frac{3}{2} H_i^n - \frac{1}{2} H_i^{n-1} + \frac{1}{2} \frac{\Delta p^{n-1}}{\rho \Delta x_i} \tag{9.3.4}$$

$$\frac{u_i^{n+1} - \hat{u}_i}{\Delta t} = -\frac{3}{2} \frac{\Delta p^n}{\rho \Delta x_i} \tag{9.3.5}$$

式中，$\hat{u}_i$ 为介于 n 时刻与 $n+1$ 时刻的中间速度；H_i^n 为 n 时刻对流项、扩散项以及体积力项三者之和，如式(9.3.6)所示：

$$H_i^n = \left[\frac{\partial}{\partial x_j}\left(\nu \frac{\partial u_i}{\partial x_j}\right) - \frac{\partial(u_i u_j)}{\partial x_j} + f_i\right]^n \tag{9.3.6}$$

$n+1$ 时刻的速度 u_i^{n+1} 需要强制满足散度为 0 的要求，因此将式(9.3.5)代入连续方程(9.3.1)中可以得到下述压力泊松方程(pressure Poisson equation，PPE)：

$$\nabla^2 p^n = \frac{2\rho}{3\Delta t} \frac{\Delta \hat{u}_i}{\Delta x_i} \tag{9.3.7}$$

结合边界条件,通过数值迭代方法可以求解式(9.3.7),得到 n 时刻的压强值 p^n,如逐步超松弛(succesive over-relaxation,SOR)法、共轭梯度(conjugate gradient,CG)法等。本节使用预处理共轭梯度(preconditioned conjugate gradient,PCG)法求解上述代数方程组。将 p^n 值代入式(9.3.5)就可以得到新时刻的速度值:

$$u_i^{n+1} = \hat{u}_i - \frac{3}{2}\frac{\Delta t}{\rho}\frac{\Delta p^n}{\Delta x_i} \tag{9.3.8}$$

上述求 Navier-Stokes 方程数值解的思路就是著名的投影法(Chorin,1967)。

2) 对流项、扩散项和体积力项的离散

以 x 方向为例,根据式(9.3.6),H_i 可改写为

$$H_x = \frac{\partial \tau_{xx}}{\partial x} + \frac{\partial \tau_{yx}}{\partial y} + \frac{\partial \tau_{zx}}{\partial z} + f_x \tag{9.3.9}$$

式中

$$\tau_{xx} = \nu\left(\frac{\partial u}{\partial x} + \frac{\partial u}{\partial x}\right) - uu \tag{9.3.10}$$

$$\tau_{yx} = \nu\left(\frac{\partial u}{\partial y} + \frac{\partial v}{\partial x}\right) - uv \tag{9.3.11}$$

$$\tau_{zx} = \nu\left(\frac{\partial u}{\partial z} + \frac{\partial w}{\partial x}\right) - uw \tag{9.3.12}$$

式(9.3.10)~式(9.3.12)的详细离散过程如下(本节采用交错网格进行空间离散,Δx_i 为相邻速度节点之间的距离,$\Delta \bar{x}_i$ 为相邻压强节点之间的距离)。

$$(\tau_{xx})_{i,j,k} \approx \nu\left(2\frac{u_{i+1,j,k} - u_{i,j,k}}{\Delta x_i}\right) - \bar{u}_{i,j,k}\bar{u}_{i,j,k} \tag{9.3.13}$$

式中

$$\bar{u}_{i,j,k} = \frac{u_{i+1,j,k} + u_{i,j,k}}{2} \tag{9.3.14}$$

$$(\tau_{yx})_{i,j,k} \approx \nu\left(\frac{u_{i,j,k} - u_{i,j-1,k}}{\Delta y_j} + \frac{v_{i,j,k} - v_{i-1,j,k}}{\Delta x_i}\right) - \bar{u}_{i,j,k}\bar{v}_{i,j,k}$$

式中

$$\bar{u}_{i,j,k} = \left(\frac{\Delta y_{j-1}}{2\Delta \bar{y}_{j-1}}u_{i,j,k} + \frac{\Delta y_j}{2\Delta \bar{y}_{j-1}}u_{i,j-1,k}\right)$$

$$\bar{v}_{i,j,k} = \left(\frac{\Delta x_{i-1}}{2\Delta \bar{x}_{i-1}}v_{i,j,k} + \frac{\Delta x_i}{2\Delta \bar{x}_{i-1}}v_{i-1,j,k}\right)$$

$$(\tau_{zx})_{i,j,k} \approx \nu\left(\frac{u_{i,j,k} - u_{i,j,k-1}}{\Delta z_k} + \frac{w_{i,j,k} - w_{i-1,j,k}}{\Delta x_i}\right) - \bar{u}_{i,j,k}\bar{w}_{i,j,k} \tag{9.3.15}$$

式中

$$\bar{u}_{i,j,k} = \left(\frac{\Delta z_{k-1}}{2\Delta \bar{z}_{k-1}}u_{i,j,k} + \frac{\Delta z_k}{2\Delta \bar{z}_{k-1}}u_{i,j,k-1}\right)$$

$$\overline{w}_{i,j,k} = \left(\frac{\Delta x_{i-1}}{2\Delta \overline{x}_{i-1}} w_{i,j,k} + \frac{\Delta x_i}{2\Delta \overline{x}_{i-1}} w_{i-1,j,k} \right)$$

可以得到 H_i^n 的最终离散形式：

$$H_{i,j,k} \approx \frac{(\tau_{xx})_{i,j,k} - (\tau_{xx})_{i-1,j,k}}{\Delta \overline{x}_{i-1}} + \frac{(\tau_{yx})_{i,j+1,k} - (\tau_{yx})_{i,j,k}}{\Delta y_j}$$

$$+ \frac{(\tau_{zx})_{i,j,k+1} - (\tau_{zx})_{i,j,k}}{\Delta z_k} + f_x \tag{9.3.16}$$

3）压强梯度项的离散

对压强梯度项[式(9.3.5)等号右端]使用向后差分进行离散

$$\left(\frac{\partial p}{\partial x} \right)_{i,j,k} \approx \frac{p_{i,j,k} - p_{i-1,j,k}}{\Delta \overline{x}_{i-1}} \tag{9.3.17}$$

4）压力源泊松方程右端项的离散

对压力源项[式(9.3.37)右侧]使用向前差分进行离散：

$$\frac{2}{3\Delta t} \left(\frac{\partial \hat{u}}{\partial x} + \frac{\partial \hat{v}}{\partial y} + \frac{\partial \hat{w}}{\partial z} \right)_{i,j,k} \approx \frac{2\rho}{3\Delta t} \left(\frac{\hat{u}_{i+1,j,k} - \hat{u}_{i,j,k}}{\Delta x_i} + \frac{\hat{v}_{i,j+1,k} - \hat{v}_{i,j,k}}{\Delta y_j} + \frac{\hat{w}_{i,j,k+1} - \hat{w}_{i,j,k}}{\Delta z_k} \right)$$

$$\tag{9.3.18}$$

上述时间和空间差分方法确保了离散的 Navier-Stokes 方程具有二阶精度。

获取速度矢量信息后，可以用标量输运方程(9.3.3)求解得到温度或者浓度的分布。

5）标量输运方程非恒定项的离散

标量输运方程(9.3.3)可以简化为如下形式：

$$\frac{\mathrm{d}\theta}{\mathrm{d}t} = F(\theta) \tag{9.3.19}$$

采用二阶精度显式 Runge-Kutta 格式离散标量输运方程的时间步（Zhu et al.，2016）：

$$\theta^* = \theta^n + \Delta t F(\theta^n) \tag{9.3.20}$$

$$\theta^{**} = \theta^* + \Delta t F(\theta^*) \tag{9.3.21}$$

$$\theta^{n+1} = \frac{\theta^* + \theta^{**}}{2} \tag{9.3.22}$$

6）标量输运方程对流项的空间离散

以 x 方向为例：

$$\left[\frac{\partial (u\theta)}{\partial x} \right]_{i,j,k} \approx \frac{1}{\Delta x_i} (F_{i+\frac{1}{2},j,k} - F_{i-\frac{1}{2},j,k}) \tag{9.3.23}$$

式中，Δx_i 为相邻速度节点之间的距离；$\Delta \overline{x}_i$ 为相邻标量节点之间的距离；$F_{i+1/2,j,k}$ 为速度节点上的标量通量，即 $(u\theta)_{i+\frac{1}{2},j,k}$。由于采用了交错网格，标量存储位置和速度存储位置不同，因此需要插值才能得到速度节点处的标量值，进而得到速度点处的标量通量。为了减小数值振荡，利用总变差减小（total variation diminishing，TVD)方法对标量输运方程的对流项进行离散：基于迎风格式（up-wind scheme)以及线性重构（piecewise linear reconstruction）方法对速度节点处的标量进行插值。计算区域中任意位置的标量值 $\theta(x,y,z)$ 可以用与其相邻的标量存储节点上的值 $\theta_{i,j,k}$ 来表达：

$$\theta(x,y,z)=\theta_{i,j,k}+s^x_{i,j,k}(x-x_i)+s^y_{i,j,k}(y-y_j)+s^z_{i,j,k}(z-z_k) \quad (9.3.24)$$

式中，$s^x_{i,j,k}$、$s^y_{i,j,k}$、$s^z_{i,j,k}$ 分别为标量值 $\theta_{i,j,k}$ 沿 x、y 以及 z 方向的梯度。实际上对于每一个离散的标量节点，沿 x 正向和负向（y 和 z 方向亦同）可以计算两个梯度值，因此如何取梯度值对计算结果的保真度很重要。数值试验结果表明，简单地取这两个梯度值的加权平均作为最终的梯度会引起数值振荡，因此采用通量限制函数（flux limiter)对梯度值进行限制：

$$s^x_{i,j,k}=\mathrm{Lim}\left(\frac{\theta_{i+1,j,k}-\theta_{i,j,k}}{\Delta\bar{x}_i},\frac{\theta_{i,j,k}-\theta_{i-1,j,k}}{\Delta\bar{x}_{i-1}}\right) \quad (9.3.25)$$

$$s^y_{i,j,k}=\mathrm{Lim}\left(\frac{\theta_{i,j+1,k}-\theta_{i,j,k}}{\Delta\bar{y}_j},\frac{\theta_{i,j,k}-\theta_{i,j-1,k}}{\Delta\bar{y}_{j-1}}\right) \quad (9.3.26)$$

$$s^z_{i,j,k}=\mathrm{Lim}\left(\frac{\theta_{i,j,k+1}-\theta_{i,j,k}}{\Delta\bar{z}_k},\frac{\theta_{i,j,k}-\theta_{i,j,k-1}}{\Delta\bar{z}_{k-1}}\right) \quad (9.3.27)$$

式中，$\mathrm{Lim}(A,B)$ 为通量限制函数。常见的通量限制函数有 Minmod、Superbee、Sweby、van Leer 等，采用 Superbee 函数对标量梯度值进行限制。Superbee 函数定义如下：

$$\mathrm{Lim}(A,B)=\begin{cases} \mathrm{sign}(A)\max(|A|,|B|), & |A|/2\leqslant|B|\leqslant2|A|\text{ 且 }AB>0 \\ 2\mathrm{sign}(A)\min(|A|,|B|), & |A|/2\geqslant|B|\text{ 或 }|B|\geqslant2|A|\text{ 且 }AB>0 \\ 0, & AB\leqslant0 \end{cases}$$

$$(9.3.28)$$

采用二阶迎风格式计算速度节点处的标量通量，如下所示：

$$F_{i+1/2,j,k}=\max(u_{i+1/2,j,k},0)\theta^-_{i+1/2,j,k}+\min(u_{i+1/2,j,k},0)\theta^+_{i+1/2,j,k} \quad (9.3.29)$$

式中

$$\theta^+_{i+1/2,j,k}=\theta_{i+1,j,k}-\frac{\Delta x_{i+1}}{2}s^x_{i+1,j,k} \quad (9.3.30)$$

$$\theta^-_{i+1/2,j,k}=\theta_{i,j,k}+\frac{\Delta x_i}{2}s^x_{i,j,k} \quad (9.3.31)$$

7）标量输运方程扩散项的空间离散

以 x 方向为例，采用二阶中心差分格式对扩散项进行离散，即

$$\left[\frac{\partial}{\partial x}\left(k\frac{\partial\theta}{\partial x}\right)\right]_{i,j,k}\approx\frac{1}{\Delta x_i}(D_{i+1/2,j,k}-D_{i-1/2,j,k}) \quad (9.3.32)$$

式中

$$D_{i+1/2,j,k}=k\frac{\theta_{i+1,j,k}-\theta_{i,j,k}}{\Delta\bar{x}_i} \quad (9.3.33)$$

8) 嵌入式浸入边界法

浸入边界法(immersed boundary method，IBM)，又称为浸没边界法，具有网格固定正交、程序实现简单、易于模拟不规则固体对流动的影响等特点，近年来广泛应用于具有大变形、运动特性强的流固耦合数值模拟问题(朱海，2015；及春宁等，2014)。无论固体边界如何变化，IBM 的所有计算都在正交矩形网格上进行(Li et al.，2004)。固体边界对流动的影响通过附加体积力实现。此附加体积力的反馈作用需要在动量方程中体现，如式(9.3.34)所示。

$$u_i^{n+1}=u_i^n+\Big(\frac{3}{2}H_i^n-\frac{1}{2}H_i^{n-1}+\frac{1}{2\rho}\frac{\Delta p^{n-1}}{\Delta x_i}-\frac{3}{2\rho}\frac{\Delta p^n}{\Delta x_i}\Big)\Delta t+f_{ib}^{n+1/2}\Delta t$$

$$(9.3.34)$$

式中，$f_{ib}^{n+1/2}$ 为附加体积力。IBM 的基本思想是，对正交网格上的流体速度在浸入边界点(固体结构表面节点)位置插值，使插值后的速度 U^{n+1} 和浸入边界的实际速度 V^{n+1}(desired velocity)相等(满足不可滑移边界条件)，即

$$I(u_i^{n+1})=U^{n+1}=V^{n+1} \qquad (9.3.35)$$

式中，$I(u)$ 为插值函数，作用是将正交网格点上的变量 u 插值到浸入边界点上。将式(9.3.35)代入式(9.3.34)，得到

$$I(u_i^{n+1})=U^{n+1}=V^{n+1}=I\Big[u_i^n+\Big(\frac{3}{2}H_i^n-\frac{1}{2}H_i^{n-1}+\frac{1}{2\rho}\frac{\Delta p^{n-1}}{\Delta x_i}-\frac{3}{2\rho}\frac{\Delta p^n}{\Delta x_i}\Big)\Delta t\Big]+I(f_{ib}^{n+1/2})\Delta t$$

$$(9.3.36)$$

式(9.3.36)可以改写为

$$I(f_{ib}^{n+1/2})\Delta t=V^{n+1}-I\Big[u_i^n+\Big(\frac{3}{2}H_i^n-\frac{1}{2}H_i^{n-1}+\frac{1}{2\rho}\frac{\Delta p^{n-1}}{\Delta x_i}-\frac{3}{2\rho}\frac{\Delta p^n}{\Delta x_i}\Big)\Delta t\Big]$$

$$(9.3.37)$$

式中，$I(f_{ib}^{n+1/2})$ 为浸入边界点上所受到的力。需要将其反馈到周围正交网格上，最终得到附加体积力 $f_{ib}^{n+1/2}$ 的表达式。

$$f_{ib}^{n+1/2}\Delta t=D\big[I(f_{ib}^{n+1/2})\big]\Delta t$$

$$=D\Big\{V^{n+1}-I\Big[u_i^n+\Big(\frac{3}{2}H_i^n-\frac{1}{2}H_i^{n-1}+\frac{1}{2\rho}\frac{\Delta p^{n-1}}{\Delta x_i}-\frac{3}{2\rho}\frac{\Delta p^n}{\Delta x_i}\Big)\Delta t\Big]\Big\}$$

$$(9.3.38)$$

式中，$D(\Phi)$ 为分布函数，作用是将浸入边界点上的变量 Φ 投射到正交网格点上。需要注意的是，附加体积力的表达式中含有待求的 p^n 项。在利用投影法求解 Navier-Stokes 方程的过程中，$f_{ib}^{n+1/2}$ 和 p^n 都是未知量，并且相互依赖。传统浸入边界法将式(9.3.38)中的 p^n 用上一时刻的压强 p^{n-1} 代替，最终得到附加体积力 $f_{ib}^{n+1/2}$。虽然使得问题可解，但会引入误差，尤其在紊流的数值模拟中，压强在时间和空间上的变化十分剧烈，传统的浸入边界法可能导致不合理的结果。数值计算过程中一般采用迭代方法求解大型压力泊松方程组[式(9.3.7)]，每迭代一步

所产生的压强中间解比初始压强更加接近于待求压强 p^n。一种高效准确的处理思路是将附加体积力的计算内嵌到压强泊松方程求解的迭代过程中,利用每个迭代步产生的压强中间解来代替未知的压强,修正附加体积力(Ji et al.,2012)。由于压强中间解最终收敛到真实解,因此附加体积力也逼近于正确值。

以求解不可压缩 Navier-Stokes 方程的投影法为基础,嵌入式浸入边界法计算步骤如下。

(1) 计算中间速度 $\hat{u}_i$。

$$\hat{u}_i = u_i^n + \left(\frac{3}{2} H_i^n - \frac{1}{2} H_i^{n-1} + \frac{1}{2\rho} \frac{\Delta p^{n-1}}{\Delta x_i} \right) \Delta t \tag{9.3.39}$$

(2) 交替计算压强中间解 $p^{n,k}$ 和附加体积力 $f_{ib}^{n+1/2,k}$(上标 k 为迭代步)。

令 $p^{n,k} = p^{n-1}, \hat{u}_i^k = \hat{u}_i, k = 1$。

循环体开始:

① 更新附加体积力 $f_{ib}^{n+1/2,k}$。

将式(9.3.39)代入(9.3.38),可以得到

$$f_{ib}^{n+1/2,k} \Delta t = D \left[V^{n+1} - I \left(\hat{u}_i^k - \frac{3}{2\rho} \frac{\Delta p^{n,k}}{\Delta x_i} \Delta t \right) \right] \tag{9.3.40}$$

② 更新中间速度 $\hat{u}_i^k$。

$$\hat{u}_i^k = \hat{u}_i^k + f_{ib}^{n+1/2,k} \Delta t \tag{9.3.41}$$

③ 更新压强中间解 $p^{n,k}$。

$$\nabla^2 p^{n,k} = \frac{2\rho}{3\Delta t} \frac{\Delta \hat{u}_i^k}{\Delta x_i} \tag{9.3.42}$$

④ 收敛性判断。

如果 $I\left(\hat{u}_i^k - \frac{3}{2\rho} \frac{\Delta p^{n,k}}{\Delta x_i} \Delta t \right) - I\left(\hat{u}_i^k - \frac{3}{2\rho} \frac{\Delta p^{n,k-1}}{\Delta x_i} \Delta t \right)$ 小于设定准则,则退出循环。否则令 $k = k+1$,循环继续,重复流程①~④,直至循环体结束。

(3) 循环结束后得到更新的压强值 $p^n = p^{n,k}$ 和中间速度值 $\hat{u}_i = \hat{u}_i^k$,用以校正最终的速度值。

$$u_i^{n+1} = \hat{u}_i - \frac{3}{2\rho} \Delta t \frac{\Delta p^n}{\Delta x_i} \tag{9.3.43}$$

9.3.2　槽道紊流直接数值模拟

槽道紊流是水利工程中最常见的流动形式,本节以中低 Re 数下的槽道紊流为研究对象,进行直接数值模拟。槽道尺度为 $12h \times 2h \times 4h$($L_x \times L_y \times L_z$,如图 9.38所示),$2h$ 为上下两固壁之间的距离。上下表面皆为不可滑移边界。为了节约计算资源,流向(x 方向)和展向(z 方向)都设为周期性边界。基于槽道中心

线平均流速的雷诺数 $Re_h = \bar{u}_c h / \nu = 3300$，基于摩阻流速的雷诺数 $Re = u_\tau h / \nu =$ 180。平均流动由沿 x 方向的体积力驱动，与所受固壁摩擦阻力保持平衡。三个方向网格数分别为：$N_x = 192, N_y = 128, N_z = 128$。网格尺度如下（壁面单位）：$\Delta x^+ = 11.25, \Delta y^+ = 2.81, \Delta z^+ = 5.62$。其中靠近壁面第一层网格尺度 $\Delta y_1^+ = 1.405$。值得注意的是，本算例中科尔莫戈罗夫耗散尺度约为两个壁面单位，Kim 等(1987)指出只要最小网格尺度与科尔莫戈罗夫为同一量级即可，无需完全达到科尔莫戈罗夫耗散尺度。基于壁面单位的总计算区域尺度为：$x^+ = 2160, y^+ = 180, z^+ = 720$。条带状的拟序结构是槽道紊流边界层的特征，条带的流向长度约为 2000 个壁面单位，间距为 100 个壁面单位。在模拟过程中通常需要包含 6～8 个条带，因此本节所采用的计算区域足够大。使用 8 个节点 64 个 CPU 进行数值模拟，紊流在 $T^* = 30$ 后达到完全发展状态，总计算时间 $T^* = 50$（无量纲时间 $T^* = h / u_\tau$）。

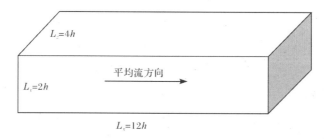

图 9.38　槽道紊流计算区域

　　图 9.39 为流向（x 方向）平均速度的垂向分布。该图显示，所开发的 DNS 模型与 Kim 等(1987)的 DNS 模拟得的速度分布结果吻合较好，且平均流速分布满足壁面率。在黏性底层（$y^+ < 5$）平均流速和壁面距离满足线性关系：

$$U^+ = y^+ \tag{9.3.44}$$

随着与壁面距离的增加，平均流速和壁面距离满足对数关系：

$$U^+ = \frac{1}{k} \ln(y^+) + 5.5 \tag{9.3.45}$$

式中，U 为流向时均速度；卡门常数 $k = 0.41$。

　　紊动强度是槽道紊流模拟中的重要考察指标。图 9.40 为本节所模拟的近壁处三个方向紊动强度分布与 Kim 等(1987)的 DNS 结果对比。此处紊动强度为由摩阻流速 u_τ 无量纲化后的均方根脉动速度。由图可知，紊动强度分布吻合良好，表明本节所采用的 DNS 模型可以准确模拟小尺度脉动速度。在本算例中，流向脉动速度 u'_{rms} 最大值出现在 $y^+ \approx 12$ 处，与 Kreplin 等(1979)的试验值一致。

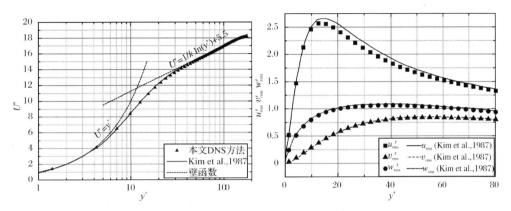

图 9.39　流向平均速度的垂向分布　　　　图 9.40　紊动强度分布对比图

对于充分发展的槽道紊流,沿流向(x 方向)的总切应力由时均黏性力和雷诺应力两部分构成。在理论上可以推导出总切应力的垂向分布满足:

$$\tau(y) = \rho\nu\frac{\mathrm{d}U}{\mathrm{d}y} - \rho\langle u'v'\rangle = \tau_\mathrm{w}\left(1 - \frac{y}{h}\right) \tag{9.3.46}$$

对式(9.3.46)进行无量纲化,可得

$$\frac{\tau(y)}{\tau_\mathrm{w}} = \frac{\mathrm{d}U^+}{\mathrm{d}y^+} - \frac{\langle u'v'\rangle}{u_\tau^2} = 1 - \frac{y}{h} \tag{9.3.47}$$

式中,$\tau_\mathrm{w} = \rho u_\tau^2$ 为壁面切应力。式(9.3.47)表明充分发展槽道紊流沿流向时均切应力分布与壁面距离呈线性关系。图 9.41 为本算例中雷诺应力、黏性力以及总切应力的垂向分布,其中雷诺应力分布与 Kim 等(1987)的 DNS 结果吻合良好。靠近壁面处($0 < y/h < 0.25$)黏性力随 y/h 的增大显著减小,而雷诺应力随 y/h 的增大而增加。在 $y/h = 0.25$ 处达到极值,随后逐渐衰减。图 9.41 中总切应力时均值与 y/h 呈线性关系,并且在槽道中心处为 0,满足式(9.3.47)的理论推导。

拟序结构(coherent structures),即相干结构,是槽道紊流最重要的紊流生成机制。本节所采用的数值模型成功捕捉到槽道紊流近壁处的拟序条带结构,如图 9.42 所示。黏性底层附近水平截面上的拟序结构以低速条带为主[图 9.42 (a)],其长度明显大于高速条带。在 $y^+ = 12.65$ 处[图 9.42(b)],高速和低速条带尺度相似。条带发生振动和破裂导致局部的脉动速度突然增加,因此该处紊动强度最大。在远离壁面处[图 9.42(c)],条带发生扭曲,尺度也明显减小。这些高低速条带实际上是流向涡的痕迹。图 9.43 为三维流向涡等值面图,靠近壁面处的流向涡具有发夹或者马蹄形结构。

9.3.3　圆柱绕流直接数值模拟

圆柱绕流问题是水利、海洋、航天、石油等工程领域最常见的流固耦合问题。

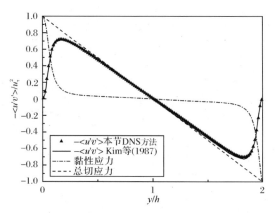

图 9.41　槽道紊流切应力垂向分布

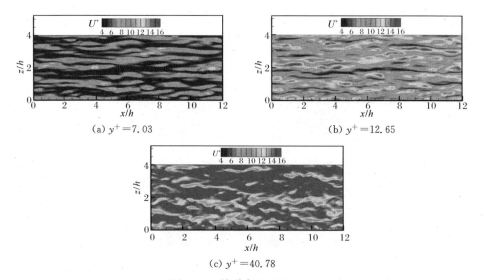

图 9.42　槽道紊流流速云图

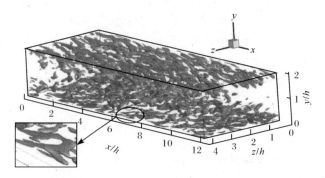

图 9.43　槽道紊流的流向涡等值面($\omega_x^* = 25$)以及壁面处的发夹涡

本节采用 DNS 验证在 $Re=100$ 工况下圆柱绕流流场特性。圆柱绕流流场受计算区域大小影响显著,尤其当 Re 较低时。计算区域(图 9.44)尺度为 $38.4D\times 25.6D\times D$,其中 D 为圆柱直径,宽度 $W=25.6D$,长度 $L=38.4D$,圆柱中心距入流边界长度为 $L_1=8D$,距出流边界 $L_2=30.4D$。入流边界采用 Dirichlet 型,即指定入流速度;出流采用对流型边界条件以避免流场信息的反射;展向壁面边界设为自由滑移。圆柱表面的不可滑移边界采用浸入边界法实现。计算采用均匀网格,网格尺度为 $D/40$。总网格数:$N_x=1536$,$N_y=1024$,$N_z=8$。由于该工况 Re 较低,流动处于二维非定常层流状态,因此沿圆柱轴即 z 向采用 8 个网格可以满足计算要求,圆柱外边缘所穿过的每个网格内部至少布置有一个浸入边界点,如图 9.45 所示。使用 8 节点 96 个 CPU 进行 DNS 模拟。

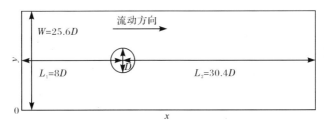

图 9.44　圆柱绕流计算区域示意图

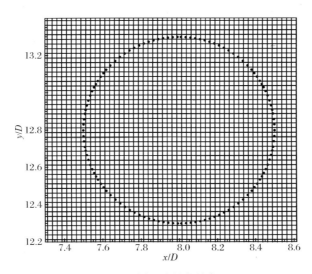

图 9.45　浸入边界点的布置

表 9.3 为本节所采用的嵌入式迭代型浸入边界法所模拟的圆柱绕流结果与其他研究者成果的比较。表中 C_D 和 C_L 分别为阻力系数和升力系数,St 为 Strouhal 数。

$$C_D = \frac{2F_D}{\rho U_\infty^2 D} \qquad\qquad (9.3.48)$$

$$C_L = \frac{2F_L}{\rho U_\infty^2 D} \qquad\qquad (9.3.49)$$

$$St = \frac{fD}{U_\infty} \qquad\qquad (9.3.50)$$

式中,U_∞ 为自由流流速;F_D 和 F_L 分别为圆柱受到的阻力和升力。计算方式分别为:$F_D = \sum f_x \Delta^3$,$F_L = \sum f_y \Delta^3$,其中,f_x 为流向附加体积力;f_y 为展向附加体积力;Δ 为正交网格尺度;f 为涡脱落频率,可以从阻力系数周期性变化中得到。当 $Re=100$ 时,采用的迭代型浸入边界方法得到的阻力系数平均值为 1.422,振动幅度为 0.011,所得到的升力系数最大值为 0.353,St 为 0.167,迭代型浸入边界方法与传统浸入边界方法以及贴体网格方法模拟结果接近。图 9.46 为阻力系数和升力系数时间序列,两者具有明显的周期性特征。图 9.47 为迭代型浸入边界方法计算的圆柱上半表面(指图 9.44 中对称轴一侧的迎流面及背流面)时均压力系数 C_p 的分布曲线与 Park 等(1998)采用贴体网格所得结果的对比,其中 $\theta=0°$ 和 $\theta=180°$ 分别对应于圆柱上游驻点和下游背风点位置,两者压力分布趋势保持一致。压力系数 C_p 的计算方式如下:

$$C_p = \frac{p_\theta - p_\infty}{0.5\rho_\infty U_\infty^2} \qquad\qquad (9.3.51)$$

式中,p_θ 为圆柱表面压强值;ρ_∞、p_∞ 和 U_∞ 分别为自由流的密度、压强和流速值。

表 9.3　$Re=100$ 圆柱绕流计算结果对比

算例对比	C_D	C_L	St
迭代型 IB 方法(本节结果)	1.422±0.011	0.353	0.167
IB 方法[Uhlmann(2005)]	1.453±0.011	0.339	0.169
IB 方法[Lai 等(2000)]	1.447±0.000	0.330	0.165
Liu 等(1998,贴体网格)	1.350±0.012	0.339	0.165

图 9.48 给出了 $T^*=170$ 时刻(无量纲时间 $T^*=tU_\infty D^{-1}$)圆柱附近流速云图、压强分布云图以及浸入边界内外的流速矢量图。图 9.48(d)中可以看到浸入边界内外两侧流速方向相反,从而保证了插值后的浸入边界点上的流速接近于 0。对于圆柱绕流,当 $47<Re<10^5$ 时会出现周期性涡脱落现象,形成著名的卡门涡街。图 9.49 为本算例在 $T^*=170$ 时刻圆柱绕流涡量云图,可以观察到在圆柱下游的尾迹中存在明显的周期性涡脱落。

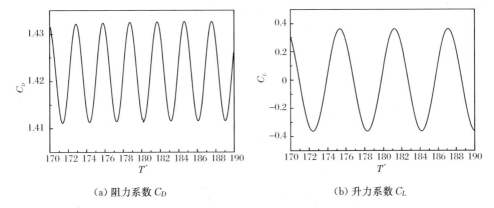

(a) 阻力系数 C_D　　　　　　　　　　　　(b) 升力系数 C_L

图 9.46　阻力系数和升力系数时间变化过程

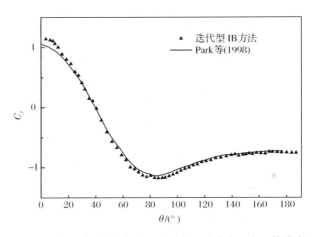

图 9.47　圆柱顺流向对称轴一侧表面的时均压力系数分布

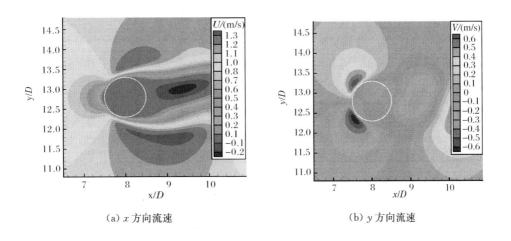

(a) x 方向流速　　　　　　　　　　　　(b) y 方向流速

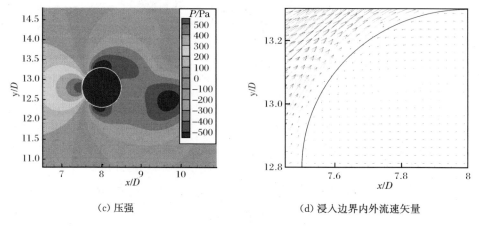

(c) 压强　　　　　　　　　　(d) 浸入边界内外流速矢量

图 9.48　$T^*=170$ 时刻圆柱绕流流速、压强分布云图以及浸入边界内外的流速矢量图

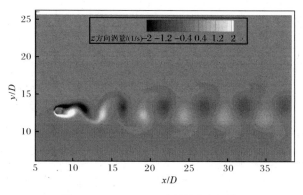

图 9.49　$T^*=170$ 时刻的卡门涡街

9.3.4　开闸式异重流直接数值模拟

　　异重流又称为密度流,是水利和环境工程中常见的自然现象,其表现形式有水库中的分层潜流,河流入海口的盐水入侵,高浓度挟沙水流等,本节以典型的开闸式异重流(lock-exchange flow)为例,采用 DNS 模拟其动力特性,并与 Shin 等(2004)的水槽模型试验进行对比验证。水槽尺度为 $2m \times 0.2m \times 0.2m(L \times H \times W)$。如图 9.50 所示,水槽中部设置闸门,左右两端分别注入不同密度的流体。试验开始时抽出闸门,在重力的作用下会形成异重流,伴随剧烈的剪切和掺混,因此适合验证标量输运模型。本算例计算区域、初始条件、边界条件的选取尽量与试验保持一致。低密度流体 $\rho_1=1000kg/m^3$,高密度流体 $\rho_2=1007.05kg/m^3$,密度比率 $\gamma=\rho_1/\rho_2=0.993$,水槽所有边界均设置为不可滑移固壁,与试验配置相同。施密特数 $Sc=\nu/k$(流体黏度/分子扩散系数)设置为 700,符合实际氯化钠溶液分

子扩散系数(Birman et al. ,2005)。采用计算网格数为:$N_x = 768, N_y = 128, N_z = 32$,采用 4 节点 48 个 CPU 并行计算,总模拟时间 $T^* = 10$(无量纲时间 $T^* = t\sqrt{g(1-\gamma)/H}$)。

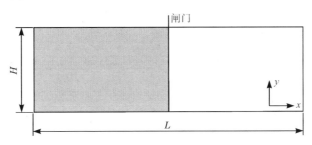

图 9.50　开闸式异重流试验装置

　　图 9.51 为开闸式异重流随时间的演变过程。由图可以看出,数值模拟结果和试验结果具有相似的时间演变形态。需要指出的是,由于不稳定的剪切作用,异重流界面处出现明显的 Kelvin-Helmholtz 波动,数值模拟结果中观察到了该现象。Shin 等(2004)关于密度交换流的数值模拟中也曾观测到 Kelvin-Helmholtz 波动,但试验图像中却不明显。原因可能是图 9.51 中的试验照片叠加进了水槽展向(z 方向)所有尺度 Kelvin-Helmholtz 波动(三维效应),因此分层流体界面显得较为模糊。

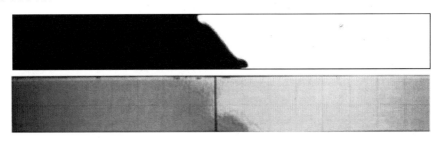

(a) $T^* = 1.2$

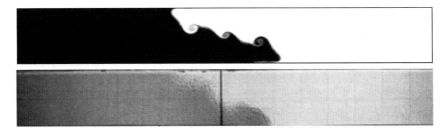

(b) $T^* = 2.3$

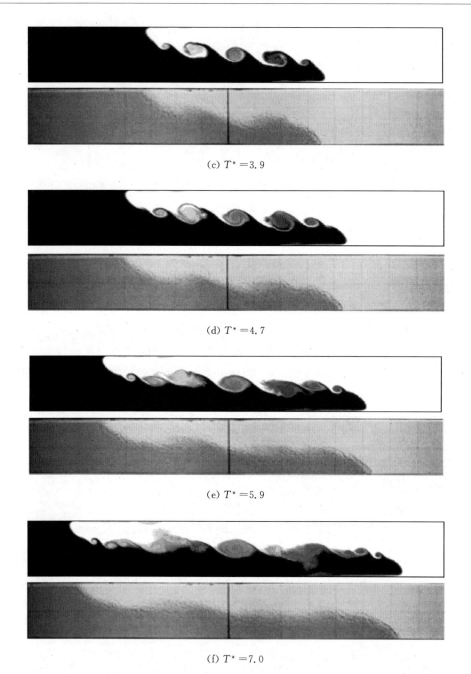

(c) $T^* = 3.9$

(d) $T^* = 4.7$

(e) $T^* = 5.9$

(f) $T^* = 7.0$

图 9.51　开闸式异重流的演变过程试验(下侧)与本节数值模拟结果(上侧)的对比

　　为了进一步考察本节采用的标量输运模型,对异重流头部(heavy front)位置随时间变化过程进行监测,并与 Shin 等的试验值进行对比(图 9.52),两者吻合良好。图 9.53 为密度交换流系统的能量随时间变化过程,其中 KE 为动能,TE 为总能量(动能与有效势能之和),APE 为有效势能(available potential energy),定义如下:

$$\mathrm{APE} = \int_V (\rho - \bar{\rho}_r) gy \, \mathrm{d}v \tag{9.3.52}$$

式中,V 为密度分层系统总体积;ρ 为密度分布函数;$\bar{\rho}_r$ 为系统处于平衡状态时的密度分布函数;y 为流体单元偏离平衡位置的距离。从式(9.3.52)可以看出,APE 实际上是密度分层流体系统中可以转化为动能的那一部分势能。从图 9.53 中可以看出从模拟开始到 $T^* = 10$,有效势能不断减小,动能逐渐增加,符合物理规律。在 $T^* \approx 7.0$ 时系统动能和有效势能相等。值得注意的是,有效势能随时间线性递减,在 $T^* \approx 7.0$ 之前动能随时间线性增加,但在 $T^* \approx 7.0$ 之后增加率逐渐减小。主要原因在于由有效势能转变为动能会有一部分耗散为热量,并且随着运动程度越来越激烈(层流向紊流转捩过程),产生的能量耗散也越加严重。从总能量的变化也可以看出这一点。图 9.54 为整个模拟过程中质量残差随时间的变化曲线,虽然随着紊动的增强,质量残差有所增加,但总体上质量残差数量级始终保持在 10^{-6}。

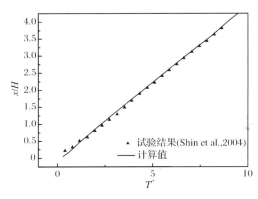

图 9.52　异重流头部位置随时间的变化曲线

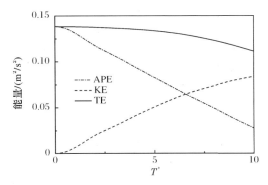

图 9.53　密度交换流系统能量随时间的变化曲线

APE. 有效势能;KE. 动能;TE=KE+APE

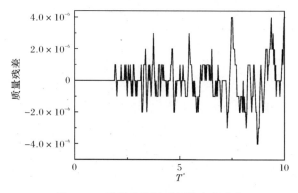

图 9.54　质量残差随时间的变化曲线

　　图 9.55 所示为数值模拟开闸式异重流从层流向紊流发展的过程。在初始阶段,两层流体交界处的 Kelvin-Helmholtz 波动具有明显的二维特征,显示出沿展向的拟序特性[图9.55(a)];随着界面剪切的增强,Kelvin-Helmholtz 波动逐渐失去二维特征[图 9.55(b)];在剪切不稳定以及所伴随的对流不稳定作用下,Kelvin-Helmholtz 波结构被更小尺度的三维紊动所破坏,只有在异重流头部附近还存在[图9.55(c)];随着紊动的发展,整个混合层界面已经无法分辨准二维的 Kelvin-Helmholtz 波动,小尺度的三维紊动起主导作用并引起剧烈的局部掺混[图 9.54(d)]。上述异重流演化过程及其主要特征与 Ooi 等(2009)的 DNS 结果一致。

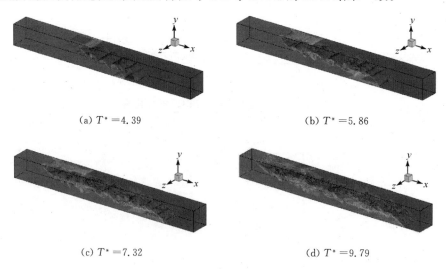

(a) $T^* = 4.39$　　　　　　　　　　　　(b) $T^* = 5.86$

(c) $T^* = 7.32$　　　　　　　　　　　　(d) $T^* = 9.79$

图 9.55　开闸式异重流层流向紊流转捩过程

密度等值面取为 $\rho = 0.5(\rho_1 + \rho_2)$

参 考 文 献

邓春光. 2007. 三峡库区富营养化研究[M]. 北京:中国环境科学出版社.

方欣华,杜涛. 2005. 海洋内波基础和中国海洋内波[M]. 青岛:中国海洋大学出版社.

蒋定国. 2010. 河道型水库支流富营养化问题数值模拟研究——以香溪河为例[D]. 南京:河海大学.

韩会玲,李炜. 1997. 横流中正浮力射流近区特性预报[J]. 河北农业大学学报,20(3):112-119.

槐文信,杨中华. 2006. 流动环境中热水负浮力射流的近区数值模拟[J]. 华中科技大学学报,34(2):55-57.

黄钰铃,李靖. 2007. 三峡水库香溪河库湾水华生消机理研究[D]. 杨凌:西北农林科技大学.

及春宁,刘爽,杨立红,等. 2014. 基于嵌入式迭代的高精度浸入边界法[J]. 天津大学学报(自然科学与工程技术版),47(5):377-382.

金忠青. 1987. N-S方程的数值解和紊流模型[M]. 南京:河海大学出版社.

郎韵. 2014. 库湾温度分层水体异重流及内波模拟研究[D]. 南京:河海大学.

廖斌,陈善群. 2013. 基于CLSVOF方法的界面追踪耦合[J]. 中国海洋大学学报,43(9):106-111.

林毅. 2010. 自由表面流动问题数值方法的理论研究及应用[D]. 天津:天津大学.

鲁俊. 2010. 波流环境中射流及其标量输运特性的大涡模拟[D]. 南京:河海大学.

鲁俊,王玲玲. 2009. 几种紊流模型在底坎紊流分离流计算中的对比[J]. 水科学进展,20(2):250-255.

容易,张会强,王希麟. 2006. 入口扰动对圆湍射流流动大涡模拟预报的影响[J]. 清华大学学报(自然科学版),46(5):732-735.

是勋刚. 1992. 湍流直接数值模拟的进展与前景[J]. 水动力学研究与进展(A辑),7(1):103-109.

陶文铨. 2001. 计算传热学的近代进展[M]. 北京:科学出版社.

王玲玲. 2004. 大涡模拟理论综述及其应用[J]. 河海大学学报(自然科学版),32(3):261-265.

王玲玲,戴会超,蔡庆华. 2009a. 河道型水库支流库湾富营养化数值模拟研究[J]. 四川大学学报(工程科学版),41(2):18-23.

王玲玲,岳青华. 2009b. 窄缝热浮力射流影响因素的数值模拟[J]. 水科学进展,20(5):632-638.

余真真. 2011. 三峡水库香溪河库湾水温及内波特性数值研究[D]. 南京:河海大学.

俞聿修. 2000. 随机波浪及其工程应用[M]. 大连:大连理工大学出版社.

张艺,许文年,方艳芬,等. 2007. 三峡库湾香溪河生态环境研究进展[J]. 三峡大学学报,29(1):20-24.

张兆顺,崔桂香,许春晓. 2005. 湍流理论与模拟[M]. 北京:清华大学出版社.

朱海. 2015. 内孤立波的破碎及其环境效应数值模拟研究[D]. 南京:河海大学.

Anwar H O. 1973. Two-dimensional buoyant jet in a current[J]. Journal of Engineering Mathematics,7(4):297-311.

Bardina J,Ferziger J H,Reynolds W C. 1980. Improved subgrid scale models for large eddy simulation[J]. American Institute of Aeronautics and Astronautics,80:13-57.

Birman V K,Martin J E,Meiburg E. 2005. The non-Boussinesq lock-exchange problem. Part 2. High-resolution simulations[J]. Journal of Fluid Mechanics,537:125-144.

Brenner S C,Scott R L. 2008. The Mathematical Theory of Finite Element Methods[M]. 3rd ed. New York:Springer.

Breuer M,Rodi W. 1994. Large-eddy simulation of turbulent flow through a straight square duct and a 180° bend[C]//Selected Papers from the First ERCOFTAC Workshop on Direct and Large-eddy Simulation,Guildford.

Chapman D R. 1979. Computational aerodynamics development and outlook[C]//17th Aerospace Sciences Meeting,American Institute of Aeronautics and Astronautics,New Orleans.

Chen Y P. 2006. Three-dimensional Modelling of Vertical Jets in Random Waves[D]. Hong Kong:The Hong Kong Polytechnic University.

Chorin A J. 1967. A numerical method for solving incompressible viscous flow problems[J]. Journal of Computational Physics,2(1):12-26.

Dai H,Wang L. 2005. Numerical study of submerged vertical plane jets under progressive water surface waves[J]. China Ocean Engineering,19(3):433-442.

David E. 1993. Modelisation of Compressible and Hypersonic Flows:An Instationary Approach [D]. Grenoble:Grenoble Institute of Technology.

Davis D V,Mallinson G D. 1972. False diffusion in numerical fluid mechanics[R]. Sydney:The University of New South Wales.

Deardorff J W. 1970. A numerical study of three-dimensional turbulent channel flow at large Reynolds numbers[J]. Journal of Fluid Mechanics,41:453-480.

Ferziger J H,Peric M. 2002. Computational Methods for Fluid Dynamics[M]. 3rd ed. Berlin: Springer.

Frisch U. 1995. Turbulence:The Legacy of A. N. Kolmogorov[M]. Cambridge:Cambridge University Press.

Germano M. 1992. Turbulence:The filtering approach[J]. Journal of Fluid Mechanics,238: 325-336.

Harlow F H,Welch J E. 1965. Numerical calculation of time dependent viscous incompressible flow of fluid with free surface[J]. Physics of Fluids,8(12):2182-2189.

Hirt C W,Nichols B D. 1981. Volume of fluid (VOF) method for the dynamics of free boundaries [J]. Journal of Computational Physics,39(1):201-225.

Huai W X,Fang S G. 2006. Numerical simulation of obstructed round buoyant jets in a static uniform ambient[J]. Journal of Hydraulic Engineering,132(2):428-431.

Ji C,Munjiza A,Williams J J R. 2012. A novel iterative direct-forcing immersed boundary method and its finite volume applications[J]. Journal of Computational Physics,231(4):1797-1821.

Kim J,Moin P,Moser R. 1987. Turbulence statistics in fully developed channel flow at low Reynolds number[J]. Journal of Fluid Mechanics,177:133-166.

Kolovandin B A,Vatutin I A. 1970. Statistical theory of the nonuniform turbulence of an incompressible fluid[J]. Journal of Engineering Physics,19(5):1341-1350.

Kreplin H P,Eckelmann H. 1979. Behavior of the three fluctuating velocity components in the wall region of a turbulent channel flow[J]. Physics of Fluids,22(7):1233-1239.

Lai M,Peskin C. 2000. An immersed boundary method with formal second-order accuracy and reduced numerical viscosity[J]. Journal of Computational Physics,160(2):705-719.

Launder B E,Spalding D B. 1974. The numerical computation of turbulent flows[J]. Computer Methods in Applied Mechanics and Engineering,3(2):269-289.

Lesieur M. 2008. Turbulence in Fluids[M]. 4th ed. Dordrecht:Springer.

Lesieur M,Métais O. 1996. New trends in large-eddy simulations of turbulence[J]. Annual Review of Fluid Mechanics,28:45-82.

Lesieur M,Métais O,Comte P. 2005. Large-eddy Simulations of Turbulence[M]. Cambridge: Cambridge University Press.

Li C W,Wang L L. 2004. An immersed boundary finite difference method for LES of flow around bluff shapes[J]. International Journal for Numerical Methods in Fluids,46(1):85-107.

Li C W,Zhu B. 2002. A sigma coordinate 3D k-ε model for turbulent free surface flowover a submerged structure[J]. Applied Mathematical Modelling,26(12):1139-1150.

Lilly D K. 1992. A proposed modification of the Germano subgrid-scale closure method[J]. Physics of Fluids,4(3):633-635.

Lin P,Li C W. 2002. A σ-coordinate three-dimensional numerical model for surface wave propagation[J]. International Journal for Numerical Methods in Fluids,38(11):1045-1068.

Liu C,Zheng X,Sung C. 1998. Preconditioned multigrid methods for unsteady incompressible flows[J]. Journal of Computational Physics,139(1):35-57.

Menow S,Rizk M. 1996. Large-eddy simulations of forced three-dimensional impinging jets[J]. International Journal of Computational Fluid Dynamics,7(3):275-289.

Moin P,Kim J. 1982. Numerical investigation of turbulent channel flow[J]. Journal of Fluid Mechanics,118:341-377.

Munk W H,Anderson E R. 1948. Notes on a theory of the thermocline[J]. Journal of Marine Research,7(3):276-295.

Olshanskii M A,Staroverov V M. 2000. On simulation of outflow boundary conditions in finite difference calculations for incompressible fluid[J]. International Journal for Numerical Methods in Fluids,33(4):499-534.

Ooi S K,Constantinescu G,Weber L. 2009. Numerical simulations of lock-exchange compositional gravity current[J]. Journal of Fluid Mechanics,635:361-388.

Orszag S A. 1980. Spectral methods for problems in complex geometries[J]. Journal of Computational Physics,37(1):70-92.

Orszag S A,Patera A T. 1983. Secondary instability of wall-bounded shear flows[J]. Journal of Fluid Mechanics,128:347-385.

Osher S, Sethian J A. 1988. Fronts propagating with curvature-dependent speed: Algorithms based on Hamilton-Jacobi formulations[J]. Journal of Computational Physics, 79(1):12-49.

Park J, Kwon K, Choi H. 1998. Numerical solutions of flow past a circular cylinder at Reynolds numbers up to 160[J]. Journal of Mechanical Science and Technology, 12(6):1200-1205.

Patankar S V. 1981. A calculation procedure for two-dimensional elliptic situations[J]. Numerical Heat Transfer, 4(4):409-425.

Patankar S V, Spalding D B. 1970. Heat and Mass Transfer in Boundary Layers[M]. 2nd ed. London: Intertext.

Patankar S V, Splading D B. 1972. A calculation procedure for heat, mass and momentum transfer in three-dimensional parabolic flows[J]. International Journal of Heat and Mass Transfer, 15(10):1787-1806.

Patankar S V, Baliga B R. 1978. A new finite-difference scheme for parabolic differential equations[J]. Numerical Heat Transfer, 1(1):27-37.

Pope S B. 2000. Turbulent Flows[M]. Cambridge: Cambridge University Press.

Rhie C M, Chow W L. 1983. Numerical study of the turbulent flow past an airfoil with trailing edge separation[J]. AIAA Journal, 21(11):1525-1532.

Roberts J. 1975. Internal Gravity Waves in the Ocean[M]. New York: Marcel Dekker.

Rodi W, Ferziger J H, Breuer M, et al. 1997. Status of large eddy simulation: Results of a workshop[J]. Journal of Fluids Engineering, 119(2):248-262.

Saugaut P. 2006. Large eddy simulation for incompressible flows[M]. 3rd ed. Berlin: Springer.

Shin J O, Dalziel S B, Linden P F. 2004. Gravity currents produced by lock exchange[J]. Journal of Fluid Mechanics, 521:1-34.

Smagorinsky J S. 1963. General circulation experiments with the primitive equations: I. The basic experiment[J]. Monthly Weather Review, 91(3):99-164.

Sohankar A, Norberg C, Davidson L. 1998. Low-Reynolds number flow around a square cylinder at incidence: Study of blockage, onset of vortex shedding, and open boundary conditions[J]. International Journal for Numerical Methods in Fluids, 26(1):39-56.

Spalart P R, Allmaras S R. 1994. A one-equation turbulence model for aerodynamic flows[J]. La Recherche Aérospatiale, 1:5-21.

Spalding D B. 1972. A novel finite-difference formulation for differential expressions involving both first and second derivatives[J]. International Journal for Numerical Methods in Fluids, 4(4):551-559.

Thomas T G, Williams J. 1995. Turbulent simulation of open channel flow at low Reynolds number[J]. International Journal of Heat and Mass Transfer, 38(2):259-266.

Uhlmann M. 2005. An immersed boundary method with direct forcing for the simulation of particulate flows[J]. Journal of Computational Physics, 209(2):448-476.

van den Vorst H A, Sonneveld P. 1990. CGSTAB: A more smoothly converging variant of CGS [R]. Technique Report 90-50. Delft: Delft University of Technology.

Versteeg H K, Malalasekera W. 2007. An Introduction to Computational Fluid Dynamics, the Finite Volume Method[M]. 2nd ed. Edinburg: Pearson Education.

Wang L L. 2004. Using large eddy simulation in σ-coordinate system to simulate surface wave [J]. China Ocean Engineering, 18(3):413-422.

Wang L, Yu Z, Dai H, et al. 2009. Eutrophication model for river-type reservoir tributaries and its applications[J]. Water Science and Engineering, 2(1):16-24.

Yakhot V, Orszag S A. 1992. Development of turbulence models for shear flows by a double expansion technique[J]. Physics of Fluids, 4(7):1510-1520.

Yu D, Kareem A. 1997. Numerical simulation of flow around rectangularprism[J]. Journal of Wind Engineering and Industrial Aerodynamics, 67&68:195-208.

Zhu H, Wang L, Avital E J, et al. 2016. Numerical simulation of interaction between internal solitary waves and submerged ridges[J]. Applied Ocean Research, 58:118-134.